从自然到使然

第3版 **心理成熟背后的脑机制**

〔英〕马克·约翰逊（Mark H. Johnson）　米歇尔·德·哈恩（Michelle de Haan）◎著

徐芬　等◎译

Developmental
Cognitive
Third Edition
Neuroscience

北京师范大学出版集团
BEIJING NORMAL UNIVERSITY PUBLISHING GROUP
北京师范大学出版社

第三版序言
Preface to the Third Edition

自本书第一版出版后的这十三年里，发展认知神经科学已经有了巨大的发展，活跃在这个领域的研究者以及他们发表的文章至少增加了一个数量级。大量的会议、期刊与专著也随之而来。这些巨大的进展对于第三版新材料的选择是一个挑战，也有些令人生畏。就如前两版一样，材料的选择反映了我自己的偏爱，但就重点领域而言，仍然代表着发展认知神经科学研究取向上的明确例子。这意味着有关认知发展或发展神经科学的某些主题不可避免地没有涉及。该领域新的研究内容为该书要覆盖所有主题带来了很大的困难。因此，我非常感激米歇尔·德·哈恩同意对第8、9、10章（第二版中的第6、7、8章）进行更新与修改。

与任何一个新的交叉学科的导论一样，学生与研究者来自不同的主学科，因此，他们都带着各自不同的背景与经验来阅读这本书。由此，这一版增加了两个新的背景性基础章节（第2、3章），以便为读者提供知识积累上的进展。两个新章节中的第一个章节，引入了对于该领域进展很关键的研究方法与研究范式，也简单地介绍了已有的针对不同群体与发展性障碍的研究。新章节中的第二个章节反映了该领域一个重要的新趋势：把分子和种群遗传学研究与脑发育和功能的研究整合起来。由于预期这一研究取向会越来越重要，在第3章这个新章节中，为读者介绍了与发展心理学和神经科学有关的遗传学基础知识。

本书其他章节的一些重要修改包括：更多地涉及儿童中期与青少年、基础研究的实践应用以及大脑区域神经网络的产生。与这个领域的变化相一致，书中也增加了对来自结构与功能成像研究数据的讨论。此外，对于教师来说，每个章节最后提供了"讨论要点"，可以与为本书提供的网站结合起来（www.wiley.com/go/johnson/dcn），网站中提供了论文、简单的答案、多选的测试问题和可下载的图。像前两版一样，本书可作为了解更详细与全面的卷辑的"导线"，特别是推荐《发展认知神经科学手册（第二版）》（Handbook of Developmental Cognitive Neuroscience, and edn., Nelsen & Luciana, 2008）一书中的许多阅读材料，而且有些读者可能希望把这两本书结合起来用。

如同前两版一样，我要感谢我的同事们以及合作者的不吝赐教，在许多主题上，他们给我提供了大量的信息。我所在的脑与认知发展中心的同事们和我们在伦敦的优秀访问学者不断地让我及时了解各类主题上的最新进展。我也要感谢里克·吉尔默（Rick Gilmore），米歇尔·德·哈恩（Michelle de Haan），安妮特·卡米洛夫-史密斯（Annette Karmiloff-Smith），丹尼斯·马雷沙尔（Denis Mareschal），盖亚·瑟里夫（Gaia Scerif）和格特·韦斯特曼（Gert Westermann）对此版与前面两版相关章节所做的评论。莎拉·劳埃德-福克斯（Sarah Lloyd-Fox），金姆·戴维斯（Kim Davies），艾米·普罗菲斯（Amy Proferes），海伦娜·里贝罗（Helena Ribeiro），以及莱斯利·塔克（Leslie Tucker）都对本书的出版做出了非常重要的贡献。

第二版序言
Preface to the Second Edition

自本书的第一版出版至今已有八年的时间。在这段时间中，发展认知神经科学已经从新生的婴儿成长为蹒跚学步的幼童：虽然它对自己的脚步还不甚确定，但已开始拼凑起知识的碎片。第一版被某个领袖人物描述为"一声号角吹响了通往发展心理学与认知神经科学之新旅途"，而目前这一版本，则更加注重赋予已有数据以意义。

自从第一版发行以来，这一领域的许多趋向开始纷纷显露头角。首先，这个领域现今确定了一个能够最好地描述它的名字——"发展认知神经科学"。本书的第一稿，可以说是赋予这个领域一个名字，而我希望它最大的作用乃是吸引越来越多的研究者关注这个领域。其次，随着来自不同领域与研究方法的证据不断地汇聚，一些有关行为和神经科学研究的热门争论终于得以解决。这个领域中达成了大量共识，很多事情不是非黑即白，而是一种微妙而有趣的灰影。这个领域的第三个趋向是，近年来相关的编著和评论性文章大量涌现。这曾使我怀疑，本书是否还有存在的必要。经过反思之后，我终于说服自己，作为一条能够通往更详细或更综合著作的"导线"，它仍有存在的必要。事实上，教师们应该注意到，第二版经过了专门设计，可配合目前三部编著（Nelson & Luciana，2001；Johnson，Munakata & Gilmore，2002；de Haan & Johnson，2003）中的一部或多部一起使用，这些书中特别推荐的一些章节已经作为扩展阅读在文中标注出了。对于这个新兴领域，学生们往往会感觉到有些七零八碎，因此我相信，本书中呈现的单一的声音和统一的观点是很重要的。

由于这本书的本意是作为一种导论，因此它所涵盖的内容需要经过谨慎的选择。这一点对于第一版来说就是一个挑战，而这几年来，研究结果的大量增长使得选择与排除变得更为困难。在第一版中，我的选择专注于那些热切地运用发展认知神经科学方法的研究领域，而不是那些属于发展心理学或是成人认知神经科学的研究主题。当然，我自己独特的兴趣和偏好明显贯穿了始终。

如同第一版一样，我对我的同事们以及合作者不胜感激，他们不吝赐教，在一系列主题上给我提供了大量的信息。我曾被授予了一项特权，主持一个座谈会，对目前在知觉、注意和记忆发展中的研究现状进行评述。这些会议中的讨论和报告，让我跟上了时代的节拍，对有关客体与数字的新章节尤其有帮助。我所在的脑与认知发展中心的同事们，尤其是杰尔杰伊·塞布拉（Gergely Csibra）和丹尼斯·马雷沙尔，让我及时了解不同研究领域的最新进展。里克·吉尔默，盖亚·瑟里夫和格特·韦斯特曼对本书初稿的修改提出了合理的建议。米歇尔·德·哈恩，布莱恩·霍普金（Brian Hopkins）以及安妮特·卡米洛夫-史密斯对特定的章节进行了评论。而在布莱克威尔（Blackwell）出版社方面，萨拉·伯德（Sarah Bird）说服我接受了再版，詹妮·布朗（Jennie Brown），贾斯汀·戴尔（Justin Dyer），罗伯塔·赫里克（Roberta Herrick），卡蒂·麦森（Katie Menssen），莱斯利·塔克以及艾格尼丝·沃林（Agnes Volein）对本书的出版做出了非常重要的贡献。

第一版序言
Preface to the First Edition

在本书的第一章中，我描述了一些对最近出现在发展心理学与认知神经科学之间的分支有影响的因素。我称此新生领域为"发展认知神经科学"，不过它还有其他的名称，如"发展神经认知"(de Boysson-Bardies, de Schonen, Jusczyck, McNeilage, & Morton, 1993)。虽然最近出现了一系列相关的编著，但如大多数新学科一样，第一本适用于教学的书出现之前，仍有时间上的滞后。这本书以及我在 1993 年编的读物(Johnson，1993)，原意就是想填补这个空缺。虽然，有人也许认为这些努力都是不成熟的，我的观点是，任何新生学科的生命力都来自该学科所招集的学生和博士后。他们越早加入我们的队伍，就越好。

发展认知神经科学是否真的与其他历史更悠久的学科(如发展神经心理学或认知发展)有明显的不同？显然，严格地将发展认知神经科学与其他相关的、互通有余的领域划清界限是不明智的。然而，我相信这一新生的领域具备很多与众不同的特征。

第一，尽管对确切的定义还存在着异议，但发展神经心理学(developmental neuropsychology)与发展心理病理学(devel-opmental psychopathology)关注的都是异常的发展，一般都是把它们与正常的发展轨道进行对照。相反，认知神经科学(还包括本书中略述的发展的变量)关注于正常的认知功能，但不正常的功能和发展被当作"自然实验"的信息，使正常认知的神经机制清楚明白地显示出来。因此，本书的意图不在于介绍有关发展障碍的神经心理学。想查阅那类信息的读者，可以在其他的书中找到极好的资料(例如，Cicchetti & Cohen，1995；Spreen，Risser，& Edgell，1995)。第二，这本书与多数认知发展领域的著作的区别在于，它认为，来自大脑发展的信息不仅可作为支持特定的认知理论的额外证据。而且，有关大脑发展的信息可能改变并产生认知水平上的某些理论。第三，发展认知神经科学主要限于神经、认知和直接的环境水平等方面。我认为，某些学科交叉领域的一个潜在危险是，把兴趣集中在从许多不同的水平进行解释，而这些水平相互间又不太集中。这么说不是否认这些其他水平的重要性，而是机械的学科交叉的科学，必须限定在特定的领域内(在本书背景下就是认知加工方面)，以及与此领域相关的解释水平上。第四，发展认知神经科学特别关注的是神经与认知现象之间的关系。因此，我没有讨论来自相关领域——发展行为遗传学的证据。总体来说，发展行为遗传学倾向于关注分子水平(基因学)和总体行为测量(如智商)之间的一致性问题。除了某些突出的例外，几乎无人想通过中介的神经和认知水平，把这两个解释水平联系起来。我之所以指出发展认知神经科学关注的不同方面，是希望本书能够被那些相关的和部分交叉的学科领域中的研究者所理解并利用。

以上所述从某种程度上解释了我是如何选择本书中所呈现的材料的。然而，我不怀疑有一些本应被选入的优秀实验和理论被遗漏了。因为本书的目的是对这一领域的概述，我选择时只对一些特定的问题进行详细的介绍。当然，由于本书是从我的观点对此领域进行概述，所以材料的选择同样反映了我自己的偏向与知识局限。我提前为不可避免的纰漏与错误道歉。

这本书主要面向有一定神经科学与认知发展基础的学生。缺乏这些背景的学生可能需要在适当的领域中查阅更多介绍性的教科书。我还希望这本书能吸引那些想更多地了解大脑的发展学家们，以及想知道发展的证据如何有益于成人功能化理论的认知神经科学家们。但我最希望的，莫过于启发读者更多地认识这个领域，并考虑将发展认知神经科学方法带入他们自己的研究中。

目　录

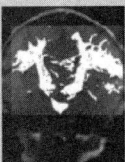

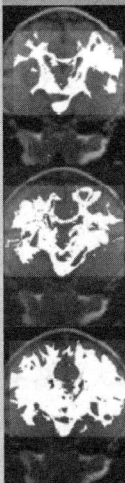

发展的生物学

THE BIOLOGY OF CHANGE

在这全书的第 1 章，我将从历史上的"自然—使然"之争(nature-nurture debate)开始探讨发展认知神经科学的许多背景问题。建构主义认为，生物型(biological form)是基因和环境之间复杂的、动态互动的自然结果，这种观点对发展的解释比那些只从基因或者环境因素中寻找预成信息(pre-existing information)的理论更合理。但是，如果我们要放弃现行的"先天"和"后天"的观点分析发展的方法，就必然带来这样一个问题：我们如何才能最好地理解发展的过程？解决该问题的一种方案是，考虑基因和环境间相互作用的各种水平。此外，还要对先天表征与神经网络内产生表征的相应的结构限制(architectural constraint)进行分离。接下来，为了证明认知神经科学研究取向对发展的重要性，我对许多因素进行了讨论，包括脑成像和分子生物学等越来越有用的方法。我还评述了发展对分析大脑结构和认知功能之间关系的重要性。在探讨发展和认知神经科学可能的结合方式时，讨论了有关人类的功能性脑发育的三种不同观点：成熟的观点、技能学习的观点和"交互式特异化"的框架。在本章的最后部分，我对本书的其余内容进行了概述。

有关发展的观点

正如每一位父母所知，孩子从出生到青少年时期的变化是非常奇妙的。在孩子的成长过程中，脑和心理上的变化或许是最为显著的。这段时间内，大脑容量增长了四倍，伴随而来的是孩子们在行为、思想和情绪上表现出的大量的，有时甚至是令人惊奇的变化。对于大脑和心理发展之间相互关系的了解，可能改变我们在教育、社会政策和心理发展障碍等方面的思考。因此，基金资助机构、医学慈善机构，甚至政府首脑对这门新的科学分支的兴趣与日俱增便不足为奇了。自1997年本书第一版出版以来，这一领域被命名为发展认知神经科学。

发展认知神经科学的出现源自于对人类具有挑战性的两大最基本问题之间的交汇处。第一个是身心关系问题，尤其是大脑的生理物质和由其所支持的心理过程之间的关系。这是认知神经科学的基本问题。第二个问题涉及有组织的生物结构的起源，如成人大脑高度复杂的结构。这一问题是发展研究中的基本问题。在本书中，我将指出我们可以同时研究这两个问题，但会集中讨论人类出生后大脑的发育及其他所支持的认知过程间的关系。

上述第二个问题，即有组织的生物结构的起源，可以从种系发生（phylogeny）或者个体发生（ontogeny）的角度来描述。从种系发生（进化）的角度，该问题涉及物种的起源，达尔文和他以后的科学家们都曾致力于该问题的解决。从个体发生的角度，该问题所涉及的就是个体整个生命全程的发展。相对于种系发生，对个体发生的研究或多或少地被忽视，因为一些有影响的科学家认为，一旦特定的基因序列被进化选定，个体发生只是简单地执行那些基因所编码的"指令"的过程。

根据此观点，个体发生的问题实质上被还原为种系发生的问题。与这种观点相反，在本书中我将强调的是：个体发生是一个主动的过程，其间，每个人通过基因与其环境之间复杂多样的相互作用，来重新建构生物结构。该信息并不在基因中，而是来源于基因及其环境间建构性的相互作用（Oyama，2000）。然而，既然个体发生和种系发生都关注生物结构的出现，那么在这两个方面可能会有一些共同的变化机制。

个体发生问题（个体发展）在何种程度上从属于种系发生问题（进化）的争论也被称作"自然—使然"之争，这一争论已成为发展心理学、哲学及神经科学的核心问题。总体而言，一种极端的观点认为，建构人类大脑及其所支撑的心理所需的绝大多数信息，都隐含在个体的基因中。这些信息中的绝大多数对物种来说是共有的，但同时每个个体都有一些让他们有别于其他个体的特殊信息。由这种观点可知，发展是展示或触发基因内信息表达的过程。

另一种相反的极端观点认为，塑造人类心理的绝大多数信息来自于外部世界的结构。某些环境因素，如重力、有式样的光等，对于各种物种来说是共同的，但环境中的一些其他方面，在个体间可能各不相同，具有特异性。本书将会明确地指出这两种极端观点存在的偏颇，因为二者都认为，有关有机体结构的信息（要么在基因中，要么在外部世界中）在建构之前就已存在。事实上，在每个个体的发展过程中，由于基因与环境的各个水平之间有限的相互作用，个体的生物结构得以重建，而且这种重建不能被简化为简单的遗传和经验成分。

目前被人们普遍接受的观点是，成人的心理能力（mental ability）是基因和环境间复杂的相互作用的结果。但是，人们对这种相互作用的本质还存在争议，了解得还不很清楚。当然我们将看到，对大脑与心理发展的共同关注，会有助于理解这种相互作用。在深入分析之前，简要地回顾历史上有关自然—使然之争还是有必要的。回顾历史有助于我们避免返回西方传统的思维方式。

在 17 世纪，生物界中"活力论者"（vitalist）和"预成论者"（preformationist）展开了长期的争论。活力论者相信，个体发生的变化由"有活力的"生命力量（"vital"life forces）所驱使。当时人们普遍相信这种神秘的、不清楚的力量，而且一些牧师还进行大力鼓吹。但是，在显微镜发明之后，一些自认为具有更严密科学头脑的人便提出了预成论。预成论者认为，一个完整的人，要么存在于男性的精子中（"精源论者"；spermist），要么存在于女性的卵子中（"卵源论者"；ovist）。为了支持他们的观点，精源论者在精子的头部内画了一个很小，但很完整的小人，精源论者相信，在每一个男人的精子中都有一个完整的人，发展只不过是这些小人变大而已（见图 1-1）。他们认为，从有机体的种子开始，至其最终形态之间，存在一个简单且直接的对应关系：身体

图 1-1 影响着 17 世纪的一种思想流派的绘画——精源论

的所有部分都同步成长。事实上，有宗教信仰的预成论者认为，上帝在创世的第六天，将其所造的两千亿个完整的小人放入了夏娃的卵子或者亚当的精子中（Gottlieb，1992）！

当然，现在我们知道，像这样的绘画只是过度想象而已，并没有这种完整的小人存在于精子或卵子之中。然而正如我们将看到的，预成论背后的普遍思想是，预先存在一个最终形态的"蓝图"或者"计划"。这一思想在生物学和心理学的发展中盛行了好几十年。奥亚马（Oyama，2000）指出，事实上，与先于发展过程而存在的"计划"或"蓝图"相似的概念，一直延伸至今，只不过现在用基因代替了精子中的小人。随着我们越来越清楚地认识到身体部件内并没有一个简单的"编码"，最近几年来，"调节器"（regulator）与"开关"基因（"switching" gene）被调用，来组织其他基因的表达。所有先天论者（nativist）的一个共同之处在于，他们都相信一系列预成的编码好的指令与最终形态之间存在固定的对应关系。在第 3 章中我们将会看到，基因型以及由此导致的表现型之间的关系，比先前假设的更为动态与灵活。

在自然—使然之争的另一端，那些相信经验具有建构作用的人也认为，信息存在于最终形态之前，只是信息的来源不同。这种观点已经被应用于心理的发展中，因为用它来解释身体的成长，显然是不合理的。这一取向的一个例子就是，心理学中行为主义流派中的极端观点。他们相信，儿童的心理能力能够完全由其早期的环境进行塑造。最近，一些致力于人脑计算机建模的发展心理学家提出，婴儿的心理很大程度上由潜伏于外界环境中的统计规则所造就（所谓"统计学习"，statistical learning）。这些努力不仅能够揭示至今未被认识到的环境作用，而且在本书中还将明确指出，这些计算机模型也会成为探索内部结构和外部结构间相互作用的最佳方法。（延伸阅读：Mareschal et al.，2007；Munakata，Stedron，Chatham，& Kharitonov，2008。）

上面讨论的这些观点都有一个共同的假设：建构最终形态（这里指成人的心理）所必需的信息先于发展过程而存在。虽然活力论者的观点有时比预成论者的更灵活，但是他们还是坚信，引导发展的动力来自外部的造物主。不管是历史上还是现在，预成论专注于对（来自基因的）蓝图或者编码的执行，或者来自环境体系中信息的整合。奥亚马（2000）指出，这些有关个体发生的观点类似于前达尔文时期（pre-Dar-winian）关于进化的理论，这些理论认为造物主规划了所有现存的物种。这类有关个体发生和种系发生的理论都认为，物种或者个体最终形态的规划在它尚未形成时就已存在。

个体发生中有关个体发展的一个新趋势是建构主义的观点。建构主义不同于预成论，因为它认为生物结构是基因和环境间复杂的相互作用的产物。与认知发展有关的此观点最著名的支持者，或许就是瑞士心理学家让·皮亚杰（Jean Piaget）。建构主义的本质是，最初状态和最终产物之间的关系，只能由信息的渐进的建构过程来说明。这种建构过程是一个多因素共同影响的动态过程。只有基因中的信息，或者只有环境中的信息都不能决定最终产物。而且只有这两个因素以建构的方式结合起来，才能使发展的每一步都大于对其有贡献的所有因素之和。持有这种观点并不是说我们永远不能理解遗传信息（或者环境信息）与最终产物之间的对应关系，而是这种对应关系，只有在阐明个体发生过程中遗传和环境因素间发生的一些关键的相互作用后，才能理解。不幸的是，这意味着在理解心理发展所涉及的人类基因组区的功能时，不可能有快速的突破。（延伸阅读：Piaget，2002；Mareschal et al.，2007。）

最近建构主义遇到了与活力论相似的问题，由于对变化的机制不能进行详细的解释，因此源于旧结构而产生的新结构，就像是魔术师从帽子里变出一只兔子的把戏一样。即使是皮亚杰提出的"机制"，如果仔细探究的话，似乎也有些难以理解。建构主义的另一个问题是，尽管它强调相互作用，但是在舍弃先天因素和环境因素的传统两分法后，就不清楚怎样分析发展了。在心理发展研究中引入认知神经科学，可以把许多新的理论观点整合起来，这样就有可能重新用建构主义理论来研究发展，并且有可能提供分析认知发展和大脑发展的新途径。

对发展的分析

在解释认知发展时，一些观点认为行为由来自基因的信息决定，而另一些则相反，认为行为由来自外部环境的信息所决定。这些观点通常明确地区分"先天"（innate）和"后天"（acquired）这两个成分。在发展科学中，"先天"这个词一直没有得到过清晰的界定，甚至有一段兴衰起伏的历史。事实上，在发展生物学的许多领域，已经不用甚至禁用这个词了。在生物领域，如在动物行为学（ethology）和遗传学（genetics）中弃用"先天"这个词的主要原因是，很多证据已经表明，基因在许多水平上（如分子水平）和环境都有交互作用，于是这个词就完全没用了。关于这一点有一个引人注目的例子，即戈特利布（Gottlieb，1992）所讨论的鸡胚中喙的形成。

在鸡胚中，喙（无齿的）的形成源于两种类型组织的共同作用。如果在实验条件下，其中一种组织（间叶细胞）用来自老鼠的相同组织所替换，就会生长出牙齿而不是喙。因此，戈特利布（1992）指出，小鸡保留了鸟类的爬行类祖先生长牙齿所必需的遗传成分。一般地说，小鸡基因的表现型（phenotype）会依据其所在的环境，在分子与细胞水平上出现引人注目的变化。

因此，发展的任何层面都不能说是绝对"遗传"的，也就是说，发展不只是特定基因所包含的遗传信息的产物。如果"先天"这个词用来说明基因信息所指定的结构，那么自然界中除了基因本身是"先天"的，其他所有结构都不是。然而，尽管认知科学中不断有人呼吁弃用"先天"这个词（Hinde，1974；Johnston，1988；Gottlieb，1992；Oyama，2000），但这个词仍然在使用。这是因为，需要一个词来描述儿童发展的内在因素和外部环境之间的相互作用。考虑到这点，约翰逊和莫尔顿（Johnson & Morton，1991）提出，这个词对于区别基因及其环境之间在各种水平上的相互作用是有用的。表 1-1 列出了这些相互作用的一些水平。在这些分析中，"先天"这个词仅仅指，由有机体内的相互作用导致的变化，并不等同于"遗传"。也就是说，它指的是基因和环境之间相互作用的水平，而不是信息的来源。本书将采用这个操作定义。约翰逊和莫尔顿认为，有机体与外部环境的各个方面进行着相互作用，很多外部环境对于所有物种来说都是共同的，这种物种—典型性（the species-typical）环境（如有模式的光、重力等）是最为原始的（primal）。而有机体与其特有的环境，或者与其所属物种的某些群体所特有的环境之间的相互作用，被称为"学习"（learning）。

表 1-1　基因与其环境相互作用的水平

相互作用水平	条件
分子	内部环境
细胞	内部环境（先天的）
有机体—外部环境	物种—典型性环境（原始的）
	个体—特殊性环境（学习的）

格里诺，布莱克和华莱士（Greenough，Black，& Wallace，2002）通过笼养鼠做了一系列实验，考察贫乏的或相对丰富的早期环境对大

脑结构的影响。在这些实验研究的基础上，他们提出，环境造成了两类信息存储之间的差异。由物种的所有成员所共有的环境而引发的变化被归类为"经验—预期"(experience-expectant)的信息储存型，等同于"物种—典型性"，与选择性的突触减少有关。第二类信息是大脑通过与其环境的相互作用而产生的信息，可称之为"经验—依赖"(experience-dependent)的信息储存型，等同于"个体—特殊性"(individual-specific)的信息储存型。这涉及与个人有关的独特环境间的相互作用，与新的突触联结的形成有关。毫无疑问，这两类经验之间的界限通常是很难确定的。来自动物行为学的研究结果已经表明，那些被认为是先天的行为，却在最近的研究中被认为是原始的。

利用上述框架，便有可能通过对发展的各个方面加以分析来确定其潜在的成分。通常，在发展心理学中，是用认知或者行为的成分来分析发展的。而在认知神经科学中，我们可以利用大脑结构具有不同组成成分的证据，来规范有关认知发展的观点。特别是，我们可以探讨已有的神经回路(neural circuit)在何种程度上是先天的(前文将先天定义为机体内部相互作用的产物，而且它对经验不敏感)。出生后经验的影响在大脑结构和功能的不同层面上可能是有区别的。在接下来的分析中，我将使用一个简单抽象的神经网络(abstract neural network)的例子，这样有助于简明扼要地讨论后文中大脑的发育与可塑性。埃尔曼(Elman et al.，1996)曾有过类似的分析，但是他们的分析更为详细。

人脑由非常复杂的神经回路组成，这些神经回路被各种各样的化学物质所包绕，这些化学物质调控着神经回路的功能。因此，在考虑如何分析这些回路的可塑性时，从一个简化的系统开始是很有用的，该简化系统应该具有相同的一般特质。联结主义的神经网络模型由节点（nodes）（简化的神经元）和在强度上可以变化的联结（links）（简化的突触和树突）组成。在这种神经网络中，学习是根据学习规则，通过节点与节点之间联结的程度或强度的变化而发生的，某些学习规则类似于那些在真实大脑中所用的规则，如"赫布"学习规则（"Hebbian" learning rules）。（延伸阅读：Munakata et al.，2008；Mareschal et al.，2007。）

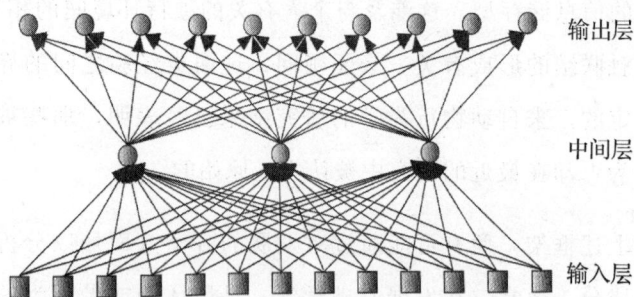

图 1-2   一个简单的三层联结主义神经网络

图 1-2 显示了一个简化的联结主义神经网络（connectionist neural network）。该网络中成组的节点由联结而连接起来，学习规则决定着由训练而导致的联结强度的改变。训练可以通过很多途径影响该网络。首先，该网络的基本构造可以随经验而改变，包括节点数量、学习规则，甚至是节点之间相互联结的程度。事实上，已有的少数神经网络模型就是通过这种方式的变化而获得。另一种可能是网络的基本构造固定不变，但是节点与节点之间的联结强度会随着学习规则权重的调整而改变。这是绝大多数联结主义神经网络编码信息的方式。既然人工联结主义网络中的表征依赖于节点之间联结强度的特定模式，那么就可以认为表征会随着信息输入的不同而改变，而且所产生的不同表征是经验的结果。就人脑而言，我们可以认为，这些改变属于微回路和突触功能在细节上的改变。当网络的基本构造是固定的，而联结强

度出现变化时，我们可能说是该网络表现出一种先天的结构(innate ar chitecture)。更确切地说，由训练而产生的表征会受到这个网络先天结构的限制。在第 4 章我们将回顾支持该观点的证据，这些证据表明灵长类大脑皮质在先天结构上的限制会约束表征的发展。

然而，在这个框架中还有另外两种可能。其一，无论是该网络的基本构造还是节点之间联结的强度和模式，都是先天的(如表 1-1 中所界定)，这样的话，该网络就不受外部输入的影响。我将其称为拥有先天表征(innate representations)的神经网络。在后面的章节中我们将看到，几乎没有证据表明人类新皮质具有这些先天表征。其二，结构以及联结的精细模式和强度都会随训练而改变。在第 4 章中我们将看到，只有处于极端异常的环境条件下，或者在遗传异常的案例中，我们才能看到灵长类动物在脑的基本结构上的变化。

为什么采用认知神经科学的方法来研究发展

直到最近十年，知觉和认知发展的大多数理论开始利用来自于大脑的证据。事实上，有些作者严格地把认知水平上的理论与神经基础进行分割(例如，Morton，Mehler，& Jusczyk，1984)。来自人脑的证据要么被认为是零乱无关的，要么是过于复杂的。然而我们对大脑功能的理解在过去的二十年里有了重大的进展。因此，许多人相信，探索认知发展与脑发育之间相互关系的时机已经成熟，而且在这个主题上出现了一系列的书籍(例如，de Haan，Johnson & Halit，2003；Johnson，Munakata，& Gilmore，2002；Nelson，de Haan，& Thomas，2006；Nelson & Luciana，2008；Stiles，2008)。此外，整合生物学和认知发展的信息开辟了一条让人们更好地理解与发展有关的心理学与生物学的通道：发展认知神经科学(developmental cognitive neuroscience)。"认知神经科学"这一术语不仅包含了脑发育的证据，诸如来自神经解剖学、脑成像和脑损伤对行为或认知影响的证据，而且还包括了来自动物行为学的证据。动物行为学是由丁伯根、劳伦兹等人在 20 世纪四五十年代开创的一门学科，涉及在自然环境中对整个有机体的研究（Tinbergen，1951；Lorenz，1965；Hinde，1974）。动物行为学是神经科学的有力补充，而且这两个领域的结合可能改变我们对知觉和认知发展中一些关键问题的思考方式。

一般来说，来自生物学的见解已开始对知觉和认知发展思想的形成产生重要影响，其中有许多原因。首先，认知神经科学家已经开始运用一系列有效的新技术和方法。这些技术使我们能够更直接明了地提出认知和知觉发展的生物基础问题。这些方法将在第 2 章讨论。

重要的是，整合并揭示大脑结构和认知功能之间关系的理论将有助于理解早期脑损伤或遗传失调对认知发展的影响。第 2 章将讨论来自不同临床团体的研究。此外，后面的章节也会讨论来自先天或获得性脑损伤婴儿的研究。除了其临床价值外，这些研究取向也将对大脑功能特异化（functional specification）、脑的关键期（critical periods）和可塑性等理论的发展有很大的贡献。因此，临床证据与来自发展认知神经科学的基础研究之间存在互利的影响。

为什么从发展的角度研究认知神经科学

个体的发生发展是基因和其所处环境在不同水平上相互作用的建构过程，其结果产生了像脑这样复杂的器官结构，及其所支撑的认知过程。对发展的研究必须是多学科的，因为由建构过程产生的新的结构水平（如特定神经系统）通常需要用不同的方法，从不同的水平对此前所经历的过程进行分析。另外，发展可以被当作一种工具来揭示看起来完全不同的组织层次之间的相互作用，例如，在基因表达的分子生物学层面与认知能力（如物体识别）发展之间的相互作用。更何况，成人的脑及其所维系的心理是由一系列复杂的有层次且平行的系统所组成，现已证明，只采取"自上而下"（top-down）的方式来分析是非常困难的。由外科手术、意外事故或中风所造成的脑损伤不可能清楚地区分层次性组织（hierarchical organization）的不同水平。从发展的角度可以独立地观察到分层控制（hierarchical control）的不同水平。特别是发展研究提供了这样一个机会：观察不同的神经认知系统如何出现，在发展过程中如何整合在一起。例如，在第 5 章中我们将看到，与控制眼动相关的不同大脑通路是怎样出现的，在发展过程中又是怎样整合在一起的。

发展变化的原因

那些将发展看作基因中预成信息展开过程的人倾向于接受发展心理学中的成熟的观点。该观点认为，婴儿是成人心理的简化版，随着大脑特定通路或结构的成熟而逐步成长起来。相反，发展的建构主义观点企图揭示内在结构与外部结构之间的动态关系，这种关系越来越限制表现型的出现。戈特利布（1992）也注意到了这两种观点间的区别，并分别称之为"预成渐成论"（predetermined epigenesis）和"概率渐成论"（probabilistic epigenesis）。预成渐成论假定，从基因到脑结构的变化，再到脑功能和经验是一条单向的因果通路。相反，概率渐成论认为，基因、脑结构的变化和功能三者之间存在着相互作用，是双向性关系。

预成渐成论：

（单向的结构——功能发展）

基因——►脑结构——►脑功能——►经验

概率渐成论：

（双向的结构——功能发展）

基因◄——►脑结构◄——►脑功能◄——►经验

（引自：Gottlieb，1992）

因此，根据预成渐成论的观点，婴儿的心理可以与局部性脑损伤的成人相比较。也就是说，在一个特定的年龄阶段，某些特定的认知机制要么存在，要么完全没有。例如，预成渐成论者认为婴儿与前额叶缺陷的成人很相似；认为支撑成人系统中各成分的神经回路在各不同年龄即时出现。然而，尽管该观点可能为正常的发展事件提供了一个合理的解释，但从长远看，它并不能提供全面的解释。

探讨发育中的大脑与认知之间关系的另一种观点是把概率渐成论与生物发展联系起来。该观点假设发展涉及对生命轨迹的日益增多的限制。在发展的早期，像脑或心理这样的系统拥有众多可能发展的路径和最终形态。发展路径及其所导致的最终形态取决于在此过程中起作用的一系列特定的限制。这种对个体发生发展的分析来自于达西·汤普森（D'Arcy Thompson，1917）、沃丁顿（C. H. Waddington，1975）及其他研究者有关身体结构发育的研究。

沃丁顿（他的工作对皮亚杰有很大影响）认为存在着一些发展的通路，或必要的发生路径，他将其命名为稳向（chreods；即稳定发展的走向）。稳向可以被界定为图 1-3 中所示的渐成地形图（epigenetic landscape）中的山谷。自我调节过程[沃丁顿将其称为"同态碎片"（homeorhesis）]确保有机体（被界定为地形图中滚下的一个球）在一些细微扰动后回归到其原来的轨道。一些大的扰动，如被饲养在黑暗中，可能使有机体最终处于一条完全不同的山谷路径中，尤其当这些扰动发生在关键点(decision point)的附近时。这些关键点处于渐成地形图中的某些区域，在这些区域一些微小的扰动就会导致不同的发展路径。因此，对于一般的儿童，尽管抚养环境中的一些细微差异会导致微小的扰动，但是他们仍能发展到相同的终点。但是，如果发展的早期(山丘的高处)，在某个关键点上偏离了正常的路径，或者在稍后的发展中出现某种重大的扰动，就可能使儿童走上一条不同的发展路径，到达另一种不相干的可替代的最终状态(表现型)。

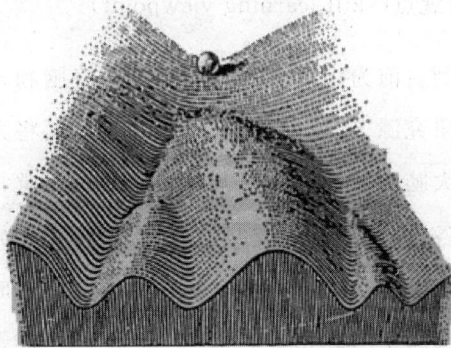

图 1-3　沃丁顿(1975)的渐成地形图

除了沃丁顿非正式的概念外，目前从建构主义(概率渐成论)的角度更难对发展做出解释，因为我们几乎没有理论工具可用于理解复杂动态系统中产生的各种现象。根据该观点，发展性失调可能是发展轨迹对一系列的限制进行不同的反应。这意味着从发展偏离正常轨迹的那一刻开始，各种新的因素和新的适应方式开始起作用，致使大脑可能对某些功能进行了重组。因此，与"成熟"观点(因果渐成论)相比，把在正常成人中发现的大脑区域和脑功能之间的对应关系运用于上述情形只能够提供部分信息。需要强调的是，上述建构主义的观点并非不重视遗传因素的作用。而是该理论更为强调基因与其不同的环境间进行复杂的相互作用时所出现的新的结构和功能。

人类功能性脑发育的三种观点

把脑发育期间所发生的神经解剖上的变化，与人类生命历程中前十年在运动、知觉和认知能力上的显著变化联系起来，是极具挑战性的。在本书中，我将讨论与人类功能性脑发育有关的三种独特的，但并非不相容的观点。这三种观点是：①成熟观点（a maturational perspective）；②交互式特异化理论（interactive specialization，缩写为IS）；③技能学习观点（skill learning viewpoint）。

如前所述，到目前为止大多数研究都试图将脑和人类的行为发展联系起来，这些研究源于"成熟"的观点，其目的是将大脑特定区域的"成熟"，通常是大脑皮质的区域，与正在出现的感觉、运动和认知功能相联系。大脑各区域的发育在神经解剖方面存在差异，这种差异被用来确定特定脑区发挥功能的年龄。在某年龄阶段，成功地完成某个新的行为任务，归因于与此相关的某个"新"的脑区成熟的结果。根据这个观点，功能性脑发育与成人神经心理学相反，前者侧重于特定脑区加入，而后者则是这些脑区的损伤。

虽然成熟理论简单直观，但是在本书中我们将看到，它并不能成功地解释人类功能性脑发育的一些重要方面。而且从理解角度来看，以开始年龄为基础，把神经上的变化与认知上的变化联系起来是很薄弱的，因为在不同的脑区、不同的时间点上对各种神经解剖和神经化学指标的测量会有很大的差异。

和上述理论相比，交互式特异化理论（IS）作为建构主义的一个特殊观点，假设出生后的功能性脑发育，至少在大脑皮质内，是一个组建大脑各区域间相互作用模式的过程（Johnson，2001；2002）。根据这个观点，特定区域的反应性特征由该区与其他区的联结模式及其活动模式决定。在出生后的大脑发育中，皮质区域之间相互作用以及相互竞争，导致皮质区域反应性特征的改变，由此发挥其在新的计算能力上的作用。该理论认为，一些皮质区的功能在刚开始时可能并不确定，但随后在大量不同的背景与任务下，这些区域被部分地激活。在大脑发育过程中，脑区之间依赖于活动的相互作用将使各脑区的功能分化，以致它们的活动越来越局限于一些更为狭窄的情景中（例如，一个原来会被各种视觉客体激活的区域可能变得只对正面向上的人脸做出反应）。因此，婴儿期一些新的行为或能力的出现，并不仅仅与一个或多个脑区活动的开始有关，而是与在几个脑区上活动的变化有关。我将在第 12 章对该理论进行更深入的探讨。

有关人类功能性脑发育的第三种观点是技能学习理论。该理论认为，婴儿时期，在新的知觉或运动能力出现过程中激活的脑区，与成人获得复杂技能时所涉及的脑区相似或一致。例如，关于知觉的专门技能，伊莎贝尔·高蒂尔（Isabel Gauthier）及其同事曾报道，用人造物体（被称为"greebles"）对成人进行的大量训练，最终激活了一个先前被认为与面孔加工有关的皮质区域——"梭状回面部区"（fusiform face area）（Gauthier, Tarr, Anderson, Skudlarksi, & Gore, 1999）。这表明，在成人中，这个区域通常只被面孔激活，原因在于我们在那类刺激上进行了大量的练习，而不是因为它专门为面孔准备的。进一步可以认为，它与婴儿时期面孔加工技能的发展有关（Gauthier & Nelson, 2001）。虽然还不清楚成人的练习与婴儿的发展之间有多大程度的相似性，也不知道技能学习的假设在何种程度上是正确的，但这个观点清楚地呈现了整个生命历程中机制上的连续性。技能学习并不一定与交互式特异化相矛盾，有时它们还会有一些相似的预测。

展　望

下一章将回顾目前用于研究大脑结构与功能发育的不同方法。尽管发展性异常并不是本书的主要内容，但在回顾正常发展时，也会讨论来自相关的异常发展的研究。通过三类发展性失调，即阅读障碍（dyslexia）、自闭症（autism）和威廉姆斯综合征（Williams syndrome），我们将看到，一些特殊的神经认知缺陷可能是因为多个大脑系统的弥漫性损伤（diffuse damage）造成的。妊娠早期脑损伤会使儿童从一个发展路径走向另一个发展路径。但是，不同类型的脑损伤也有可能导致成年后相同的最终状态（表现型），有些像沃丁顿渐成地形图中一些不关联的山谷。与之相反，稍后（孕后期和出生后早期）的脑损伤通常会由脑的其他区域来补偿。由此，后期的局部脑损伤可能只会导致轻微的弥漫性认知失调，类似于沃丁顿自组织适应（self-organizing adaptation），它使有机体保持在一个特定的轨道中，并产生相同的一般表现型。

在第 3 章，我们将介绍与基因有关的一些基本事实，同时讨论在人类发展中基因所表达的信息；而第 4 章呈现的是，至今为止我们所了解的出生前与出生后人类大脑发育的知识。尽管所有哺乳动物发展事件的一般次序非常相似，但人类发展的进程，特别是出生后的发展更为漫长。这种出生后发展的延长与大脑皮质区域范围的扩展有关，特别是前额叶区域的扩大。人类出生后更为漫长的发展揭示了大脑结构各部分（例如，皮质的不同区域与不同层级）在发展中的不同速率。人类大脑在出生后的进一步分化也可用于预测脑功能的出现。

就大脑皮质而言，神经生物学和脑成像的研究表明，大脑皮质不太可能具有先天的表征（如前所述）。然而，在生命的早期，皮质的大量区域具有大致偏向，这使其更适合于支持某些特殊形式的计算。在正常成人皮质中观察到的相当一致的"结构—功能"间的关系似乎是内部和外部的多种限制作用于有机体的结果，而不仅仅由内部遗传因素决定。接下来的章节将回顾与神经发育相联系的知觉、认知和运动发展等很多领域。在每个领域中，我都将尝试揭示约束皮质回路内表征产生的一些原因。例如，我将讨论来自外部环境的相关结构的限制、皮质的基本结构以及皮质下回路的影响等。

第 12 章将讨论出生后人类发展过程中表征变化的机制和类型，并将深入阐述交互式特异化观点对于人类功能性脑发育的解释。皮质区域内特定功能的出现被看作大脑内各部分之间相互作用的结果，或者大脑与其所处外部环境之间相互作用的产物。就像一个处于社会和物理环境中发展的儿童，和处于某个身体内的大脑一样，每个皮质区域都会在整个大脑背景下发展其功能。最后一章对现有研究做了总结，并对今后的研究提出了很多建议。

讨论要点

- 在成人的认知神经科学研究中，研究者需要在多大程度上考虑来自发展研究的证据？

- 对于一个正常发展的儿童来说，其所处的环境中哪些方面可能属于"经验—预期"和"物种—典型性"？

- 沃丁顿的"渐成地形图"在多大程度上可以用来解释早期大脑损伤后某些认知功能的康复？

2

研究方法与群组研究
METHODS AND POPULATIONS

　　这一章将介绍发展认知神经科学中所运用的不同研究方法以及群组研究（populations studies）。几十年来，行为技术一直用于婴儿与儿童发展的研究，但最近在眼动技术上的进步为更精细的分析提供了新的机会。基于大脑新陈代谢、血流量或脑电活动上的变化，一系列新的工具勾画出大脑活动的结构与功能图。这些成像技术可以替代动物研究来回答一些科学问题，但对于其他一些重要的科学问题，如遗传操纵（genetic manipulation）或基因表达，仍然需要用动物研究来解决。除了考察正常发展的婴儿与儿童，发展认知神经科学的研究者也关注因基因而导致的发展性异常的儿童，如患自闭症和威廉姆斯综合征的儿童，以及由于感觉刺激缺乏或处于贫乏的社会背景中造成的早期剥夺的一些案例。通过运用不同的研究方法以及研究各类不同的群组，我们将在该领域的关键问题上获得强有力的支撑。

科学领域的进步很大程度上依赖于三件事：实证发现（empirical discoveries），用来解释有效证据的理论构建和对未来研究的预测，以及研究方法。在科学发展的历史上，研究方法的重要性常常被低估。然而，至少对于发展认知神经科学来说，在过去所取得的重大进展可归功于技术的进步。在过去的几十年里，新的技术不断出现，但我们已经学会如何用已有的技术来解决婴儿和儿童研究中的一些特殊限制。几十年来，行为研究方法尽管确实适用于婴儿和儿童的研究，但仍然在不断地改进与扩展。相对较新的系列研究工具就是神经成像——基于大脑新陈代谢、血流量或者脑电活动变化而产生的脑活动"功能"图。我们将会看到，这些新的神经成像研究方法将替代动物研究来解释一些科学问题，当然还有其他一些科学问题，仍然需要动物研究来解决。除了研究正常发展的婴儿与儿童，发展认知神经科学的研究者也关注因基因而导致的发展性异常的儿童，如患自闭症和威廉姆斯综合征的儿童。通过比较不同类型发展异常的儿童，或者把发展异常的儿童与正常发展的儿童进行比较，使我们能更好地了解基于神经认知发展的许多基本原理。此外，早期剥夺（由感觉刺激缺乏或贫乏的社会背景而造成）的案例不仅有助于临床或社会因素的研究，也将有助于揭示早期不同类型的经历对后来发展的影响作用。

行为与认知任务

自 20 世纪 50 年代以来，儿童发展研究中行为与认知分析经历了从自然观察到实验研究的转变。在早期阶段，皮亚杰以及其他研究者通过"自然史"（natural history）描绘了发展中的一些突出现象，如缺乏客体永久性（object permanence）（详见第 6 章）。后来的研究者用各种精巧的实验研究方法来收集婴儿、学步期儿童或儿童心理发展变化的素材。研究婴儿和学步期儿童最大的挑战之一是，那些涉及言语性指导或者需要通过按键之类来精确反应的行为任务不适用。而且婴儿的注意广度非常狭窄，实验者却需要时间让婴儿配合。因此需要大量训练的研究很难施行。但幸运的是，目前已经有许多研究方法可以用来测查婴儿，因为婴儿有一种自然倾向，是去注意那些惹人注目且新异的视觉刺激。这些研究方法中的其中之一被称为"偏好注视"（preferential looking），即呈现给婴儿成对的视觉刺激，记录婴儿注视每个刺激的时间。另一个方法被称为"习惯化"（habituation），在这个程序中，重复呈现相同的刺激，直到婴儿注视这些刺激的时间明显地减少为止。当注视时间减少到一个确定的标准时，呈现一个新奇的刺激，然后记录婴儿注视时间的增加或者回升。如果注视时间明显回升，我们就可以推断婴儿能够区分这两种刺激间的差异；如果注视时间没有回升或者只有一点回升，我们便可以推断婴儿不能区分这两种刺激。其他诱发婴儿辨别反应的技术有：利用吮吸频率测试习惯化，利用眼动仪（eye-tracker）确定其精确的注视模式，以及利用心率测量法。（延伸阅读：Aslin，2007；Karatekin，2008。）

另一种将脑发育和行为联系起来，且可用于不同年龄儿童的有效方法是"标记任务"（marker task）。这种方法需要应用一些特定行为任务，神经生理学(neurophysiology)或/和脑成像研究发现，这些任务与成人以及非人类的灵长类动物中一个或多个脑区有关。通过考察不同年龄儿童在不同情景下的这些任务上的发展变化，研究者可以收集证据来证明已知的脑发育模式如何解释所观察到的行为变化。在本书中，我们将看到，在许多不同的认知领域中都采用了标记任务的研究方法。当然标记任务的研究方法也有一些缺点，例如，由一种特定任务所得的结果，有时并不能运用到其他看似很相关的任务上，而且很难直接比较来自明显不同的被试群体的结果。标记任务这一研究方法的另一个挑战来自任务的设计，能够满足婴幼儿研究并获得有意义结果的任务很少，也不能满足研究"令人感兴趣"的认知能力的需要。在其他的章节中我们会看到，在完成相同的任务时，不同年龄的被试可能使用不同的脑区。由此对标记任务结果的解释就更复杂了。然而，标记任务是一种有用的研究方法，它为神经认知系统(neurocognitive system)的发展提供了最初的见解。

评价脑功能发育的方法

除了一个最新发展的研究方法外，那些用于观察年幼儿童大脑功能的技术已经很好地用于成人的研究中(见彩页部分图 2-1)。高密度事件相关电位(high-density event-related potentials，缩写为 HD-ERP)是一种利用置于头皮的敏感电极记录脑电活动的方法(见彩页部分图 2-2)。这些电极会察觉到头皮表面电位的微小变化，这种变化由脑内成组的神经元共同激活造成。记录到的要么是脑自发产生的自然电节律(脑电图；electroencephalography，缩写为 EEG)，要么是由某个刺激或动作引发的电活动(事件相关电位；event-related potentials，缩写为 ERPs)。ERPs 是很多次实验记录的脑电平均值，与刺激无关的脑自发

EEG 平均后将为零。但是在最近，人们对那些快速爆发的高频脑电更感兴趣，如伽马（gamma）或 40Hz 频率的脑电。这些脑电看起来与脑内信息加工过程中的各个阶段有关（事件相关振荡；event-related oscillation，缩写为 EROs）（Csibra，Davis，Spratling，& Johnson，2000）。（Csibra，Kushnerenko，& Grossmann，2008；Csibra & Johnson，2007.）

在头皮表面放置高密度的电极，利用算法能够推断出头皮表面脑电活动的特殊模式在脑内发源的位置和方向（偶极子；dipoles）。成功运用这些算法需要一些假设，相比于成人，这些假设用于婴儿更加合理。例如，相对于成人被试，婴儿具有低水平的头骨导电系数（skull conductance）和较少的皮质沟回，这些都可能使 HD-ERP 结果更为精确并具解释力，参见就该方法应用于婴儿研究展开的讨论（Johnson et al. , 2001；Nelson，1994）。

HD-ERP 及其相关的研究方法是用于婴儿脑功能研究的极好手段。它能提供非常有效的时间分辨率（以毫秒为单位），但存在空间分辨率不太精确的缺点，只能获得大致的空间位置（例如，前额叶与颞叶），难以获得其他有效的信息。另一种方法具有很高的空间分辨率，但以损失时间分辨率为代价，那就是功能性核磁共振成像 MRI（functional MRI）。随着大脑不同区域的激活，这些区域的神经元需要来自毛细血管中氧的供给。一种被称为血红蛋白（hemoglobin）的分子输送着血液中的氧气。当某个大脑区域被激活，就需要更多的氧来支持其活动，导致局部性氧合血红蛋白（oxygenated hemoglobin）的增加，同时脱氧血红蛋白（deoxygenated hemoglobin）减少。核磁共振成像（MRI）能够探测到血氧水平依赖（the blood oxygen level dependent，缩写为 BOLD）的变化，由此非侵入式地测量了大脑不同区域血氧水平的变化，其空间分辨率可达毫米级，时间分辨率以数秒计。

目前这种研究大脑功能的技术在一些实验室中已经运用于 6 岁或 7 岁儿童。然而出于许多原因，当用此方法研究更小儿童时，在技术上仍然有很大的挑战。但也可以用于婴儿的研究，特别是当婴儿处于睡眠中，或者给婴儿一些听觉刺激（如言语或音乐）使其处于安静状态时。与成人的数据相比，如何分析来自儿童的 fMRI 数据还有许多有待解决的复杂问题（Thomas & Tseng，2008）。此外，常规的 fMRI 分析集中在研究者感兴趣的特定区域，但最近分析方法的进步使研究者能够测量不同大脑区域之间的功能联结程度。正如我们在后面章节（第 12 章）中将看到的，这种研究取向使我们能够检验，在发育过程中出现神经网络功能上相互协同的有关假设。（Thomas & Tseng，2008.）

另一种通过血液中的氧水平，包括 BOLD 信号来测量大脑活动的新方法是近红外光谱学（near infra-red spectroscopy，缩写为 NIRS）。这是一种光学成像技术，检测微弱的光束经过头骨和脑时吸收以及散射或者弯曲的微小变化（Lloyd-Fox，Blasi，& Elwell，2010；Meek，2002）。细小的发射器和探测器植入一个帽子中，可以小心地放置到儿童的头部（见彩页中的图 2-3）。就像 fMRI，用这种方法可以探测到由于脑活动而产生的血氧合变化，但 NIRS 对运动伪影（motion artifacts）不敏感，所以不需要把被试约束在一个扫描装置中。因此，在婴儿与学步期儿童的研究中，NIRS 是替代 fMRI 的最佳技术。事实上，年幼儿童薄的头骨更容易让光束透过，由此也能够获得更佳的光学信号。尽管这种方法在一些实验室中仍处于开发阶段，但到目前为止，至少有 30 篇已经发表的文章是用这种方法研究婴儿脑功能的。（延读阅读：Loyd-Fox，Blasi，& Elwell，2010；Mehler，Nespor，Gervain，Endress，& Shukla，2008。）

对发育中大脑结构的观察

发展认知神经科学的其中一个目标是，把大脑功能和认知的发展与脑结构的变化联系起来。几十年来，出生后人类大脑结构发育的研究依赖于传统的神经解剖方法，即对人类尸体或动物组织的解剖。这些研究方法包括神经元染色（staining neurons），其过程使得那些神经元在显微镜下更容易被看清楚。其中高尔基染色（the Golgi stain）的方法，由诺贝尔奖获得者卡米洛·高尔基（Camillo Golgi，1843—1926）发明，他是神经科学的开山鼻祖。对人类尸体的组织来说，这种分析方法不仅极度缓慢，也很困难，而且由于获得这类组织有相当大的难度，因此可用于分析的儿童数量就很少。更何况，供尸体解剖的那些不幸儿童经常是遭受了创伤或疾病，这些都可能影响大脑正常的发展。或许在这一领域最为著名的系列研究是由考涅尔（Conel）着手进行的，他在 1939—1967 年发表了几卷详细的图画，描绘了人类大脑皮质出生后的发育（见第 4 章图 4-5）。更近一点，电子显微镜的出现使科学家能够在更小的单元上研究变化，如树突上突触的形成或剪除（见第 4 章）。

除了研究大脑的激活，MRI 还让我们有机会去研究健康婴儿和儿童大脑结构上的发育。如果说传统的尸体神经解剖是研究方法论上的巨大进步，那么只有出现像 MRI 这样的研究方法，才能够在一定程度上分离大脑的灰质（神经元簇及其局部的处理与联结）与白质（相互联结的纤维束），当然在细节上不如显微镜来得精确。尽管如此，正如我们将在第 4 章中看到的，最近与出生后大脑发育（解剖水平）轨迹有关的知识激增。在最近几年，不断出现的新的分析方法，使我们能够超越对白质与灰质在形状与数量上的简单测量，去追溯大脑中不同区域间主要结构上的联结路径。其中一个方法是扩散张量成像（Diffusion

Tensor Imaging，缩写为 DTI）。DTI 是通过对水分子运动的测量来描绘纤维束及其发育的详细状况。另一种追踪发育中纤维束研究方法是最近才开始探索的（见彩页中的图 2-4）。这些方法更适合用于精确地检验在大脑发育中结构间的联结和功能之间的关系。（延读阅读：O'Hare & Sowell，2008；Wozniak，Mueller & Lim，2008。）

动物研究与遗传学

正如第 4 章中将会看到的，我们所掌握的与脑发育有关的知识绝大部分来自其他物种的研究。尽管物种之间存在明显的差异，但对于研究所涉及的大多数物种，甚至所有物种来说，在绝大多数的基本现象上是相同的。而且，许多研究行为发展的动物模型已经到达了这样一个阶段：已发现的某些原则可应用于人类发展的某些层面（Blass，1992）。其中一个例子是本书第 7 章中讨论的刚孵出小鸡的视觉印刻（visual imprinting）。如小鸡这样的动物模型，其优势是可以通过进一步研究来发现小鸡脑中与特定行为有关的特定区域，然后识别与这一过程有关的电生理、神经解剖以及分子水平等相关因素。最后，可以从解剖学角度建立与检验支持行为变化的神经网络的计算模型。通过这种与行为发展有关的简单个案，能够揭示一些基本的问题，如学习敏感期的神经基础（O'Reilly & Johnson，2002）。此外，构成小鸡印刻各成分的神经系统是分离的，这一点已用于解释人类婴儿面孔识别发展中相似的分离现象，尽管研究者对此还存在争议（见第 7 章）。因此，无论是直接的还是间接的，建立简单的动物模型都有助于了解人类大脑的发育如何与更为复杂的认知和行为变化联系在一起。在动物模型用于说明人类发展的另一个例子中，通过比较人类与其他灵长类动物的行为发展，可以清楚地看到语言对于其他认知领域的重要意义（见第

9 章）。因而，尽管物种之间同源性的建立必须谨慎，但已得到很好研究的动物模型，给人类认知发展提供了越来越多的理论和经验启示。（延读阅读：Bachevalier，2008；Matsuzawa，2007。）

在下一章中我们将更详细地讨论遗传学的方法。然而，值得关注的是：分子遗传学中的技术允许从一种动物的基因组中敲除某些特定的基因。例如，敲除 α-钙调蛋白激酶 II 基因后的老鼠被称为"基因敲除"鼠（"knockout"mice），这种鼠在成年后不能执行特定的学习任务（Silva，Paylor，Wehner，& Tonegawa，1992；Silva，Stevens，Tonegawa，& Wang，1992）。这种方法为分析遗传对动物认知和知觉变化的作用带来了新的希望，如果把这种方法应用于已得到充分研究的动物发展模型，如小鸡的视觉印刻和雀形目鸟类的鸣唱学习，可能会产生特别丰硕的成果。在研究基因敲除/神经认知发展异常（源于遗传失调）的作用时，这些动物模型也可能是非常有用的。

发展性障碍

除了在研究正常婴儿与儿童发展中需要多种不同的研究方法外，发展认知神经科学的研究也涉及对差异的研究，包括由于遗传、早期脑损伤或创伤或者由于早期异常经历而引起的发展性差异。出于临床和社会原因，异常发展路径的研究[传统上称为"发展神经心理学"（developmental neuropsychology）或"发展心理病理学"（developmental psychopathology）的研究]显然是很重要的，它也能够为正常发展中涉及的因果因素和基本加工提供重要的信息。

尽管本书的重点是探讨人类大脑的正常发育轨迹，但我们也将提及源于遗传的许多不同的发展性障碍（developmental disorders）。我们会在下一章深入讨论遗传变异问题。遗传变异可以是单个基因的突变，如脆性 X 染色体(Fragile-X)和苯丙酮酸尿症(phenylketonuria)，可以是染色体结构上的异常，如唐氏综合征(Down's syndrome)，以及在一条染色体某个部位上几个基因的微缺失，如普—威综合征(Prader-Willi)和威廉姆斯综合征(Williams syndrome)。另外一些发展性障碍可能与更为复杂的遗传因素有关，如多个基因的微小作用(如自闭症)。在本书中经常会提到的两个障碍是自闭症与威廉姆斯综合征。

自闭症是较为常见的发展性障碍(患病率约为 1%)。遗传学研究揭示，与自闭症有关的基因有 20 多个。最近的评论得到的结论是：自闭症的遗传因素与较小影响的许多基因有关，更可能是多种不同遗传因素共同作用导致了自闭症(Happé, Ronald, & Plomin, 2006)。也有证据表明，自闭症是遗传因素与环境因素相互作用造成的(Frith, 2003)。自闭症的发展性障碍的许多核心缺陷，是与他人社会关系有关的领域，尽管也有一些非社会认知上的缺陷。主要的行为症状包括：眼睛注视异常、不能明确地意识到他人的想法、不愿意被人接触、不断重复的行为(如摇摆、用手拍打)以及常常会迷恋环境中某些特定的客体或非生命的东西。伴随这些异常行为的，还有在其他认知与语言技能上的缺陷，如模仿言语，即不断重复以前听过的词或句子。自闭症与其他相关的障碍有一些共同的症状。例如，患有阿斯伯格综合征(Asperger's syndrome)的个体有一些相似的社会困难，但其言语智商是正常的(Happé, 1994; Pennington & Welsh, 1995)。(延伸阅读：Frith, 2003; South, Ozonoff, & Schultz, 2008。)

与自闭症的特殊社会缺陷相比，威廉姆斯综合征患者乍看似乎具有较好的社会技能。威廉姆斯综合征(WS，也称为婴儿高钙血症)是一种相对稀少的遗传失调，20 000～50 000 个新生儿中约有 1 个患者

(Greenberg，1990)。这种失调可能在婴儿早期通过遗传或代谢标记来诊断，而且会有一些典型的身体及认知特点。

来自结构成像的证据表明，WS 患者的大脑容积只有正常人的80%～85%，但总体上并没有出现明确的异常或损伤(Jernigan & Bellugi，1994)。至今为止，唯一的具体损伤部位的证据是，小脑的某些特定小叶上容积的相对增加。与此相比，自闭症患者在相同小叶上的容积较正常人少些(Jernigan & Bellugi，1994)。在细胞结构水平上，研究者(Galaburda，Wang，Bellugi，& Rosen，1994)通过初步分析发现，患者的皮质层级(cortical layers)内很混乱且髓鞘形成减少。由于缺乏具体部位损伤的证据，有关 WS 患者神经认知方面的特征令人惊讶。(延伸阅读：Karmiloff-Smith，2008。)

人们常常认为，WS 患者所具有的能力模式与自闭症患者是相反的，由此提出最初的假设：WS 患者中对应于"社会模块"(social module)的功能性大脑系统是完好的(见第 7 章)。具体地说，该假设认为，WS 患者的社会脑网络是完好的，而这恰恰是自闭症患者的缺陷所在。然而，随着研究的深入，现在发现这个假设过于简单(见第 7 章)。尽管如此，这却表明了在相似的实验范式中，对不同发展性障碍进行比较是非常有价值的。

大脑发育异常

在考察源于遗传的发展性障碍与大脑发育的关系时，至少可以从以下四个水平来描述：①整脑解剖；②个别"损伤"部位；③功能性神经系统及路径；④神经化学和微电路(见表 2-1)。在过去的十年里，已有很多假设来解释神经损伤的原因、相关因素和造成的各种障碍。最

表 2-1 一些主要发展性障碍的概况（出于比较，表中侧重于各种障碍的不同点）

各种障碍	遗传基础	脑异常例证	行为表现
苯丙酮酸尿症	单个基因（PAH 基因突变）	前额叶皮质多巴胺水平较低	执行功能、工作记忆缺陷
脆性 X 染色体综合征	单个基因（FMR1 基因异常）	小脑蚓容积相对减少；整个新皮质树突形态异常	智力落后、多动、注意困难、自闭症状、视空与算术困难
唐氏综合征	染色体（多了一条 21 号染色体，易位或嵌合）	小头畸形	普遍性的智力落后，但在视空认知有相对优势，言语能力弱
特纳综合征	染色体（女性缺少一条 X 染色体）		视空与算术能力缺陷，但言语智力在正常范围内
普—威综合征	微缺失/复制（SNRPN，NDN）	下丘脑	中度智力落后，但社交正常；大多数认知领域的能力差，尤其是言语技能
威廉姆斯综合征	微缺失（第 7 号，第 24～30 号染色体）	小头畸形（由于白质减少）但小脑容积成比例地增长；小脑畸形	在空间与算术任务上的成绩较差，但在面孔加工与语言行为上是熟练的
自闭症	多基因	由于皮质很多区域白质增加而造成的大头畸形	社会功能障碍、语言障碍
阅读障碍/特殊型语言障碍（SLI）	多基因	在 SLI 中整个皮质上脑白质都增加	语言和/或阅读障碍
注意缺陷多动障碍	多基因	大范围皮质领域功能异常，包括额叶纹状体和边缘环路	注意障碍，尤其是抑制反应和（response inhibition）延迟回避（delay avoidance）

初，这些假设常常关注由异常基因导致的各个不相干的局部皮质或皮质下"病变"。但是，儿童晚期或成人研究的结果越来越清楚地表明，许多发展性障碍涉及在脑结构与功能上更为广泛、系统的细微差异。以自闭症为例，拉姆齐和厄恩斯特(Rumsey & Ernst，2000)对自闭症功能影像的综述进行了总结，"……脑代谢与血流量的研究至今尚未取得一致的结果，而且在大脑突触活动的区域模式上还存有较大的差异"。其他作者在评述自闭相关研究时也同意该结论。德布和汤普森(Deb & Thompson，1998)认为，"已经提出了各种大脑结构与功能的异常，但还没能可靠地证实局部性缺陷"，而楚卡尼(Chugani，2000)认为，虽然很多不同的研究考察了皮质(前额叶、内侧前额叶、颞叶、前扣带回)和皮质下(基底神经节、丘脑、小脑)的结构，但"来自各种成像方式的数据还不足以整合起来提供一个脑机制的统一假说"。据菲利佩克(Filipek，1999)所述，注意缺陷多动障碍(Attention Deficit Hyperactivity Disorder，缩写为 ADHD)的研究中也存在类似情况。她认为，成像研究"实际上已经证实在注意障碍中并没有整体一致的神经解剖上的损伤或其他异常"。对 ADHD 来说，异常广泛分布于皮质的很多区域，至少包括额叶纹状体、扣带回和顶叶区域。总之，对于上述两种障碍来说，至少没有证据支持功能性皮质离散损伤这个观点。而且，我们倾向于大脑中广泛分布的失调形成了发展性异常。值得注意的是，绝大多数的认知神经科学研究所获得的数据来自年龄较大的儿童或成人，因此，还是有可能通过对婴儿或幼儿的观察得到一些更为特殊的效应。

需要注意的另一个重点是，与发展性障碍有关的大多数大脑异常并不一定只与该障碍有关。例如，自闭症、脆性 X 染色体综合征、威廉姆斯综合征和阅读障碍等失调中都发现了小脑的异常。我的观点是，那些多种发展障碍所共有的异常并没有那么重要，但确定产生了重点，就要研究跨越不同脑区域与障碍所存在差异的普遍特点，而不是把重点放在单个发展性障碍所涉及的个别区域内的具体现象。一般来说，推断某个发展性障碍所涉及的具体神经缺陷需要谨慎，除非其他脑区域以及其他发展性障碍得到了相同程度的研究。

关于脑结构的总量，相对于正常发展而言，整个大脑的容积可能会减少（小头畸形）或增加（大头畸形）。大脑整个容量上的差异可能是灰质（神经元及其局部联结）和白质（神经纤维束及其长距离的联结）上的变化所造成的。与一些重要的发展性障碍有关的有意思结果是，小头畸形或大头畸形主要是白质上的差异造成的。例如，自闭症结构成像的研究结果一致表明，其具有较大的脑容量（Filipek，1999），尤其是在颞叶、顶叶和枕叶区域。然而，令人感兴趣的是，这些增加的容量来自白质而非灰质（Filipek，Kennedy，& Caviness，1992）。换言之，联结大脑各个区域并调节区域之间相互作用的纤维束比区域本身的作用更大。早先对威廉姆斯综合征的 MRI 研究也表明，其整个大脑和皮质的容量比同年龄的正常组要小（Reiss et al.，2000），这一点不同于自闭症患者。对组织成分的测量结果表明，与对照组相比，患WS 的个体大脑灰质容量相对保持一致，但白质容量不成比例地减少。这个模式只限于大脑皮质，在小脑中无此现象（Galaburda & Bellugi，2000；Reiss et al.，2000）。由此可见，至少两种源于遗传的发展性障碍在整个大脑容积上是有差异的，而且这种差异与区域之间的联结（白质）有关。

在最微观的神经解剖水平上，发展性障碍还涉及微回路、树突和突触。至少对某些综合征来说，越来越多的证据表明，大脑异常是跨区域或系统的，但最近的假设更为关注突触结构中出现的差异（Perisco & Bourgeron，2006）或联结模式上的差异（Just，Cherkassky，

Keller，Kana，& Minshew，2007；Minshew & Williams，2007）。微结构上的这些差异可能会对出生后的发展有综合性效应，而后对某些认知领域或某些类型的计算有不同的影响。在后面几章，我们将评述来自不同类型障碍的更为详细的数据，这些数据与某个特定领域的障碍相关（例如，第 5 章中提及的 ADHD；第 7 章中提及的自闭症与威廉姆斯综合征）。

感觉与环境影响

有些人在发展过程中遭受感觉或环境的剥夺（sensory or environ-mental deprivation），这些群体也受到发展认知神经科学的研究。因此，科学家们有可能研究来自感觉或环境输入而获得的经验对人脑以及认知发展的影响。在本书后面几章，我们会通过例子来说明，先天性耳聋的研究如何阐明语言获得及其神经基础（第 9 章）。这种一般性取向的另一个例子来自毛雷尔（Maurer）及其同事的研究。他们的研究对象由于单侧或双侧密集的白内障造成了在出生后不同时期遭受了视觉剥夺。这些密集的白内障阻碍了结构化的视觉输入，一直到手术后才能恢复。一般来说，这种手术在出生后一年内进行。通过对此类个体面孔加工特点的研究，这个研究团队发现，即使恢复正常视觉经历几年后，面孔加工障碍仍然存在（Le Grand，Mondloch，Maurer，& Brent，2001）。换言之，出生后几个月的视觉剥夺对面孔加工有长期的不良影响。近来对单侧剥夺个案的研究发现，这种影响更多地来自右侧脑半球（左眼）的剥夺。此类数据对"技能学习"观点提出了重大的挑战，面孔加工的右侧脑半球倾向，自出生后第一个月就开始出现。

如果说白内障与耳聋群体告诉我们感觉剥夺的效应，那么对其他异常群体的研究则探讨了社会剥夺（social deprivation）。例如，孤儿院中的儿童长大后会出现多种社会、认知与感觉运动问题（Gunnar，2001）。尽管孤儿院的一般抚养质量是可变的，但至少缺乏与抚养人稳定、长久的抚养关系（Rutter，1998）。来自"好"孤儿院的个体也会有执行功能（见第10章）和社会认知问题，但感觉运动、认知和语言发展等其他方面可以恢复良好。另一个极端例子是，那些出生后第一年在罗马尼亚孤儿院长大的儿童样本中，12％表现出自闭症特点，尽管这些症状会随着时间的延续而慢慢消失（Rutter et al.，1999）。（延伸阅读：Maurer，Lewis，& Mondloch，2008；Shackman，Wismer Fires，& Pollak，2008。）

近来研究者关注的另一个群体是处于低社会经济地位家庭的儿童。在不良环境中长大的儿童，即使是在富裕的国家，都会有出现各种发展问题的风险。主要原因是这些儿童处于不良抚养质量的处境中，包括父母吸毒、不良的饮食习惯以及不良的社会交互作用。发展认知神经科学未来的挑战将是，以理论为导向有针对地设计干预措施去帮助处于不良抚养环境中的儿童，以缓减不良的发展效应（见第13章）。

讨论要点

· 在研究人脑功能发育时，理想的方法或技术（目前仍未用的）是什么？

· 选择一种在儿童时期有显著发展的行为，讨论一下有哪两种方法可能用来很好地揭示该发展变化的原因和机制？

· 为何对特殊发展异常群体或在早期处于不良环境中的群体的研究，对于我们了解人脑功能正常发展是很重要的？

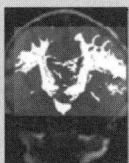

3

从基因到大脑

FROM GENE TO BRAIN

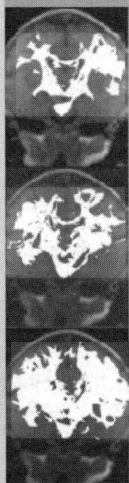

　　本章将介绍发育遗传学，概述构建大脑的基因结构和作用，以及它们对认知过程影响的现代观点。20世纪关于基因的流行观点是，基因是直接构建大脑的蓝图。这一观点渐渐被现在的观点所取代，基因在特定的时间和空间会有不同的表达，甚至是大脑最简单的化学组成（蛋白质）也源于多重和可变的基因交互。这些想法使得下面的观点变得难以置信，即特定的基因对认知的特定方面进行"编码"。从基因到大脑再到行为（渐成论）的途径不仅是复杂的，而且是可变的。尽管这种复杂性似乎令人却步，但还是有一些方法试图解释基因在大脑功能发育中的贡献。第一种方法，研究大脑中较小分子的作用，这些可能是基因表达的直接产物。第二种方法，研究特殊个体在基因、脑功能和认知上的差异。在多重测量中的相关差异可以揭示特定基因变异、脑功能与行为能力之间的关系。第三种方法，研究与正常人群在基因上有差异的综合征（见第2章），或者罕见突变的特定个体。把这些综合征与具有正常发展轨迹的个体在神经认知发展上进行比较，我们可以了解基因的重要性和功能性。第四种方法，通过动物研究来考察由于学习或发育可塑性而导致的快速表达的特定基因群。最后，我们回顾在这章开篇时提及的FOX-P2这一特定基因的一般特点。

基因的历史

在第 1 章我们讨论了发育的不同观点，包括 17 世纪在"活力论者"和"预成论者"间的争论。在 19 世纪和 20 世纪这一争论仍然持续，侧重于努力理解遗传的本质。尽管哺乳动物、昆虫和植物的代际繁衍的一些生理特征是明确的，但是遗传过程涉及的机制和成分仍然不清楚。我们发现，威廉·约翰森（Wilhelm Johannsen）在 1911 年首次提出的基因概念与克里克（Crick）和沃森（Watson）在 1953 年对基因的描述不同，克里克和沃森对于基因的看法与现在发育遗传学家的观点也不同。

对于定位遗传物质来说，关键的第一步是确认它是否通过细胞携带，早在 19 世纪后半期，胚胎学家已经认识到了这一点。下一个问题是，控制遗传物质的是细胞核，还是周围的细胞质。在 1900 年左右令人振奋的研究热潮中，一些科学家再次发现格里戈·孟德尔（Gregor Mendel）早期研究中基于培育植物所假定的"遗传准则"，他们确定细胞核是遗传物质的所在位置。不久之后，威廉·约翰森（1911）把基因（gene）、基因型（genotype）（所有基因的总和）和表现型（phenotype）（基因表达结果或最终产物）三个概念整合在一起。此后的四十年里，摩尔根（T. H. Morgan）等科学家率先使用果蝇（drosophila）进行基因研究并发展了这些观点。果蝇短暂的繁衍周期意味着很多实验可以在很短的时间实施，使得我们对遗传学的理解发生巨大变化。（延伸阅读：Fox Keller，2002；Stiles，2008。）

20 世纪 50 年代早期的研究开始寻找细胞核中何种化学成分与遗传有关。伦敦的两位科学家罗莎琳德·富兰克林（Rosalind Franklin）和莫里斯·威尔金斯（Maurice Wilkins）使用"X 射线衍射"技术发现

DNA(脱氧核糖核酸)分子的结构。在 1953 年剑桥附近的克里克和沃森通过这些数据提出了 DNA 的"双螺旋"基本结构，这使得它能够编码信息并将之传给下一代。DNA 的化学结构一经发现，就意味着信息如何进行编码和传递的问题有了明确的答案。换言之，问题是如何转录信息形成蛋白，然后进一步形成复杂的生物结构，如大脑。

基因功能法则

DNA 完美的右螺旋的双螺旋结构，与保持并传递信息的功能有重要的关系(见图 3-1)，这至少体现在两个方面。首先，DNA 包括两条核苷酸(分子单位)链，通常情况下它们缠绕在一起，在细胞分裂以形

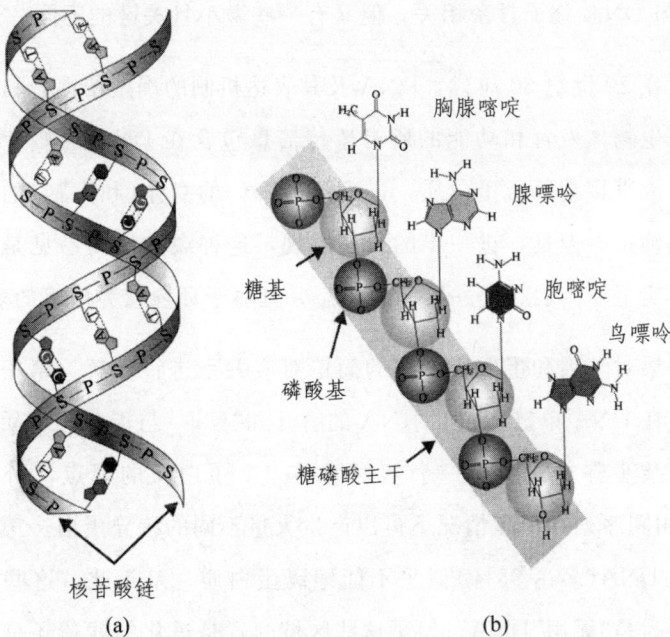

图 3-1 (a)DNA 基本双螺旋结构的两条核苷酸链彼此盘绕
(b)两条链通过核苷酸碱基化学键链接的细节信息

成身体和大脑时，需要复制遗传信息，这时它们才分开。其次，每条链包含一个"代码"，作为四个核苷酸碱基（由磷酸糖基和附着碱基复合物组成的化学单位；分别是腺嘌呤、鸟嘌呤、胸腺嘧啶和胞嘧啶）不同序列的实例。这些核苷酸碱基如同拉链的两侧可以打开，与之配对的另一半会通过互补的腺嘌呤和胸腺嘧啶、鸟嘌呤和胞嘧啶进行复制（见图 3-1）。基因是 DNA 单链中的核苷酸序列，这些碱基序列为基因表达提供基本信息。

下一个问题是 DNA 链如何形成生物组织的基本化学组成结构——蛋白质。令人惊讶的是，在细胞中合成蛋白质的位置与 DNA 本身所在位置相对较远。这意味着存在一定的中介分子将 DNA 上的信息传递到细胞器以合成不同的蛋白质。这个信使就是 RNA（核糖核酸），与 DNA 分子紧密相关，但又有一些微小且关键的不同。

早在 20 世纪 60 年代，DNA 及其表达机制的确定使得教科书上都认定，生物体发育和功能的所有遗传信息包含在 DNA 的核苷酸序列中。基因直接编码成蛋白质，进而形成我们的身体（和大脑）的观点似乎相当确定。但是，进一步的研究发现，这种观点显而易见是简单化的，事实上基因表达是一种高度动态并且对于环境较为敏感的现象。

如果对基因和蛋白质之间的简单对应关系进行分解，第一，要考虑发生在 DNA 单链，包括 RNA 的解开和"读取"与蛋白质实际合成之间的复杂步骤。不同于一个基因编码一个蛋白质的观点，研究表明 DNA 相同序列在很多情况下可以产生大量不同的特异蛋白。第二，大片段的 DNA（多达 95%）似乎不能编码蛋白质，基于此，这些片段通常被认为是"无用"DNA，但是这些区域究竟是进化的残留还是有其他功能仍然不清楚。第三，传统观点警示，许多基因编码的是调控蛋白，而不是结构蛋白。换句话说，它们编码的是可以调节其他基因表达的蛋白，在胚胎或成人体内不同位置产生复杂的连锁交互作用。如今，基因也被认为具有"多效性"，也就是说，一个基因可以在动物和植物生长的不同位置和不同发育阶段起到不同的作用。例如，人体基因组中大约 75％ 的基因在发育过程中的某些时间点上在大脑中表达，这些基因极少数（如果存在的话）只在大脑中表达。第四，最令人惊奇的是，现在的研究表明，在受孕时除了 DNA 能够遗传以外，在细胞器中还存在其他一些差异，与基因表达互相作用，并影响基因的表达。细胞器对于 DNA 的功能表达起到关键作用，如果没有细胞器的存在，那么 DNA 是惰性的。如此，在儿童的发展过程中，除了 DNA 外，与遗传有关的细胞因素也可能影响基因的表达。总之，近数十年的研究清楚地表明，对生理和行为特征产生作用的基因表达是相当复杂的过程，特定基因和这些特征之间的关系也并非直接，且可能相当复杂。（延伸阅读：Plomin，DeFries，McClearn，& McGuffin，2008。）

最近，振奋人心的例子是，动物个体中终身表达的基因如何受其早期环境的影响。例如，米尼（Meaney）和他同事的一系列研究表明，母鼠对新生幼鼠的行为可以调控基因的表达，这些基因与新生幼鼠成年后对压力的反应有关（Weaver et al.，2004；Zhang & Meaney，2010）。相比那些未获得母鼠关注的新生幼鼠，在出生后第一周经常获得母鼠舔舐和理毛的新生幼鼠，成年后胆子较大且表现出较少的生理应激反应。交叉抚养研究（新生幼鼠由非生理母鼠抚养）表明，这种影响幼鼠的终身效应是由母鼠特定的行为引起的，而不是通过遗传获得的。在一系列详细的实验中，母鼠对新生幼鼠的舔舐和理毛动作激发了一系列生物化学反应，这些反应调节着与特定基因（称为"表观基因组"；epigenome）表达有关机制的活动。因此，通过由基因表达的不同蛋白，早期感觉经验在时间进程和数量上产生着持续的影响，且对个体产生终身效应。类似这样的研究形成了"表观遗传学"（epigenetics），这一新领域毫无疑问对发展认知神经科学有深远的影响。（延伸阅读：Weaver et al.，2004。）

遗传学和发展认知神经科学

从发展认知神经科学的角度来看，将来最大的挑战之一是了解大脑功能和发育在基因型对应到行为表现型中的作用（Pennington，2001；2002）。一般来说，至少可能通过四种不同的方式来了解这两者的关系。

第一种方法，考虑从基因到大脑、大脑到行为的渐成路径长度缩短、复杂度降低的例子。这里的一般策略是研究只有少量化学步骤的大脑各方面，而避开基因表达的直接产物。形成有组织的神经网络包括很多不同基因高度复杂的共同作用。但是，简单的化学物质可以调节神经活动和发育。例如，神经递质（见第 4 章）和基因直接产生的基本化学组成结构（蛋白质和单胺类）相当接近。大量简单分子在大脑发育和功能上起着重要作用，它们是发展神经科学很多研究的主题（Stanwood & Levitt，2008）。但是，我们现在仍然需要与人类认知发展相关的实例。

第 10 章我们会讨论一种遗传疾病，称为苯丙酮酸尿症（PKU，见第 2 章的表 2-1）。PKU 是一种遗传疾病，这种疾病会使得某种酶（增强其他化学反应的蛋白分子）的含量处于较低水平，这种酶通常有助于将一种氨基酸（蛋白质的组成单位）转化成另一种氨基酸（酪氨酸）。酪氨酸对大脑中名叫多巴胺（见第 4 章）的神经递质尤为关键。由于第一种氨基酸的过量和第二种氨基酸的相对缺乏而出现并发症。这些并发症包括前额叶皮质的多巴胺含量降低（见第 4 章），继而对认知发展产生特异的影响。尽管研究类似这样的病例会使我们了解从基因到大脑再到行为的路径，但是我们注意到，基因和神经递质之间的关系相当复杂。例如，现在已经知道，至少有 19 种不同的基因可以影响一个重要的大脑神经递质系统（GABA；Huang，Di Cristo，& Ango，2007）。

第二种了解产生大脑功能渐成路径的方法，是去研究在遗传、大脑功能和行为测量上自然发生的个体差异。对于这些个体差异的作用不是来源于基因缺陷，而是来源于同一基因（称为等位基因）在形态上的细小差异。相同的基因编码序列通常会有一些不同变异。由于人类对于每个基因都有两个副本，这些变异可能是来自两个相同的副本（纯合子；homozygous）或者不同的拷贝（杂合子；heterozygous）。等位基因也可能是之前提到的非编码（无用）DNA。"行为遗传学"领域的其中一部分是研究等位基因的个体差异与行为或个性上变异之间的关系。这种方法现在与发展认知神经科学融合在一起，研究者开始试图寻找等位基因变异和发育进程中大脑功能变化间的关联。假定可以把遗传差异与大脑个体差异直接联系起来，我们就能避免其他研究方式在考察脑功能与认知再到行为关系中涉及的一些潜在的复杂因素。通过这种方式，相较于基因和行为测试之间的相关，我们会观察到更强的相关性（Fan，Fossella，Sommer，Wu，& Posner，2003）。在后面章节，我们将概述这种侧重于个体差异的遗传方法在婴儿和儿童发展研究中的应用。（延伸阅读：Plomin et al. ，2008。）

第三种将遗传学引入发展认知神经科学的方法，涉及对人类综合征和发育障碍的研究，例如，上一章提及的那些障碍。一些综合征，如自增长症，有复杂的遗传原因，涉及很多基因，但每个基因只有很小的效应。与此相比，其他一些综合征的遗传因素比较明确。其中一种综合征，即脆性 X 染色体综合征，包括 X 染色体（单条 DNA）的

FMR1 等位基因。简单来说，这个基因通常包含 6～55 个重复编码序列。但是，在患有此类综合征的家族中，该基因的重复次数会在后代中不断增加，直到某个时间点出生的婴儿，其 FMR1 基因有超过 230 个重复编码序列。这时该基因的结构变得不稳定而且功能终止，因此命名为脆性 X 染色体综合征。该基因功能的破坏导致特定蛋白（FMR1 蛋白）的缺乏。

由于男性只有一条 X 染色体，相较于拥有两条 X 染色体的女性，脆性 X 染色体综合征对男性的威胁更大。除了类似长脸和平足等大量生理症状，在男性中，这种综合征还包括一些类似自闭症的症状，如双手摇摆和社会性发展障碍，甚至一些该综合征患者也能达到自闭症的诊断标准。缺乏 FMR1 蛋白的必然结果之一，就是被称为谷氨酸的神经递质紊乱（见第 4 章）。现在的研究试图将大脑中这种神经递质的功能与观察到的一些认知和行为差异联系起来。虽然仍需要开展很多研究，但是，脆性 X 染色体综合征可能是如今作为从基因异常到认知的复杂通路研究中较为明确的例子（见图 3-2）。此外，虽然该综合征只涉及一个基因，但这种缺陷的影响是普遍的，包括认知和行为上的很多不同方面。（延伸阅读：Cornish & Wilding，2010。）

这种遗传研究方法的一个变式，是从了解各综合征的不同认知特点开始的，然后反过来去发现其遗传机制。如之前提到的，找寻自闭症和阅读障碍的遗传基础的例子。尽管这些方法在一定程度上是成功的，但是遗传学家和心理学家在关注这些罕见病例时，更紧密的双向合作可能会取得更多的成果。例如，在上一章中介绍的威廉姆斯综合征（WS）就是由于一条染色体中，23～28 的基因片段缺失造成的。患有这种所谓"微缺失"的人，通常会在生理和认知方面表现为威廉姆斯综合征完全表现型，即相对较强的语言和面孔识别能力，而在视觉空间构建能力和数字能力上严重受损(第 2、6 和 7 章)。最近的研究还涉及威廉姆斯综合征患者中部分基因缺失的个例,即所谓"部分缺失"病例。这些病例中,有些表现为威廉姆斯综合征完全表现型,有些只表现出某些异常,还有一些则没有表现出任何异常。通过详细研究这些罕见病例在认知能力各个方面的特点,我们能更好地理解基因组合对于行为表现型的作用(Karmiloff-Smith et al.,2003)。(延伸阅读:Karmiloff-Smith,2008;Welsh,DeRoche,& Gilliam,2008。)

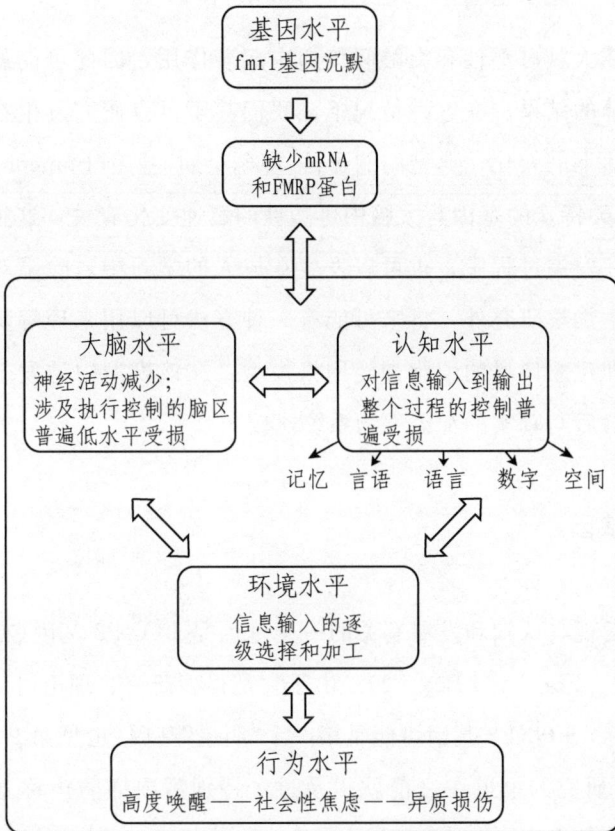

图 3-2 脆性 X 染色体综合征在基因水平的缺陷和行为结果之间的复杂通路

第四种了解大脑功能发育中基因复杂作用的方法，是建立动物模型，最为常见的实验对象就是被敲除了特定基因的小鼠。对于这些"基因敲除"的小鼠（见第 2 章）的研究发现，敲除基因并不能终止成长后期的特定行为，表明这些模型还不足以了解在发育进程中基因的作用。通过这些实验例子以及由于遗传异常而导致的人类发育障碍，我们可以认为，基因缺陷导致这些障碍。但是，这并不意味着我们可以得出如下的推论：行为的受损方面由基因编码，或者行为是基因的"功能"表现，其原因如上所述。

基因在大脑可塑性和突触间传递中起着作用，因此可能最适于研究神经计算的结果。在这种情况下，我们甚至可以研究发生在成年动物基因表达上的变化。典型的例子是"即刻早期"基因（Immediate Early gene）。这类特殊的基因与大脑中可塑性的迅速变化有关，这种情况既可以发生在发展过程中，也可以发生在成人的学习中。除了对这类基因的分子生物学研究外，将来可能有一种方法可以用来理解基因表达的作用，即建立详尽的细胞神经网络模型，在该模型中诱发基因表达的效应，然后与真实的神经生物系统比较。

FOXP2 基因

最近发现与认知和发展有关的一个基因是 FOXP2 基因（亦称叉头框 P2 基因；Forkhead Box P2）。由于它是很多研究、理论讨论和媒体报道的目标，FOXP2 基因可能是第一个"明星"基因（也见第 9 章）。有关 FOXP2 研究的报道在之前就提及过，特别需要谨防声称基因为行为或认知的各方面"指定代码"。心理学家对于 FOXP2 基因的兴趣起源于一个不幸家族（KE 家族）的发现。在这个家族中，三代人中有一半的家庭成员患有遗传性语言受损的疾病，最初被认定是在特定语法方面的。当发现该家族遗传疾病与 FOXP2 基因有关时（Lai, Fisher, Hurst, Vargha-khadem, & Monaco, 2001），科普作家和一些媒体惊呼发现了"编码语法的基因"。

当你读到第 9 章时，过去十年的研究表明最初这些论断是不能成立的，原因有以下几个方面。首先，患有该遗传疾病的家族成员不仅具有语法缺陷，还存在复杂嘴部动作协调性差、有节律动作的时间序列紊乱、除语法外语言的其他方面能力不足以及普遍性智力低下等问题（Vargha-Khadem, Watkins, Alcock, Fletcher & Passingham, 1995）。其次，研究发现，在许多明显不具有人类语言技能的其他物种中也有该基因，如鼠和鸟。然而，敲除 FOXP2 基因的小鼠，其发声功能确实有显著的降低，而且该基因的表达与鸣鸟的发声学习有密切关系。这个证据与来自 KE 家族患者的功能成像研究联系在一起时，发现在动词生成和重复任务中，大脑的语言区域处于很低的激活水平（Liégeois et al., 2003）。所有这些发现表明，FOXP2 是一种对于学习控制快速动作序列有重要作用的基因。最后，FOXP2 在进化中有高度保守性。除了在鼠类和鸟类中发现了 FOXP2，在爬行类动物体内也发现了该基因。就像所有基因，伴随着进化过程，FOXP2 在氨基酸上只有细微的变化。然而这些细微的变化就能影响该基因的功能，而且似乎在发育着的大脑的不同区域或者发育的不同时间点上均能激活该基因的功能变化（Carroll, 2005）。（延伸阅读：Marcus & Fisher, 2003; Karmiloff-Smith, 2008。）

FOXP2 似乎与学习发声的大脑可塑性有关，那它的作用究竟是什么呢？这是现在很多研究的主题，需要注意的是，FOXP2 是"转录因子"（transcription factors）家族的成员之一。换句话说，该分子的作用是将 DNA 的其他部分转录成可以形成蛋白质的 RNA。这使得该基因可能涉及协调大量其他的基因。如同在第9章将讨论的，我们会发现人类语言包括很多不同的基因，每一种都对最终结果产生很小的影响。同样地，FOXP2基因在不同有机体中的作用是不同的，至少在物种之间会有所差异，而且这种作用在同一物种内也会随着时间发展进程而改变。

FOXP2的情况表明，研究者将遗传学融入发展认知神经科学的努力面临着一定的挑战和困难。由于基因的多效性（在大脑中表达的基因几乎也会表达在身体的其他部位），源于遗传的发展障碍不可避免地表现出全身性。比如，在威廉姆斯综合征患者中，心脏缺陷是最可能的诊断原因，而在一些其他综合征中，免疫系统问题也有报道。因此，尽管我们不期望找到特定基因与行为、认知或大脑功能特定方面之间的关系，但毫无疑问，对从基因到行为的渐成通路中各个片段的分析，可能是最有力的新方法，可以为发现人类大脑功能开启新的大门。

讨论要点

· 现有可行的研究方法如何限制我们研究基因对功能性大脑发育的影响？

· 对照与比较用于研究基因与认知之间关系的不同方法。

· 遗传证据是否能用来确定经验对于认知或行为发展变化的作用？

· 是否可以将特定基因与特定认知功能的产生联系起来？

脑的发育
BUILDING A BRAIN

4

本章将描述出生前后脑发育的各个方面，特别会提到人类的相关数据。我们将从灵长类动物脑的解剖结构开始概述，特别强调了新皮质。该结构可能是了解认知发展最重要的大脑结构。接着略述出生前大脑发育的几个阶段，包括细胞的产生、迁移和分化，以及经过这几个阶段后形成的特定脑结构。出生后脑发育的突出表现是从出生到青少年期脑的容量增加了四倍。我们追溯了产生这种剧烈变化的因素，发现这种增长主要是由神经纤维束的增长及其髓鞘化（myelination）造成的，而不是由于新神经元的产生。此外，在一些脑结构和神经生理的发育上，如突触联结的密度，有一个令人惊奇的现象，即在出生后的发育中表现出典型的"升—降"模式。本章接下来将回答这样一个问题：新皮质的区域分化在何种程度上是预先决定的。"原图"假说（"protomap"hypothesis）认为，皮质的区域分化由内在的分子标记（molecular marker）决定，或者由增殖区预先决定。相反，"原皮质"假说（"protocortex"hypothesis）认为，原皮质最初未分化，主要通过由丘脑投射而来的输入刺激分区，这种分区还依赖于活动。最近有证据支持一种中立的观点，该观点认为，大部分区域的分化都是预先决定的，但少数功能区的分化需要依赖于活动过程来实现。这就意味着皮质网络对产生于其内部的表征有结构上的限制，但并不存在先天的表征。来自新生啮齿类动物皮质可塑性的许多研究为以上结论提供了进一步的证据。在这些研究中，针对某些皮质区的感觉输入被转移到其他区域，或者把皮质切片从一个区域移植到别的区域。在这两种情况下，皮质获得的表征取决于信息输入的性质，而不再是发育源（developmental origins）。因此，我认为从灵长类动物皮质的发育和可塑性方面的研究中，可以得到相似的结论。接下来集中于人类皮质发育与其他灵长类动物的一个明显区别上，即出生后较长的延续发育期。人类皮质发育的延续揭示了在其他灵长类动物中不可见的两个方面：皮质的层结构发育中"内—外模式"（inside-out pattern）和不同区域在发育时间上的差异。人类皮质发育的这些显著特征为以后章节中描述的脑与认知发育之间的联系提供了基础。最后本章将讨论一些皮质下结构在出生后的发育，并且将简要回顾神经递质和调节质发育的相关知识。一些神经递质的发展水平反映了皮质结构发育分化的情况。

灵长类动物脑解剖结构概述

　　本书在写作时假定读者已经具备与大脑有关的一些基本知识。但为了确保读者有足够的知识阅读本章及后面所有章节的内容，我们需要回顾一下包括人类在内的灵长类动物的大脑基本知识。哺乳动物的脑继承了脊椎动物脑的基本结构，这种基本结构可以在低等物种（如蝾螈、青蛙、鸟等）中看到。这些物种和高等灵长类动物的主要区别在于大脑皮质和联合结构（如基底神经节）的大幅度扩展。人脑的发育速度虽然比其他灵长类动物慢，但其发育的主要过程与它们一致（我们将在本章后面提到一些内容）。

　　包括人类在内的所有哺乳动物的新皮质平而薄（约 3～4 mm）。它的层状结构虽然复杂，但在扩展过程中相对稳定（见图 4-1）。在进化过程中皮质整体规模的快速扩展，最终造成其沟回结构的增加。虽然皮质的表面有很多沟回（上图），但是所有皮质都是由六层结构（下图）组成的薄层（中图）。皮质沟回的产生是由生长模式与颅骨内有限空间综合的结果。一般来说，哺乳动物间皮质的差异在于其总面积的大小，而与它们的层结构无关。每一层都包含有特定类型的神经元及特有的输入和投射模式。例如，猫的皮质面积约有 100 cm^2，人类的皮质面积却达 2400 cm^2。这表明灵长类动物（尤其是人类）所拥有的额外皮质与其所具备的高级认知功能有关。但是，从鼠到人，脑的主要结构之间的基本关系基本相似。

　　通往皮质的大部分感觉输入都经过丘脑。每一类感觉输入在丘脑都有其特定的神经核。例如，视觉信号通过外侧膝状体（the lateral ge-niculate nucleus，LGN）进入皮质，而听觉信号则通过内侧膝状体（the

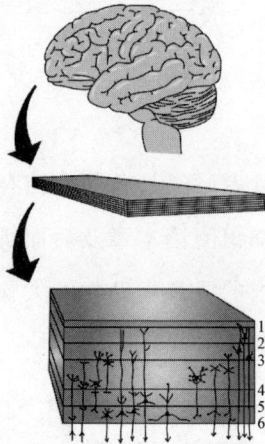

图 4-1　大脑皮质结构简图

medial geniculate nucleus，MGN）。由于丘脑在输入到皮质的过程中有重要的中介作用，一些科学家便假设它在皮质的发育中也有至关重要的作用，以后我们将进一步讨论这个假设。然而，丘脑和皮质间的信息输送并不是单向的，大部分从低级区域到皮质的投射也伴随着从皮质返回的投射。一些来自皮质的输出投射到被认为与运动控制有关的区域，如基底节和小脑。但是，大部分从皮质到脑其他区域的投射都终止于大致相同的区域，而这些区域恰恰是输入皮质的投射所到达的区域（如丘脑）。也就是说，进出皮质的信息输送主要是双向的。因此，不要把"输入"和"输出"与"感觉"和"运动"相混淆。所有感觉和运动系统广泛地使用输入和输出纤维，信息沿着并行通路快速地进行双向传输。

脑内有两类常见的细胞：神经元和胶质细胞。胶质细胞比神经元更普遍，但一般认为它对神经计算不起作用。然而，正如我们接下来要看到的一样，它们在皮质生长中起到非常重要的作用。长久以来，神经元被认为是脑的计算单元（Shepherd，1972）。神经元大小不一，有多种形状和类型，而每种类型的神经元都具有特殊的计算功能。皮质中至少有 25 种不同类型的神经元，其中少数类型很少见，有些类型的神经元只在特定的皮质层级结构内。皮质中发现的神经元约有 80％是锥体细胞(pyramidal cells)，该名称源于其与众不同的锥形胞体，由其硕大的顶树突(apical dendrite)[输入过程]引起。顶树突总是与皮质表面相切(图 4-2)。这些神经元有很长的轴突(axon)[输出过程]，可以延伸到其他皮质和皮质下区域的纤维中。虽然在皮质的许多层结构中都会有锥体细胞(一般较低层的锥体细胞比较高层的大)，但是它们的顶树突一般都能达到皮质的最顶层，即第一层(见下文)。长长的顶树突使锥体细胞有可能受其他各层(更表面的)细胞和其他区域细胞的影响。如果锥体细胞属于非常稳定且不可改变的那类细胞，那么其输出就会受到成组的可塑性和灵活性更强的抑制性调节神经元(inhibitory regulatory neurons)的调控。这一点可能在神经计算上起重要的作用。图 4-1 表示的是灵长类动物皮质的片段示意图，这些片段是从皮质内侧垂直切至皮质表面而得到的，揭示了皮质的层状结构。我将之称为皮质的层结构。如上所述，每一层都含有特定类型的细胞，并且每一层都拥有典型的神经输入和输出模式。

新皮质(所有的哺乳类动物中)的大部分区域由六层组成。皮质中绝大部分区域的层结构似乎都拥有共同的基本特点。第一层细胞体很少，主要由横向分布的白色长纤维组成，将皮质的一个区域与相距较远的另一些区域连接起来。第二层和第三层也有横向的连接，常常是小的锥体细胞投射到皮质的相邻区。第四层是大部分输入纤维终止的区域，包含有很大比例的刺状星形细胞(spiny stellate cells)，神经投射就是在这些细胞上终止的。第五层和第六层是向皮质下区域的主要输出层。这两层有很高比例的大型锥体细胞，这些细胞具有很长的下行轴突。内在的皮质回路中也有许多神经元。

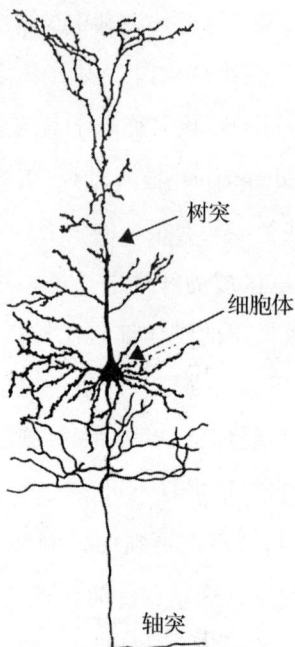

树突

细胞体

轴突

图 4-2　一个典型的皮质锥体细胞

　　虽然绝大部分新皮质都具有这样的基本层结构，但是也有一些区域很特殊。例如，感觉皮质中的输入层（第四层）非常厚并且高度发达。事实上，在视觉系统中，第四层至少可以分出四个"亚层"（sublayers）。然而，在运动皮质中，第五层（输出层之一）特别发达，可能是因为它在发送来自皮质的输出信号时很重要。很明显，皮质的不同区域到其他区域的投射模式并不相同。虽然从皮质的一个区域向另一个区域投射中，有特征的投射模式可能很少，但是还没有一种模式能够适用于所有皮质。因此，投射模式的差异也是皮质区域特异化的另一个原因之一。皮质区域特异化的其他因素包括：特定神经递质的出现，以及兴奋性神经递质与抑制性神经递质的相对作用。正如我们在下面将看到的，在大脑发育的时间进程中，一些关键性发育事件在各脑区之间是有差异的，如突触数目在出生后的减少（Huttenlocher，1990）。

出生前脑的发育

出生前人脑的发育过程与其他脊椎动物的脑发育非常相似。受精后不久，受精卵进行快速的细胞分裂，结果形成一群增殖细胞，即胚囊。胚囊的形状像一串葡萄。几天后，胚囊分化出三层结构，形成胚胎。这三层结构的每一层都将进一步分化为主要的器官系统。内胚层（胚胎的最内层）发育为内脏，如消化系统、呼吸系统等，中胚层（胚胎中间的一层）发育为骨骼和肌肉组织，外胚层（胚胎的最外层）发育为皮肤和神经系统，包括知觉器官。

神经系统本身始于神经胚形成（neurulation）的过程。部分外胚层开始向内卷曲，形成中空的柱状结构，称为神经管（neural tube）。神经管将沿着三个维度分化：长度、圆周和半径。长度维度上形成中枢神经系统的主要分支，前脑和中脑在一端，脊髓在另一端。末端的脊髓进一步分化出一系列重复单元或节（segment），而神经管的前端则形成一系列脑泡和脑回（见图 4-3）。妊娠 5 周左右，从这些脑泡可以确定哺乳类大脑中主要部分的原形。从前往后：第一个脑泡将发育为皮质（端脑），第二个将发育为丘脑和下丘脑（间脑），第三个发育为中脑，剩下的发育为小脑（后脑）和延髓（末脑）。

神经管圆周维度（与表面相切）的分化是很关键的，因为感觉和运动系统就是从这个维度分化而来的：背面（上部）大致对应于感觉皮质，腹面（底部）则对应于运动皮质，还有多种联合皮质以及介于两者之间更为"高级"感觉和运动皮质。在脑干和脊髓内，相应的翼板（背部）和基板（腹部）在神经通路的组织中起重要作用，这些神经通路通向身体的各部分。

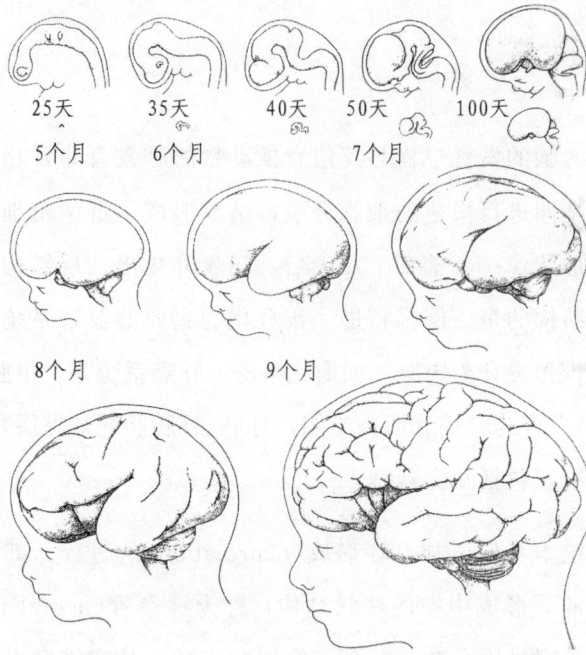

图 4-3　人脑胚胎和胎儿期发育的示意图

　　对于 25 天～100 天的脑图，下方的小图与其上方的大图所描述的脑图是相同的，但小图是按下一排的脑图比例绘制的。前脑、中脑和后脑起源于神经管前端隆起的脑泡。在灵长类动物中，回旋的皮质发育后将遮盖中脑、后脑和部分小脑。出生前，大脑发育过程中神经元以每分钟 250 000 个以上的速度产生。

　　神经管半径维度的分化产生成人脑中发现的复杂层状模式和细胞类型。沿着神经管半径维度，脑泡变大，而且进一步分化。在这些脑泡中，细胞增殖（新生）、迁移（移动），并分化出特定的类型。构成脑的绝大部分细胞产生于所谓增殖区（proliferative zones）。增殖区靠近神经管的中空部分（将发育为脑室）。第一个增殖的位置是脑室区（ventricular zone），该区在种系发生史上可能是较为古老的（Nowakowski，1987）。第二个增殖位置是亚室区（subventricular zone），该区只对种系发生中最晚出现的脑结构（新皮质）起重要作用。这两个区域产生各自的胶质细胞(支撑与营养细胞)和神经元细胞系(neuron cell line),并且产生不同形式的细胞迁移。首先,我们要考虑的是增殖区中新神经元是怎样形成的。(延伸阅读:Nowakowski & Hayes,2002;Sanes, Reh,& Harris,2006;White & Hilgetag,2008。)

增殖区内的增殖细胞分裂后产生神经元和胶质细胞,进而形成克隆。克隆指由单个前体细胞(a precursor cell)分裂产生的一组细胞。像这种前体细胞产生的是一个细胞世系(lineage)。神经母细胞(neuro-blasts)产生神经元,而胶质母细胞(glioblasts)产生胶质细胞。每一个神经母细胞都将产生特定的、数量有限的神经元,稍后我将对此进行深入讨论。至少在某些情况下,特定的神经母细胞将产生特定类型的神经元。例如,产生大脑皮质所有浦肯野细胞的增殖细胞不到 12 个,而每一个增殖细胞都将产生约 10 000 个浦肯野细胞(Nowakowski, 1987)。

新神经元产生后,将从增殖区迁移至它们未来在成熟脑中所在的区域。研究者发现脑发育过程中神经元有两种迁移模式。较为常见的模式是被动的细胞替代(passive cell replacement)。这种模式发生于较晚产生的细胞将把较早产生的细胞从增殖区排挤出去。这种形式的迁移形成"内-外模式"(outside-in pattern)。即最老细胞被推向脑的表面,而最新产生的细胞留在靠近其产生位置的地方。被动迁移形成的脑结构有丘脑、海马齿状回和脑干的许多区域。第二种模式的迁移更为主动,涉及新细胞越过先前产生的老细胞而形成"内-外模式"(inside-out pattern)。研究者在大脑皮质和一些具有层结构(被分为平行的很多层)的皮质下区域中发现了这种迁移模式。

需要强调的是,出生前脑发育并不是遗传指令逐渐展开的被动过程。相反,从很早时候开始,细胞间的相互作用就很重要,包括神经元间电信号的传递。在一个例子中，眼内细胞自发放电模式（在睁眼之前）所传递的信号似乎决定着外侧膝状体的层状结构（O'Leary & Nakagawa，2002；Shatz，2002）。因此，在外界的感觉输入产生影响之前，有机体发育过程中，内在的放电模式在确定脑结构时有重要作用。（延伸阅读：Shatz，2002。）

出生后脑的发育

如前所述，脑容量从出生到青少年期会有显著增长（见图 4-4）。在这种发育变化中起作用的因素是什么？通过使用不同的技术，这个问题可以在不同水平进行研究，从显微镜（和电子显微镜）观察神经元和

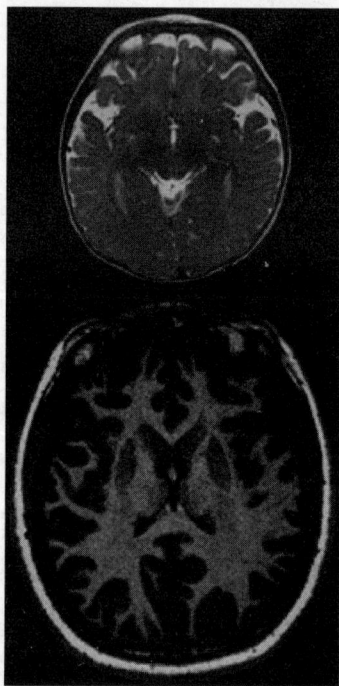

图 4-4　4 个月婴儿（上图）和 12 岁青少年（下图）的 MRI 结构扫描图

突触的变化，到更大范围的脑区，如灰质（神经元和它们附近的联结）和白质（髓鞘包裹的纤维束）。先从微观水平上来看，许多脑解剖和脑功能的研究都表明，人脑在出生后的发育中具有典型的"升降"发展模式（"rise and fall" pattern）。虽然不能把渐进与递减过程当作明显的阶段，但是为了清晰地认识该模式，我将对二者依次进行说明。

出生后脑容量增大，人们通常最先想到的是由于新神经元产生而造成。但是，事实并非如此。人脑神经元的形成和迁移基本上都发生在出生前。虽然出生后海马和其他脑区可能会产生少量的神经元（详见下文），但是绝大部分神经元在妊娠的第 7 个月左右都已经出现（Rakic, 1995）。出生后，新的神经元很少出现，但突触、树突和纤维束的数量却急剧增长。此外，出生后神经纤维开始由脂类的髓鞘包裹，这也进一步增加了脑容量。

通过标准显微镜可以观察到，出生后神经发育最明显的证据是绝大部分神经元中树突大小和复杂程度的增加。图 4-5 是考涅尔（Conel，1939－1967）对细胞进行高尔基染色后所绘，该图呈现的例子清楚地表明了人类在出生后的发育中树突的急剧增长。神经元的树突在急剧增

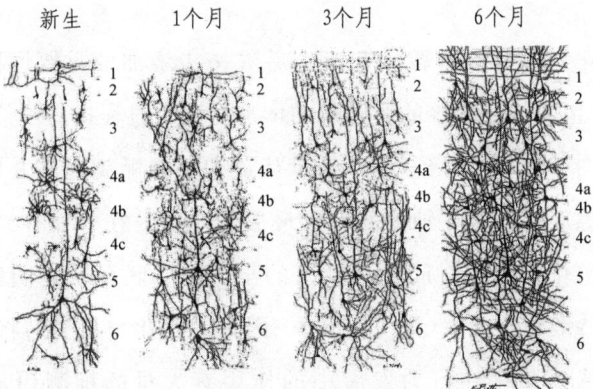

图 4-5　人类视觉皮质的细胞结构图

长的同时，也在逐渐变得更加特殊和特异化。相应增长的是细胞之间突触联结的密度，这个情况通过标准的显微镜并不能清楚地观察到，但由电子显微镜观察可以得到明显的结果。

赫特洛切尔及其同事曾经报道过，人类大脑皮质某些区域的突触密度在出生后会稳定地增加（Huttenlocher，1990，1994；Huttenlocher，de Courten，Garey，& Van der Loos，1982）。至今为止，所有相关研究都表明，突触的产生和增长始于出生前后，而在不同的区域其增长最快的时期和到达顶峰的时间并不相同。视觉皮质的突触在 3 个月~4 个月时高速增长，在 4 个月~12 个月密度最高，可达成人的150％。在初级听觉皮质（颞横回）可观察到相似的时间进程。与此相比，对于前额叶的某个区域，虽然突触产生的开始时间是相同的，但是其密度增加非常缓慢，在出生 1 年后仍没有达到最高点。〔在这一点上应注意的是：突触密度的测量方法可能有多种——以每个细胞、树突、大脑组织等为单位。为了避免树突长度的增加等因素对结果的影响，有必要谨慎选择测量突触密度的方法。赫特洛切尔在 1990 年曾讨论过一些适当的测量方法。〕（延伸阅读：Bourgeois，2001；Huttenlocher，2002；Kostović，Judaš，& Petanjek，2008。）

髓鞘化也是造成脑容量在出生后进一步增加的重要原因。"髓鞘化"指的是包裹神经纤维的脂肪鞘的增加，这个过程提高了信息传递的效率，见图 4-6，从（a）到（d），表示从最初的接触到包住并围绕轴突，然后呈现螺旋形包裹住轴突并形成最后的髓鞘。在中枢神经系统，感觉区的髓鞘化出现的时间比运动区的早。皮质联合区的髓鞘化最晚，并且一直持续到十几岁（详见下文）。因为髓鞘化在出生后将持续很多年，所以就髓鞘化在行为发展中的作用有大量的推测（Parmelee & Sigman，1983；Volpe，1987；Yakovlev & Lecours，1967）。需要重视的是，尽管髓鞘化大幅度提高神经冲动的传递速度（高达 100 倍），但是在年幼儿童的脑中，未髓鞘化的神经联系仍然能够传递信息，甚至成人脑中的一些神经联系从未髓鞘化。（延伸阅读：Klingberg，2008。）

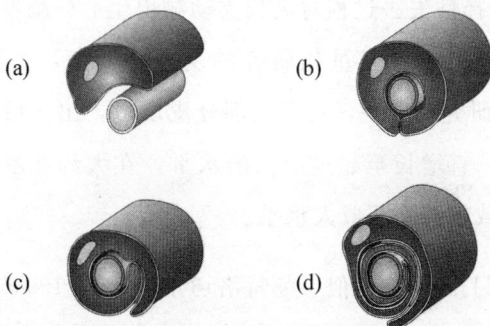

图 4-6　少突胶质细胞轴突髓鞘化的进程

研究出生后发育的另一种技术是正电子扫描成像（PET）。用该技术对人类婴儿进行研究后发现，1 岁后，脑在静息状态下的新陈代谢（从血液中摄取葡萄糖是细胞发挥功能的关键）速率急剧上升，皮质某些区域的新陈代谢速率在 4 岁～5 岁时达到峰值，是成人的 150% 左右（Chugani et al.，2002）。虽然该峰值出现的时间比突触密度的峰值晚一些，但是研究发现，1 岁末时在静息状态下，脑区内和脑区域之间静息活动的分布就已经与成人的类似。最近，研究者通过 fMRI 对睡眠状态的婴儿脑静息态神经网络进行了研究，证实了上述现象（Fransson et al.，2007）。静息态神经网络指的是在没有任何任务的情况下出现的自发和内在的大脑活动，类似于汽车引擎"空转"状态。弗兰森（Fransson）及其同事观察了一些静息态神经网络，包括初级视觉皮质、双侧感觉运动区、双侧听觉皮质、顶叶皮质以及前额叶皮质的中部和背外侧等的皮质区域（见彩图部分的图 4-7）。虽然这些观察到的网络与成人的不同，但是婴儿皮质的很多区域在一定程度上以协调的模式激活。（延伸阅读：Chugani et al.，2002。）

现在，我们论述人脑在出生后发育中的递减事件。这些事件是在对很多动物脑中神经细胞发育及其联结的研究中发现的（Sanes et al.，2006）。这种选择性失去过程对灵长类动物出生后的脑发育有重要的影响，这个结论得到了许多量化研究的支持。例如，在刚刚提到过的PET 研究中，研究者发现，对于大部分皮质区，出生后葡萄糖新陈代谢的绝对速率一直增长至超过成人的水平，在大约 9 岁之后，儿童的大部分皮质区域都会降至成人水平。

与上述 PET 的结果相似，赫特洛切尔（1990，1994）对人脑皮质的一些区域进行了量化的神经解剖学研究，证明突触密度在增加（如上所述）后便会在一段时间内出现减少。像突触迅速增长以及随后密度达到峰值的时间进程一样，各个皮质区域中突触密度降低的时间进程也各不相同。譬如，视觉皮质的突触密度在 2 岁～4 岁时降低至成人水平，而前额叶要在 10 岁～20 岁才能达到成人水平。在彩图部分的图 4-8 就展示了这些时间点的不同。

赫特洛切尔（1990，1994）认为，早期突触的过量增长可能对年幼儿童大脑的明显可塑性有重要作用，这一点将在以后作详细的讨论。就其他灵长类动物而言，无论是树突密度还是神经元本身的数量，都没有有力的证据来证明升降模式。而啮齿类和其他脊椎动物的细胞减少可能更明显。（延伸阅读：Greenough et al.，2002。）

有一种观点认为，PET 研究中发现的葡萄糖消耗的减少反映了突触联系的减少。为了验证这个观点，研究者用猫进行了发展研究（Chugani，Hovda，Villablanca，Phelps，& Xu，1991）。在这个研究中，猫的视觉皮质葡萄糖消耗的高峰期与该区域内突触过量增长的高

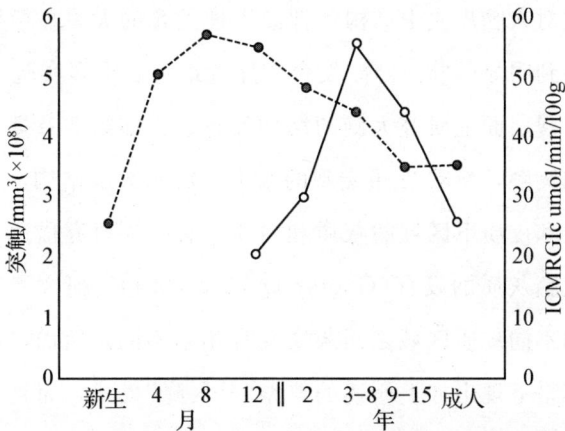

图 4-9　人类初级视觉皮质中突触密度的发育情况（虚线）
以及静息状态下 PET 测量的枕叶皮质的葡萄糖消耗情况（实线）

ICMRGIc：葡萄糖在局部皮质的代谢速率的测量方法

数据来源：虚线（Huttenlocher，1990）；实线（Chugani，1987）。

峰期一致。但是，如果把来自人类视觉皮质的相似数据绘制在一起时（见图 4-9），发现葡萄糖消耗的高峰期明显落后于突触密度的高峰期。研究者认为，新陈代谢活动减少是神经元、轴突和突触分支减少的结果，对此的另一种假设是：一旦特定技能熟练到了某个水平，同样的活动就可能需要较少的"心理努力"（mental effort）。

到目前为止，我们讨论过的脑发育基本上是脑结构方面的。然而，还有一些发育变化发生在神经功能的"软泡"（soft soak）方面，即神经信号传递和调节中涉及的分子。相关内容将在以后的章节中作更详细的讨论，这里需要提出的很有趣的一点是：啮齿动物和人类中的很多神经递质也呈现出"升—降"模式（Benes，1994）。尤其是内源的兴奋性神经递质谷氨酸酯、抑制性神经递质 GABA（γ-氨基丁酸）以及外源的递质 5-羟色胺，它们都有这种相同的发育趋势。（延伸阅读：Benes，2001；Berenbaum，Moffat，Wisniewski，& Resnick，2003；Cameron，2001。）

　　因此，对人脑皮质中结构和神经生理发育的大量显微镜和代谢测量都曾观察到明显的"升—降"发育顺序。最近，很多实验室采用 MRI 方法在较宏观层面上研究大脑的结构发育。正如第 2 章提到的，不同于神经元和突触，MRI 在更宏观的水平上展示大脑结构，但是仍不足以测量皮质和皮质下区域的灰质和白质。有一项研究描述了 4 岁～21 岁被试的大脑灰质的发育（Gogtay et al.，2004）。研究者发现，不同个体之间和不同皮质区域之间灰质发育相当不同。然而，他们证实了皮质灰质容量呈现出如上所述的典型"升—降"模式，而且表明神经元之间的额外联结存在削减或消除。在一些皮质区域，灰质在青少年期之前大幅升高，在青少年期之后进入成年早期时出现大幅降低。这点与早期的尸体神经解剖研究报告大致一致，即研究者发现大脑皮质的初级感觉区，沿着额极和枕极，表现出最快速增长（和衰减）曲线（见彩图部分的图 4-10）。皮质其他部分的发育顺序呈现从后到前方向，其中前额叶皮质的发育曲线明显延后。颞上皮质后部不仅是社会脑网络的关键部分（见第 7 章），也整合着来自不同感觉通道的信息，其发育最晚。研究者认为，这种顺序反映了这些结构的进化顺序，但是这种说法仍有争议。

　　在白质（髓鞘化的纤维束）容量上也得到了相似的 MRI 数据，即随着年龄增长，一直到成年早期，白质容量表现出线性增长。但后期的减少并没有出现，这可能反映了纤维髓鞘化过程是持续终身的，且增加大脑的整体容量。（延伸阅读：O'Hare & Sowell，2008.）

　　总体上，许多实验室用许多不同的测量方法都发现了神经元及其局部联结上的升降模式。但是，需要强调的是：①并非所有的测量结果都表现出这种模式（如髓鞘化、白质）；②像对突触密度这样的测量属于动态过程中的静态快照，在这样的动态过程中，无论是增加过程还是减少过程，在进程上都是连续的，换句话说，可能并不存在明显不同的和独立的增长和减少阶段。

　　除了上述注意事项外，所有增加和减少事件都只用来描述正常人的脑发育，随着报道的个体差异现象越来越多，对正常范围内的个体差异也需进行权衡。随着复杂的脑成像技术的发展，可以越来越清晰地看到正常成人在脑结构和功能上的差异。例如，特纳莫及其同事(Tramo et al.，1996)通过 MRI 扫描重新构建了一对双胞胎的皮质区域。即使在遗传上相同的同卵双生子中，皮质区域的差异也是显著的，如双生子的其中一个枕叶皮质占总皮质的 13%～17%，而另一个却高达 20%。个体间在脑结构上的这些差异也可能导致脑功能上的差异。例如，利用功能 MRI，施耐德(Schneider)及其同事研究了上、下视野受到刺激后激活的皮质区域。传统的观点认为，上、下视野分别映射到相应脑沟的上、下区域。事实上个体差异很大，一些正常人表现出一种上/下视野在该结构上的交叉(Schneider，Noll，& Cohen，1993)。该研究提供了人脑差异性的新证据，早期研究有关用手习惯以及语言的半球单侧化的个体差异研究做出了补充(Hellige，1993；Kinsbourne & Hiscock，1983)。从正常成人之间的差异性角度分析，在建构和解释出生后脑"正常"发育的时间表时必须谨慎。

　　基于灰质发育轨迹的升降存在个体差异这个事实，肖及其同事(Shaw et al.，2006)从 MRI 成像中发现皮质厚度变化的轨迹(并非皮质厚度本身)可以很好地预测智商(IQ)。在这个研究中，相较于平均智商(通过 IQ 测验)的儿童，高智商儿童的皮质厚度在 7 岁～19 岁表现为较大和较清晰的升降模式(见彩图部分的图 4-11)。这一开创性的研究表明，发展过程中动态变化的差异对于我们理解成人智力和认知的个体差异尤为关键。

皮质区域的发育：原始脑图还是原始皮质

从发育神经生物学的角度研究皮质的学者们一直在争论这样一个问题：皮质的结构和功能在何种程度上是预先决定的，也就是说，它们在何种程度上是遗传、分子和细胞水平相互作用的结果，而与神经元的放电模式无关。正如我们之前描述的，大脑皮质是层状结构，有些像小时候吃的有奶油和果酱的海绵状多层蛋糕。与皮质的层结构方向垂直的是它的区域分化。回去看多层蛋糕，我们可以认为，皮质区域分化就像切成片的蛋糕，包括较厚的果酱和奶油层。图 4-12 是最著名的大脑皮质的分区模式之一。在成年的灵长类动物中，大部分的皮质区域由层结构上非常细微的差异决定，如某些层结构的精确厚度。但是，皮质各区域之间的边界常常是模糊的，而且是有争议的。通常

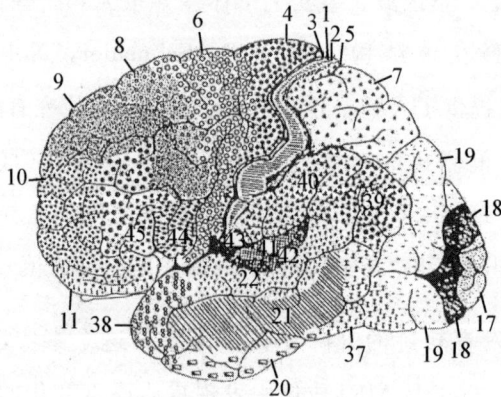

图 4-12　大脑皮质的细胞结构图

一些最重要的区域：运动皮质——运动带，第 4 区；前运动区，第 6 区；前额视区，第 8 区。躯体感觉皮质——第 3、1、2 区。视觉皮质——第 17、18、19 区。听觉皮质——第 41、42 区。威尔尼克语言区——约位于第 22 区。布洛卡语言区——约位于 44 区（左半球）〔来自布罗德曼分区系统，参见 Brodal，1981〕。

假定，这些在解剖上明确的区域都具有一定的独特功能。对于早期的感觉区和运动区，这个假定已经得到了证实，但是还有许多功能分区或边界并不完全与已知的神经解剖分区相吻合。应该强调的是，把皮质区域按不同功能的特异化进行分区并不是很科学，因为对于支持不同功能的神经解剖的具体特征还知道得不多。

尽管如此，一个世纪的神经心理学研究告诉我们：对绝大部分正常成人来说，大致相同的皮质区域具有相似的功能。这一发现导致了一个普遍的假设，即大脑皮质在结构和功能上的分区由遗传预先决定。但是，正如我们将看到，这一假设并不完全正确。

第 1 章的内容引出了这样一个问题：皮质结构的各个方面在出生前是否就已被预先决定？该问题涉及皮质的层结构和区域结构。当然，皮质结构的这两个维度并不是绝对独立的，因为对结构区域的划分在某种程度上取决于层结构的细微差异。然而，第 1 章的内容使我们认为，如果神经网络的基本构造（基本回路、学习规则、细胞类型和数目等）是天生的，那么（树突和突触的）具体的联结模式则依赖于经验。在这种情况下，我们可以说：虽然神经网络在结构上为表征的产生设下了限制，但是并不存在先天的表征。

接下来我将提出，大脑皮质结构（包括一般性层结构和大规模的区域）在某些方面的建构并不需要神经活动的参与。但重要的是，功能区域中许多精确的分区却依赖于活动过程。下面将从出生前皮质发育开始，或许最完善的皮质结构发育理论是帕斯科·拉蒂奇（Pasko Rakic，1988）提出的径向单位模型（见图 4-13）。径向胶质纤维的分布从脑室（ventricular zone，VZ）到皮质板（cortical plate，CP），经过了许多区域：中间区（intermediate zone，IZ）和板下区（subplate zone，SP）。RG指径向胶质纤维，MN指某个迁移中的神经元。每个 MN 横贯 IZ 和

SP，这两个区域包括从丘脑发射（thalamic radiation，缩写为 TR）和皮质—皮质传入（corticocortico afferents，CC）的等待终端（waiting terminal）。如文中所述，在进入皮质板后，神经元将越过同一增殖单元中早期产生的细胞，然后到达缘区（marginal zone，MZ）。

如前所述，人类皮质的绝大多数神经元是在皮质外产生的，产生这些神经元的区域被称为"增殖区"，它就在未来的皮质下面。这就意味着新产生的神经元必然迁移到它们应在的皮质内位置，那么这个迁移过程是怎样实现的呢？拉蒂奇提出了新皮质分化的"径向单位模型"，以阐明哺乳动物大脑皮质的区域结构和层结构是怎样形成的（Rakic，1988）。根据该模型，每一个增殖单元（在亚室区）都将发育为约 100 个神经元，由此决定了大脑皮质中的层组织。每个增殖单元产生的细胞都将沿着一根相同的径向胶质纤维往上迁移，新生细胞在迁移过程中将越过来自同一单元的早期细胞。径向胶质纤维很长，它从皮质的顶部伸向底部，且只由一个胶质细胞产生。因此，径向胶质纤维像是一条可以攀缘的绳子，保证同一增殖单元内产生的所有神经元都归入皮质内的同一个径向柱（radial column）。拉蒂奇所提出的迁移方式如图4-13 所示。（延伸阅读：Rakic，2002。）

拉蒂奇的模型解释了皮质细胞如何自行迁移进入具有一定厚度的皮质区，但是，皮质又是如何分化成特定层状的呢？目前我们还很难确切回答这个问题。有一个观点认为，神经元在到达其最终目的地之前，就已经开始分化为不同的类型了。也就是说，细胞在到达成熟期所在的皮质位置之前，就已"知道"它将变成什么类型（锥体、星型等）的神经元了。有一些证据表明，细胞的确在到达最终的垂直位置之前就已经开始了分化。例如，在有基因变异的"reeler"鼠中，人为地将细胞移入皮质内不适当的层区，这些细胞仍然分化成其产生时所属的类

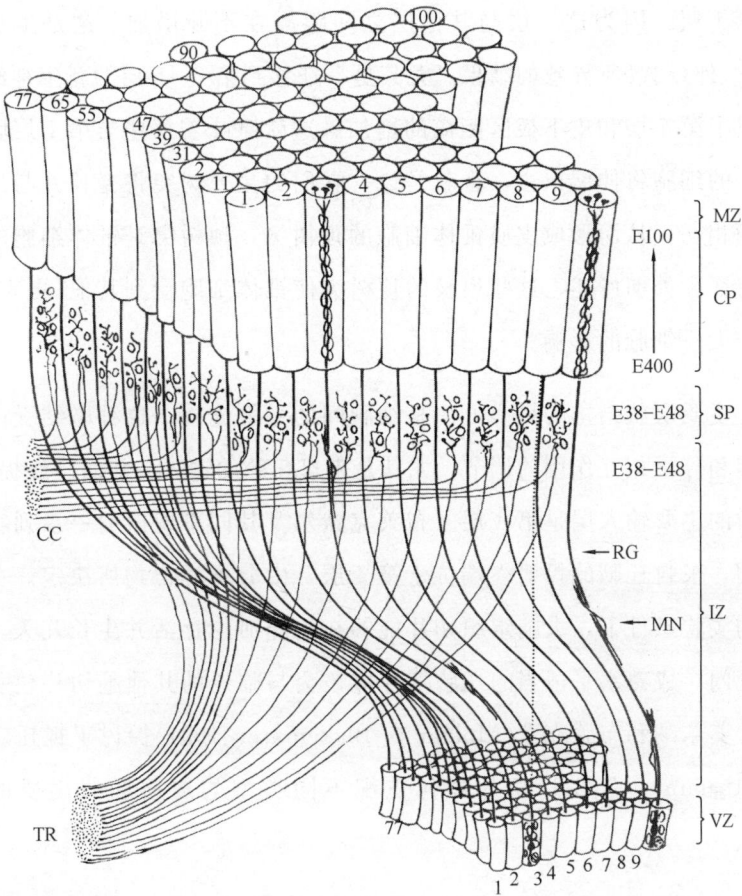

图 4-13　拉蒂奇的径向单位模型

型，而不是该层区神经元所应有的类型。这表明细胞分化所需的信息在增殖区产生时就已存在；神经元的分化和它与增殖区的距离无关，与其最终所处位置的相邻细胞的性质也没有关系。也就是说，在新皮质的增殖区，一些神经元类型可能在细胞分裂阶段就已被决定了。

虽然在许多情况下，细胞的类型在其离开增殖区之前就已被决定，但是一些用于区分细胞类型的特征可能在后来才形成。例如，马林-帕迪拉（Marin-Padilla，1990）曾提出，锥体细胞特有的顶树突通常能到达第 1 层，因为这一层与其他层之间距离在不断增加，这是生长的"内—外模式"所导致的结果。尤其是，迁移到第 2～6 层的新生神经元造成了第 1 层和皮下板区距离的增加。这就意味着那些与第 1 层联系紧密的细胞将伸展出去，也就是说，它们的主要树突将变长并与皮质表面相切，从而形成皮质锥体细胞的顶树突，顶树突是锥体细胞的典型特征。如前所述，这些很长的顶树突使锥体细胞受到其他（更表面）层中大量细胞的影响。

皮质层状结构的另一方面是细胞间的主要连接；这种联结受内在细胞和分子相互作用的调节，尤其是来自丘脑的输入。前面已经提到，皮质的主要输入层是第 4 层。布莱克默尔及其同事所做的一系列实验表明，来自丘脑的投射终端位于第 4 层，由分子标记物所决定。在适宜的实验条件下，大脑组织切片能够在培养皿中存活并生长几天。毫无疑问，成熟水平适当的丘脑切片应该会与临近的其他脑切片建立联结。莫尔纳和布莱克默（Molnar & Blakemore，1991）探讨了视丘（visual thalamus，LGN）切片如何支配不同类型的皮质和非皮质的脑组织。

在最初的实验中他们发现，当丘脑（LGN）切片和视觉皮质切片在培养皿中放置很近时，来自丘脑的神经传入不仅侵入成熟水平适当的视觉皮质切片，还正好终止于第 4 层。因此，第 4 层似乎包含一些分子终止信号，以告之这些神经传入停止生长，并在此形成联结。接着，他们做了一系列更精细的实验，在这些实验中，视丘切片附近放置了视觉皮质切片和一些其他脑区的切片。丘脑的神经传入表现得不喜欢小脑，几乎不进入其切片，但这些传入会生长进入海马。然而，进入海马（这部分脑区与新皮质有很大的关系）后的生长却不像在视觉皮质中的生长方式，它不受空间的限制，说明这里仅仅是"生长培养基"

而已。

以上证据表明，皮质的层结构可能源于局部细胞和分子的相互作用，而不是由丘脑和感觉输入造成的。也就是说，神经元的种类和位置在神经元产生前就已被确定。同样的，神经传入纤维"知道"自己应该在哪一层停止延伸，并建立突触联系。现在转向另一个问题，皮质区域结构的确定是否存在相似的方式？

传统上，研究者提出两种相悖的可能性来解释皮质的分区。

第一，皮质的区域分化源于"原图"（Rakic，1988）。这种观点认为，皮质在形成早期就已开始分化为不同的区域，这种分化可以归因于内部（指皮质或其增殖区）的因素，不需要神经元的活动。皮质刚开始就被看作一个不同区域拼成的结构（类似"马赛克"），每一皮质区域都有其独特的特性，用以适应它们将接受的输入或将执行的功能。

第二，皮质的不同区域都源于一个未分化的"原皮质"。根据此观点，皮质的分化发生在皮质发育的后期，并且依赖于外界因素，比如，来自脑其他部位的输入或者感觉系统。这个过程需要神经元的活动（Killackey，1990；O'Leary，2002）。在成人大脑中，皮质区域的分化受来自丘脑信息的影响，其他部位通过皮质区域之间的联结而产生的相互作用也会影响皮质的分区。（延伸阅读：O'Leary，2002；Rakic，2002。）

在新皮质的区域分化这个领域，现在已经涌现出大量的文献，某些文献报告有明显的矛盾之处（Bystron，Blakemore，& Rakic，2008；Kingsbury & Finlay，2001；Pallas，2001；Ragsdale & Grove，

2001）。一些近期的实验，初看似乎能够有力地支持原图理论。例如，新生的一种基因敲除鼠（见第 3 章）先天缺乏丘脑和皮质间的联系，但是在它们的皮质内仍然具有正常的、明确的基因表达区（Miyashita-Lin，Hevner，Wassarman，Martinez，& Rubinstein，1999），并且具有野生鼠的其他一些特征。另一个例子是试管研究，研究中把皮质组织保存在培养基中，以避免可能出现的外界影响，但是，仍然呈现出与海马发育一致的基因表现模式（Tole，Goodreau，Assimacopoulos，& Grove，2000）。尽管这些研究以及其他的很多研究都支持遗传决定皮质区域分化的观点，但是，仍然有一些重要的注意事项和令人惊讶的证据支持与此相反的原皮质理论。

第一，虽然绝大多数基因表现模式被认为对皮质的分化是有贡献的，但没有表现出明确的界定范围，而是表现出跨越大规模皮质的分级表现（graded expression）。这表明皮质的分区可能源于不同层别基因表达的组合。金斯伯里和芬利（Kingsbury & Finlay，2001）称之为多维方格（hyperdimensional plaid），并且将其与"马赛克被状物"观点（"mosaic quilt" view）（即原图理论）作比较。最近的证据表明，在发育过程中有 100 多个基因在两个不同的皮质区域之间表现出分级分化表达（Leamey et al.，2008），但是，遗传对于大脑层状结构的影响更为直接。尤其是，现有证据表明，一个自主且可分离的遗传通路在协调皮质中更深层级的发育，并也影响中间与上面层级的发育（Casanova & Trippe，2006）。

第二，虽然初级感觉区最可能是由遗传预先决定的，但是我们将在本章下面部分看到，即使是这些区域，其性质也会受到来自经验的明显影响。因此，感觉输入对保持皮质分区来说是很关键的。

　　第三，有证据表明，皮质分化在出生前就已发生，但是这并不足以证明神经活动并不重要，因为人们已经确认脑内自发的神经活动对分化很重要（Shatz，2002）。

对研究证据的综述最近汇聚成另一个观点，即在原图假说和原皮质假说之间的中立观点（Bystron et al.，2008；Kingsbury & Finlay，2001；Pallas，2001；Ragsdale & Grove，2001）。大部分研究者赞同基因表达的分级模式使皮质的大范围区域把各自的特征加以组合，以便更好地适应特定的神经计算（类似于原图假说）。在这些大范围区域内，一些较小的功能区域的发育依赖于神经活动，这与原皮质假说一致。其中一个假设的例子是，某个区域接收到丘脑特定输入的投射，该区域本来被一定模式的神经递质表达覆盖，却出现特殊的神经调节器。这种情况如果再结合神经活动，可能进一步诱发一些独特的特点，如短距离或长距离的特定联结模式。在较大皮质范围内小区域皮质的分化可能通过联结的选择性修剪而出现（见第 12 章）。金斯伯里和芬利（Kingsbury & Finlay，2001）将这种皮质分化的观点命名为"多维方格"，因为，出现在方格里的这种模式是很多线索细微变化的结果。与此相似，奥利瑞（O'Leary）及其同事将这个观点称为"合作集合"模型（cooperative concentration model），因为基因表达的不同层级可能作为对立的力量来塑造皮质区域（Hamasaki，Leingartner，Ringstedt，& O'Leary，2004）。

关于决定皮质分化多重因素的研究一直非常活跃，而且快速地发展。最近关于发育中老鼠的研究发现，基因表达模式始于出生前早期发育设定的层级模式，即使阻止丘脑信息传至皮质，基因表达模式仍然定位于特定的区域（Hamasaki et al.，2004）。但是对于这个过程中皮质的内部活动状况还没有研究。最近的另外一项工作研究了拉蒂奇原图假设中的一个关键部分。根据这个研究，不同数量的细胞产生于皮质不同区域的不同层级内，进而出现大规模区域分化。最为明显的例子就是灵长类动物的初级视觉皮质（17 区）内的神经元数量多于邻近区域（如 18 区）。如同之前提到的，这种不同是由于构建原图的母细胞所分裂的细胞数量造成的。但是，最近研究表明，来自丘脑的纤维进入具有母细胞的区域，带有"有丝分裂"的作用（Dehay & Kennedy，2007）。有丝分裂是指由细胞分裂而产生新细胞的速度会增强。换言之，来自视网膜的纤维不仅会投射在包含皮质母细胞的特定区域，而且会影响新神经元产生的速度和数量。因此，有趣的是，来自其他区域（其神经元表现出自发的内部活动）的输入也可能塑造皮质原图本身。

将来最大的挑战或许是如何理解皮质发生的结构分化和功能之间的关系，在本书后面我们会反复提到这个问题。就这一点而言，需要注意的是，只有极少数例子表明，结构区域能够很好地对应到功能区域，这也让我们有理由相信，这些例子可能是不同于普遍规则的例外情况。例如，对大量物种进行对比研究后，一些专家认为，与皮质的其他大部分区域相比，初级感觉皮质从初级感觉丘核直接获取信息这一点在物种之间很少有变化（Krubitzer，1998）。特别是，灵长类动物的初级视觉皮质具备独有的特征，使得一些专家认为，这是目前进化最晚的皮质区域。如刚刚提到的，在初级视觉皮质，从视丘获得的信息可以调节脑室区内细胞增殖的程度（Dehay & Kennedy，2007），以确保该皮质区域内神经元的产生速度比邻近区域快约两倍。内嗅皮质，位于与海马较为紧密的脑皮质区域，早在妊娠 13 周后，周围皮质开始出现分化（Kostović，Petanjek，& Judas，1993）。然而，对于老鼠大多数皮质和人类大部分皮质来说，目前没有证据表明，单个基因的开/

关表达可以使皮质分区，而在许多基因之间的层级表达中造成皮质分区的可能性更大。

至此可以做个总结，在哺乳动物中，大脑皮质的基本层结构看起来是非常普遍的。细胞和分子水平的相互作用决定了皮质层结构的许多性质，也决定了各层间的联结模式。皮质神经元经常在到达终点前就已分化成特定的神经计算类型（尽管某些类型细胞的特征在其到达目的地的途中形成，如锥体细胞都有很长的顶树突，反映了它们在迁移途中的"伸长"过程）。但是，这并不是说，在特定区域内的细胞被预先设置好去处理某类特定的信息。

一个很好的例子是皮质的某个区域如何通过所谓的"桶状"区（barrel field）进一步分化。桶状区位于啮齿类动物的躯体感觉皮质内，每一个桶状区由解剖上功能明确的一组细胞组成，这些细胞对动物口鼻部的某些胡须做出反应，即与动物面部上触须的几何排列是同形表征的。脑干和丘脑神经核中也发现了相似的模式，丘脑神经核负责把来自面部的输入信号传递至桶状皮质（见图 4-14）。桶状区是动物出生后才出现的一种皮质结构，在出生后的前几天，对与胡须相关的体验很敏感。例如，如果胡须被拔掉，那么与那根胡须相关的桶状区就不会出现，而相邻的桶状区可能占据本属于它的某些皮质空间（Schlaggar & O'Leary，1993）。图 4-14 表明，靠近感觉表面（sensory surface）的

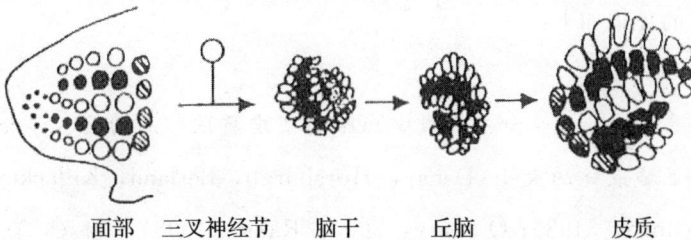

图 4-14 躯体感觉皮质内的区域单位（areal unit）模式图

面部 三叉神经节 脑干 丘脑 皮质

结构中出现的相似分化如何造成皮质的区域分化。在这种情况下，感觉表面似乎强迫自己投射到脑干，然后到丘脑，最后才到达它所在的皮质。桶状区的各部分在这些脑区中按顺序出现，最靠近感觉表面的最先形成，皮质模式最后出现。目前几乎没有证据表明桶状区在皮质中是预先决定的（反例见 Cooper & Steindler，1986），感觉空间（sensory space）的图像确实以可靠且可重复的方式逐步占据了躯体感觉皮质。

本节回顾了一些正常发育时皮质分层和特异化的相关文献，得出的证据既有支持原图理论的，也有支持原皮质理论的。有研究证据得出一种可以协调这些明显矛盾的观点，即大范围的皮质区拥有分级基因表达的特殊组合，随后通过依赖于活动的过程进一步分化为较小的区域。

皮质的可塑性

通过内在分子和基因因素，皮质的某些分化可能在发展的早期就发生了。但是我们已经了解到，进入皮质区的信息对于维持这种分化以及进一步分化的进程有重要作用。因而，由信息输入引起的神经活动可能会改变脑区的功能和复杂的结构。事实上，许多实验表明，哺乳动物大脑皮质的各个区域在发育的早期就能够支持各种类型的表征。这方面的证据如下：

第一，在生命早期减少丘脑向某皮质区信息的输入，会影响该区域最终的大小（Dehay，Horsburgh，Berland，Killackey，& Kennedy，1989；O'Leary，2002；Rakic，1988）。相反，改变作用于丘脑神经分布的若干皮质，将改变皮质分化的整体模式，而不仅仅是受影响的区域。

第二，当丘脑的输入被"重新连接"，也就是把其投射到与正常目标不同的皮质区时，那么新的接受区（recipient region）会产生正常目标组织的某些特性，例如，听觉皮质呈现视觉表征（Sur, Garraghty, & Roe, 1988；Sur, Pallas, & Roe, 1990）。

第三，如果把一片皮质切片移植到新的位置，那么它会产生新位置应有的投射特征，而不是其原有的神经投射，例如，被移植的视觉皮质呈现的表征适合于躯体感觉的输入（O'Leary & Stanfield，1989）。

接下来我将详细地逐一讨论以上证据。

第一，通过操纵进入某一皮质区的感觉输入信号（通过丘脑）程度，可以考察感觉输入对皮质的影响。在一些实验中，研究者利用手术来减少丘脑向皮质区的信号输入（Dehay, Kennedy, & Bullier 1988）。通过对新生猕猴的手术干预，可以减少丘脑到初级视觉皮质（17 区）50％的神经投射。结果发现，这种投射的减少导致了与 18 区相连的 17 区范围的减小。也就是说，17 区和 18 区间的边界向 17 区移动，导致 17 区变小。尽管 17 区的面积减小明显，但重要的是，它的层结构依然保持正常。此外，仍是 17 区的那部分区域看起来与正常结构一样，而变为 18 区的那部分 17 区却有了 18 区的特征，完全失去了 17 区应有的特征（Rakic，1988）。因此，减少进入 17 区的感觉输入信号，对 17 区和 18 区的层结构几乎没有影响（令人惊讶）。这种操作的结果是，与 18 区相连的 17 区减小了，尽管以前讨论过的证据表明，该区的神经元数量有一些是预先决定的。这表明，即使有证据表明某些皮质区是预先决定的，但仍然可能被改变。

甚至是 17 区和 18 区的输出特征也会随二者边界的移动而改变。例如，18 区通常具有许多通向另一脑半球的胼胝体投射（callosal projection），而 17 区却没有。对动物进行手术后，通常 17 区中的一部分会变成 18 区，这部分就会有正常 18 区才具有的胼胝体投射模式的特征。根据以上发现可以认为，在减少丘脑通向皮质的神经投射后，那些原本将发育为 17 区的皮质区将发育出相邻的 18 区才具有的特征。因此，至少皮质的某些区域特异性特征会受外界因素的影响，即使是最具预先决定的皮质区也会如此。

在与以上情况相反的实验中，通过外科手术减小负鼠胚胎的皮质后，也会产生一个完整的皮质区域图（area map），虽然这个皮质区域图比正常的小且扭曲（Huffman et al.，1999）。相应地，改变某种老鼠的基因，使其缺乏必要的调节基因（Emx2 或者 Pax6），其结果是皮质区域图也会扭曲（Bishop et al.，2000；Mallamaci，Muzio，Chan，Parnavelas，& Boncinelli，2000）。尤其是当其他区域扩张时，这些表现水平高的基因所在的区域会被"压缩"。这些实验表明，基因表现的梯度建立起一个框架，随后这个框架与丘脑的输入相互作用产生功能区域。然而，在不正常的情况下，如手术操纵或基因被改变后，丘脑输入仍然能够塑造那些并不属于其正常目标的区域。

第二，在一些哺乳类动物中，神经生物学水平的研究也证实了在皮质区存在跨通道的可塑性（cross-modal plasticity）（Pallas，2001）。例如，在雪貂的脑中，来自视网膜的神经投射能够被引导至听觉丘脑区，并由此投射到听觉皮质。上述研究利用佛罗斯特（Frost，1990）最早开发的技术，即有选择地损伤正常的视觉皮质和外侧膝状体（视网膜投射到丘脑的目标）。类似的手法也可以造成听觉上的损伤，使听觉输入不再刺激丘脑的正常目标，即内侧膝状体。在这些病理的情况下，视网膜投射将自发地调整其投射路径，进入内侧膝状体（MGN）。然后，来自 MGN 的神经投射仍像正常情况一样进入听觉皮质。这些实验关心的问题是，正常的听觉皮质是否会因为输入的改变而出现视觉性反应（与新的输入相匹配），或者它还是保持听觉皮质的特征。结果证明，听觉皮质的确开始出现视觉性的反应。而且，本来应参与形成听觉皮质的细胞也将变得能够有选择地定位和具有方向性，一些细胞还变得具有双眼视觉功能。

虽然这些发现令人振奋，但是，它们并不能证明被改变的听觉皮质已经在功能上完全与视觉皮质一致。例如，有可能是听觉皮质内驱动视觉的细胞被激活，但与其同伴的活动是相互分离的。也就是说，这些神经元的活动可能只是单打独斗，并没有任何组织。为了解决这个问题，需要证明听觉皮质具有视觉空间图，而且该空间图还会横跨整个听觉皮质区。为了弄清这一点，瑟尔和他的同事们在改变皮质间的神经投射后，系统地记录了单个神经元的活动（Sur et al.，1988；Roe，Pallas，Hahm，& Sur，1990）。这些实验揭示，以前的听觉皮质发育出了一个二维的视网膜地图。作者总结道："我们的结果表明，此图的形态不是皮质固有的内在特征，可见一个皮质区能够支持不同类型的脑图"（Roe et al.，1990，p.818）。

虽然这些神经解剖学和神经生理学的数据支持听觉皮质能够支持视觉表征这一观点，但是，这些表征是否能够以正常的方式指导动物的行为？这还需要进一步的数据支持。为了研究这个问题，瑟尔和他的同事们训练成年雪貂，这些雪貂的一个脑半球回路在出生时就被重塑了，以便在研究中能够对出现在正常脑半球的视觉和听觉刺激进行区分。此后，研究者通过呈现视觉刺激来激活重塑通路（re-wired pathway），再测量重塑后的脑半球功能。结果是这些雪貂很一致地将视觉刺激当作视觉的而不是听觉的（von Melchner，Pallas，& Sur，2000）。这些结果表明，通常情况下不处理视觉信息的区域，在视觉输入信号引导后会构建合适的加工回路。

第三，对啮齿类动物的研究为皮质可塑性提供了额外的证据。在这些研究中，在动物发育早期，把某一皮质切片移植到另一皮质区域中。这些实验使神经生物学家能够回答这样一个问题：被移植的皮质区域所具有的表征，适用于发育源（developmental origins），还是适用于其所在新区域的功能？

胚胎啮齿类的皮质片段被成功地移植到新生啮齿类动物的其他皮质区域。例如，视觉皮质的神经元能够被移植到感觉运动区，反之亦然。奥利瑞和斯坦菲尔德（Stanfield，1985，1989）在他们的实验中已经证实，这样的移植所建立起来的结构与投射是按照其所在的新的空间位置，而不是原有的发育源。例如，视觉皮质的神经元移植到感觉运动区后，将建立起向脊髓的神经投射，这是一种感觉运动皮质的特征性投射模式，而非视觉皮质的模式。相似地，感觉运动皮质的神经元被移植入视觉皮质区后，投射就指向上丘（superior colliculus）；而上丘是视觉皮质的皮质下目标，并不具有感觉运动区的特征。因此，被移植区域的输入与输出具有其所在的新脑区的特征。

进一步的问题涉及移植区的内部结构。以前已经讨论过，大鼠（及其他啮齿类动物）的躯体感觉皮质拥有被称为"桶状区"的典型内部结构。桶状区是该皮质区域结构的一个特点，在显微镜下能够清晰地观察到。每一个桶状区都与鼠面部的一根胡须相对应。桶状区随着出生后的生长而发育，如果切断面部的感觉输入，就会阻止其在正常皮质的发育。此外，桶状结构对早期经验的影响很敏感，如重复刺激胡须或者去除胡须等经验（Schlaggar & O'Leary，1993）。现在的问题是，鼠的视觉皮质的切片被移植入躯体感觉皮质后，是否将具有典型的桶状结构？

斯切拉格和奥利瑞（Schlaggar & O'Leary，1991）进行过一项研究，将视觉皮质切片移植入躯体感觉皮质的某部分；在啮齿类动物中，这部分在正常情况下将形成桶状区。他们发现，当受到丘脑神经传入的刺激时，被移植的皮质发育出桶状区，和正常所观察到的非常类似。因此，皮质的移植片段不仅能够建立适合其新位置的输入与输出，而且进入该区域的输入也能够组建该皮质区的内部结构。

至此，可以得出的结论是：生命早期大部分皮质组织是均效的。但对该结论需要注意两点。首先，绝大部分移植和重塑的研究都涉及初级感觉皮质。一些作者认为，初级感觉皮质可能共有一些其他类型皮质所不具有的共同的发育源（Galaburda & Pandya，1983；Pandya & Yeterian，1990；Krubitzer，1998）。特定皮质的细胞体系（lineages of cortex）在一些具体特点上有别于其他皮质区的皮质细胞系，前者可能更适合于处理某些特定类型的信息加工过程。至于以前讨论过的移植实验，皮质可能只是在某个皮质细胞系内均效（例如，初级到初级，或次级到次级）。

有关皮质均效性这一结论中需要注意的第二个方面是，虽然移植或重塑的皮质可能在功能和结构上与源组织（original tissue）非常相似，但是很少有和源组织绝对相同的。例如，瑟尔及其合作者对重塑的雪貂皮质进行研究后发现，向水平维度（向右或向左角度）的映射在分辨率上比垂直维度（向上或向下角度）的更高（Roe et al.，1990）。相反，在正常雪貂的皮质中，水平和垂直维度上的分辨率是均等的。

人类皮质发育的差异性

灵长类动物的皮质在种系进化中的主要变化，在于皮质组织的扩展和发育时间进程的延长（见"人类的大脑是如何形成的"部分的内容）。在后面部分，我们将概述一些直到青少年时期还在持续发育的变化。这部分我们概述了在最初 10 年里发生的皮质发育方面的差异。

在皮质层结构的发育上，虽然灵长类动物的绝大部分皮质神经元，在出生时就已经到了其适宜的位置，但是出生前皮质发育的"内-外"模式将延续至出生后。考涅尔用神经解剖学的方法对人类婴儿皮质的发育进行了大量的描述性研究，30 年的研究使他得出以下结论：出生后皮质的生长以"内—外"模式进行，树突的延长、树突分支和髓鞘化都如此（Conel，1939—1967）。考涅尔的概括性结论已得到更先进的神经解剖方法的验证（例如，Becker，Armstrong，Chan，& Wood，1984；Purpura，1975；Rabinowicz，1979），而且对考涅尔的原始数据进行重新分析后，发现其结论的高度一致性与可靠性（Shankle，Kimball，Landing，& Hara，1998）。特别是，第 5 层（更深的皮质）的成熟早于第 2 层和第 3 层（更为表面），而且在人类婴儿的许多皮质区都很一致地观察到这个顺序（Becker et al.，1984；Rabinowicz，1979）。例如，灵长类动物视觉皮质第 5 层中，神经元树突分支的长度，在出生时就已达最高值的 60% 左右。与此相比，第 3 层树突分支的平均总长度，在出生时只有其最高值的 30% 左右。此外，出生时第 5 层中树突分支密度比第 3 层更大（Becker et al.，1984；Huttenlocher，1990）。有趣的是，这样的"内-外"生长模式在后来发生的突触密度增减中并不明显。就此方面，在皮质各层间没有明显的差别。

　　人类出生后，皮质发育中的差异性也体现在区域维度（蛋糕的切片）上，在之后的几个章节里我们还会提到这点。即使在妊娠中期，人类皮质的不同区域内也有不同的基因表达，此方面的证据明显多于其他物种（Dehay & Kennedy，2009；Johnson et al.，2009）。赫特洛切尔（Huttenlocher，1990，1994；Huttenlocher & Dabholkar，1997）曾报道，从神经解剖的层面看，出生后人类婴儿在初级视觉皮质、初级听觉皮质和前额叶皮质上有不同的发育历程，其中，前额叶皮质与其他两种皮质相比，达到同样的发育指标在时间上却要晚得多。值得注意的是，在其他灵长类动物中，并没有发现大脑皮质内部这种有差别的发育（Bourgeois，2001；Rakic，Bourgeois，Eckenhoff，Zecevic，& Goldman-Rakic，1986）。例如，拉蒂奇及其同事发现，恒河猴皮质所有区域的突触密度似乎是在同一时间到达顶峰的，在 2 个月～4 个月的时候，大致相当于人类婴儿 7 个月～12 个月时的突触密度。与赫特洛切尔的发现相反，拉蒂奇的结果表明，存在一种普遍性的遗传信号，用以同时增强所有脑区之间的联结，无论脑区目前的成熟程度如何。这种状态与人类的结果形成鲜明的对比，即人类皮质中细胞形成、迁移、髓鞘化和新陈代谢的时间进程在区域与区域之间存在着差异（Conel，1939—1967；Yakovlev & Lecours，1967）。研究结果表明，人类和恒河猴研究结果中最大的区别在于：人类出生后延长的发育意味着区域的分化将更加明显。然而，在恒河猴中，区域的分化可能被压缩在很短的时间内进行，因此很难探测到（Huttenlocher，1994）。但是，高尔德曼-拉蒂奇（Goldman-Rakic，1994）指出，人类和恒河猴中实验结果之间的差异，可能是由于所用的神经解剖学的技术不同。此外，人类大脑中突触密度的减少可能在区域与区域之间并没有差异，都是在青少年时期时同时发生（Bourgeois，2001；Huttenlocher，2002.）。

　　运用 PET 探讨人类大脑功能性发育的研究也发现了皮质区域之间在发育上的差异，这与对人类尸体组织解剖的研究结果一致（Chugani & Phelps，1986；Chugani et al.，2002）。出生不到 5 周的婴儿，葡萄糖消耗量在感觉运动皮质、丘脑、脑干和小脑蚓部（cerebellar vermis）最高。3 个月时，顶叶、颞叶、枕叶皮质、基底节和小脑皮质的葡萄糖消耗量迅速增加。额叶和背外侧枕叶皮质一直到 6 个月～8 个月时才开始成熟。这些发育情况见图 4-15，第一水平在靠上的部分，处于扣带回水平；第二水平更靠内，即在尾状核（caudate）、壳状核（puta-men）和丘脑的水平；第三水平在脑的内部，即在小脑和颞叶内侧的水平。灰度等级与 ICMRGIc 成正比，黑色为最高值。并不是所有被试的图像都采用同样的 ICMRGIc 绝对灰度比例；相反，所显示的每个被试图像用的是全部灰度等级，以使各个年龄所呈现的 ICMRGIc 灰度都最大化。（A）在 5 天大的婴儿中，ICMRGIc 在感觉运动皮质、丘脑、小脑蚓体（箭头指向）和脑干（未呈现）的值最高。（B，C，D）ICMR-GIc 的值在顶叶、颞叶、距状皮质（calcarine cortices），基底节和小脑皮质（箭头指向）逐渐增加，尤其在婴儿出生后第 2 月和第 3 个月时。（E）在额叶皮质中，约 6 个月时 ICMRGIc 值首先在两侧前额叶区域增加。（F）到约 8 个月时，ICMRGIc 值在背外侧枕叶皮质以及额叶内侧

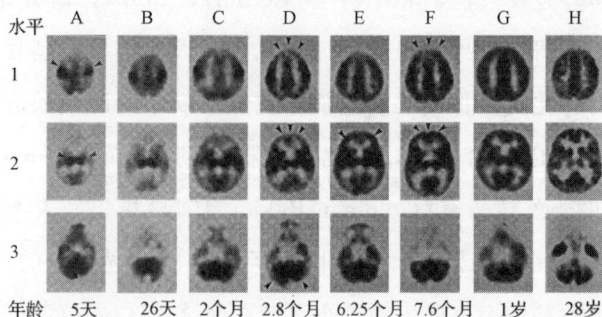

图 4-15　PET 图像描述了人类正常婴儿随着年龄的增长，大脑局部的葡萄糖新陈代谢速率（ICMRGIc）的发育变化

（箭头所指）也有增加。（G）到 1 岁时，ICMRGIc 的模式已经和成人
（H）的相似。

　　除了树突分支及与之相联系的突触的形成，出生后的发育还涉及
绝大多数神经纤维的髓鞘化。如前所述，髓鞘是包绕轴突的膜质物，
能够促进信息的传导。纤维的髓鞘化引起了脑中脂类含量的增加，对
于此，结构 MRI 图像能够清晰地揭示灰质—白质量的比例，这使发育
过程中脑容量的量化研究成为可能（Sampaio & Truwit，2001）。对于 6
个月以下婴儿的脑图像的解释仍然存在一些争议，这个年龄的脑中灰
质和白质的水含量都要比成人的高；但科学家一致认为，2 岁幼儿的
脑结构看起来已经和成人的相似，到 3 岁时所有的主要纤维束都已经
可以被观察到（Bourgeois，2001；Huttenlocher & Dabholkar，1997）。
一些报告表明，到 4 岁时灰质含量迅速地增长，以后有一个长时期的
缓慢下降直至成年（Chugani et al.，2002；Huttenlocher & Dab-
holkar，1997）。现在并不知道灰质含量的缓慢下降是否源于树突和突
触的修剪，虽然有一些研究表明，在上升与下降的时间进程上二者是
一致的（Huttenlocher & Dabholkar，1997）。白质程度的变化更具意
义，因为它大体反映了发育中的大脑各个区域之间的联络。虽然白质
从青少年期到成年都在扩增，尤其是脑前部（Huttenlocher et al.，
1982），但是最迅速的变化发生在出生后前 2 年。脑桥和小脑脚（cere-
bellar peduncles）的髓鞘化似乎在出生时就已经开始，到 3 个月时扩展
到视辐射（optic radiation）和胼胝体压部（splenium of the corpus callo-
sum）。8 个月～12 个月时与额叶、顶叶和枕叶相联系的白质变得明显
起来。（Klinberg，2008.）

　　正如这节所描述的，研究者观察到人类皮质中各层级与区域在发
育中的差异性，这为以后几章中对于脑发育与认知变化之间关系的阐

述提供了基础。但首先，我们需要回顾出生后脑发育中其他方面的
情况。

出生后的脑发育：青少年期

在前面部分我们已经了解，大脑发育的轨迹并不是一个简单的线
性增加，而是同时具有升和降的、更为复杂的模式。青少年期（adoles-
cence）的发育是处于发育后期的某个阶段，通常与发育中的"下降"有
关。尽管我们会在后面各个章节中，讨论到青少年期的变化，但是仍
然需要单独地将青少年期作为人类大脑发育的一个阶段来看。

在青春期（puberty）开始时，大脑结构和化学物质开始发生明显变
化。这种变化包括神经联结的持续髓鞘化、突触密度变化，这种情况
在皮质的前额叶区尤为明显。特别是，在青春期前后突触急剧增长，
随后又出现修剪。大约在相同的时间，激素急剧产生。有个假设认为，
青春期男孩具有较高的睾丸激素水平，可能导致突触修剪的减少，成
年后前额某些区域的灰质容量较多。然而，考察青春期大脑发育性别
差异的研究结果并不一致，要得到一致的结论仍然需要大规模的纵向
研究（Blakemore & Choudhury，2006）。

在行为方面，青少年时期通常被描述为冲动和冒险行为增多的时
期。科学家已经在探究，这是否与抑制控制的缺乏有关，可能受到前
额叶皮质功能"下降"的调节（见第 10 章），或者与大脑"奖励"网络的变
化有关。成人在进行赌博类的任务时，需要做出较多风险选择，这时
其大脑奖励网络的神经活动就会增加。我们知道，相比于儿童或成人，
青少年在奖励网络（如伏核结构）上表现出更强的神经活动。最近的一
项研究考察了从事风险行为时的个体差异是否与大脑回路（在成人、青

少年与儿童中涉及对奖励的期待）的活动有关（Galvan，Hare，Voss，Glover，& Casey，2006）。来自该研究及其相关研究的结果表明，在青少年中普遍存在冲动行为和冒险行为，但这两种行为呈现出不同的发育轨迹和大脑基础。冲动行为（缺乏抑制）与 PFC（前额叶皮质）的发育相关，而且从儿童期到成人期逐渐消失。相反，倾向于冒险行为（奖励网络）的个体在青少年期冒险性更为明显，奖励预期相关的大脑系统在这个时期也正在经历发育变化。

在青少年期，很多其他"执行功能"（如选择性注意、工作记忆、问题解决和多任务）均稳定增强。尽管通常情况下，这些执行功能与前额叶皮质相关，但是 fMRI 研究表明，皮质区域中更为广泛的神经网络也在这些变化中起作用（Luna，Garver，Urban，Lazar，& Sweeney，2004）。

在青少年期，一些皮质下区域的反应特征也发生着变化，虽然这可能反映了其与皮质的交互作用。例如，杏仁核是社会脑（第 7 章）的一个重要部分，与情绪加工密切相关。成人在知觉到带恐惧表情的面孔时，杏仁核会激活。尽管 11 岁儿童的杏仁核也会对恐惧面孔做出反应，但是这种反应与对中性面孔的反应是相同的，这表明该结构还没有精细调节的功能（Thomas et al. 2001）。关于发育过程中杏仁核功能的其他研究已经揭示，该结构在青少年时期存在性别差异：看到恐惧面孔，青少年女性的杏仁核反应下降，而男性没有这种变化（Killgore，Oki，Yurgelun-Todd，2001）。前额叶区域却观察到相反的模式。凯尔格尔（Killgore）及其同事认为，这可能是由于女性在情绪调节上的增强更多（前额叶系统在其中起调节作用）。

结构性 MRI 研究表明，在青少年期前后，大脑结构会出现明显的变化，特别是前额叶皮质。例如，额叶皮质的灰质持续减少，一直到

30 岁，然而白质的容量持续增加，一直到 60 岁甚至更老（Sowell et al.，2003）。（延伸阅读：Olson & Luciana，2008。）

出生后的脑发育：海马和皮质下结构

本章主要关心大脑的新皮质，因为它是出生后发育延长最明显的部分。但是，像海马和小脑等其他脑结构也表现了出生后发育的延长，正如我们还将看到的，这些脑发育的延长与婴儿和儿童的认知变化是相关的。出生后一些皮质下结构（如海马、小脑和丘脑）的发育显现出自相矛盾的现象：一方面，许多行为研究和神经机制研究的结果表明，这些结构在出生时就已经具有相应功能；另一方面，这些研究结果还证明，存在着出生后的发育和/或功能重组（functional re-organization）。对这种现象的一种解释是，由于新皮质是出生后发育的，所以它与皮质下区域的相互作用也经历了某些变化。在静息态（第 12 章）下考察功能联结的研究证据表明，在发育早期，皮质下区域可能会在很大程度上影响皮质的加工，而且在整个儿童时期的发展中，皮质的神经网络逐渐脱离皮质下区域而独立地发挥其功能（Supekar，Musen，& Menon，2009；见第 12 章）。

边缘系统通常包括杏仁核、海马和皮质的边缘区［扣带回和旁海马回（内嗅皮质）］。虽然这些皮质区与皮质的其他区域在发育的时间进程上相同，但是它们在早期就已经和皮质的其他区域不同了，因此二者不可能具有相同水平的可塑性。如前面所讨论的，脑回的发育（折叠）并不意味着结构上的特异性。不过，与扣带回区域相关的脑回折叠早在人类妊娠后 16 周～19 周就可辨别，而颞叶内部的旁海马回则要到妊娠后的 20 周～23 周才可辨别（Gilles，Shankle，& Dooling，1983）。与此相比，皮质中其他著名的脑回则要到妊娠 24 周～31 周才会出现。边缘系统的主要神经核部分，如海马，在胎儿期 3 个月～4 个月开始，就从正处于发育中的颞叶分化出来。此后，海马进一步分化，并开始卷曲起来藏到颞叶里面，周围被齿状回包围（Seress，2001）。曾有一段时间人们认为，在啮齿类动物中齿状回区域的神经发育一直持续到出生后（Wallace，Kaplan，& Werboff，1977）。最近人们已经确认，人类中颗粒神经元的形成一直持续到整个成年期（Kozorovitskiy & Gould，2008）。这类新神经元的产生受激素的影响，而且某些类型的学习也能够促进新神经元的产生，至少在大鼠中是如此。但在这个区域内，神经计算在成人神经发育中的重要性还有待确定。（Kozorovitskiy & Gould，2008；Seress & Abraham，2008.）

小脑被认为是控制运动的脑结构，但是它在某些"更高级"的认知功能上也可能起重要作用。在受孕后 2 个月内，小脑就已经形成三层主要的结构：脑室层（V）、中间层（I）和边缘层（M）。然而，小脑的发育也延长了，该区的神经发育将延长至出生后，出生时颗粒细胞的数量只有最终数量的 17%。小脑的神经发育可能会持续至 18 个月时（Spreen，Risser，& Edgell，1995）。尽管小脑是人脑中少数几个出生后也有神经发育的脑区之一，但在静息态时用 PET 测量小脑功能的发育时发现，早在婴儿出生后 5 天，该区的葡萄糖代谢活动水平就已经很高了，这个进程与其他感觉运动区，如丘脑、脑干、感觉运动皮质等相同（Chugani，1994）。

神经递质和神经调节

到目前为止，所讨论的脑发育主要与神经元和神经回路有关。但是，在神经元功能的"软物质"（soft soak）上也存在着发展变化。软物质特指在神经信号的传递和调节中起作用的化学物质。神经元及其树突像浸泡在含有各种调节其功能的化学物质的浴池里。另外，其他化学物质在信号从一个细胞到另一个细胞的传递中起着关键的作用。大脑皮质中的神经递质可以分为两类：一类产生于皮质内（内源性），另一类产生于皮质外（外源性）（Benes，1994）。根据内源性神经递质对突触后膜起兴奋作用还是抑制作用，将其进行进一步的分类。

谷氨酸是内源兴奋性神经递质，被认为在锥体细胞的轴突上起重要的作用；锥体细胞的轴突会投射至皮质内部的微回路、其他皮质区和皮质下区域（Streit，1984）。对大鼠来说，不同谷氨酸通道（gluta-matergic pathways）的发育时间进程相差很远。但是，一般来说，是神经递质的受体而不是其的含量，随年龄的增加而增加。这种发育看起来也遵循"升-降"模式，与神经发育的其他方面一样。尤其是，大鼠在出生后 10 天～15 天，皮质各区域的谷氨酸含量迅速增长至一个峰值，该峰值大概是成年时含量的 10 倍（Schliebs，Kullman，& Bigl，1986）。到 25 天时谷氨酸的含量急剧下降。

GABA（γ-氨基丁酸）可能是哺乳动物大脑最重要的内源抑制性神经递质。GABA 活动可以通过很多方法来测量，但这些方法得到的结果有时候并不一致（Benes，1994）。在人类中，GABA 也有与谷氨酸一样的升降模式。尤其是，GABA 受体的密度在围产期迅速增加，并且在前几周还会加倍增长，但随后便开始下降（Brooksbank，Atkinson，& Balasz，1981）。这些内源性神经递质的升降模式，在多大程度上反映了前面讨论过的结构测量中所观察到的现象（如葡萄糖摄入量和突触的密度），目前仍然不是很清楚，还需要进一步的研究。但可以肯定的是，GABA 的水平会受感觉经验程度的影响（Fosse，Hegge-lund，& Fonnum，1989）。

外源性神经递质来自许多不同的皮质下区域。在这些递质中，乙

酰胆碱主要来自基底前脑(the basal forebrain)(Johnston，McKinney，
& Coyle，1979)。令人感兴趣的是，通过类胆碱能纤维的皮质神经传
入也遵循如前所述的"内—外"模式，只是更深的皮质层级比表层先受
到此类神经传入的刺激。虽然人类中胆碱能神经支配直到 10 岁才达到
成人的水平，但其作用在出生前就已经开始了(Diebler，Farkas-Ber-
geton，& Wehrle，1979)。然而，皮质内用于此神经递质的结合部位
在出生起就已经开始减少了，这可能是突触剪除所造成的(Ravikumar
& Sasatry，1985)。

　　另一种来自皮质外的神经递质是去甲肾上腺素，它来源于被称为
蓝斑(locus coeruleus)的一组神经核。作为神经递质，去甲肾上腺素与
皮质的可塑性有关(Kasamatsu & Pettigrew，1976)。一些哺乳动物在
出生时皮质内有大量的去甲肾上腺素纤维网络，可能比成年后的还密
集(Coyle & Molliver，1977)。对灵长类动物，目前有关这种神经递质
的发育信息还很少(Benes，1994)。

　　5-羟色胺源自脑干的中缝核，在大鼠和灵长类动物中，5-羟色胺
的水平在出生后前几周快速增长(Johnston，1988)。在恒河猴中，5-
羟色胺纤维的投射模式在出生后第 6 周达到成年水平，但此后还会继
续提高(Goldman-Rakic & Brown，1982)。有一些证据(来自特殊的联
结部位)表明，人类大脑皮质和海马中 5-羟色胺水平在后期将有所减少
(Marcusson，Morgan，Winblad，& Finch，1984)。与乙酰胆碱一
样，出生时 5-羟色胺主要出现在深层皮质，这与先前讨论过的脑结构
从内到外的发育顺序是一致的。

　　第四种主要的外源性皮质神经递质是来自黑质的多巴胺，多巴胺
在出生前后的变化也存在内—外模式，至少在大鼠中是这样的(Kals-
beek，Voorn，Buijs，Pool，& Uylings，1988)。在大鼠中，通过出

生后延长了的发育，多巴胺纤维投射至前额叶和扣带回皮质，其模式与成年的相同（Bruinink，Lichtensteinger，& Schlumpf，1983）。

综上所述，可以概括为：

1. 出生时皮质中已经有了大部分的内源性和外源性神经递质，至少对大鼠是这样，人类可能也是如此。但在出生后的某些时候，神经递质的分布与整体水平都会有所变化。

2. 无论是起源于内源还是外源，一些神经递质表现出典型的升—降模式，与神经解剖学上的结构性发育相似。因为缺乏人类的相关数据，所以现在还不能说这些发展模式在多大程度上是重叠的。

3. 有些外源性的神经递质表现出与结构测量中所观察到的相同的内—外变化模式。

4. 发育过程中神经递质可能具有多种作用。例如，去甲肾上腺素也可能调节皮质的可塑性。

5. 一些神经递质在整个皮质中的分布是有差异的。这些差异性分布可能在随后皮质的区域特异化（针对特定功能）中起到一定的作用。（Benes，2001；Cameron，2001；Berenbaum et al.，2003；Richards，2003；Stanwood & Levitt，2008.）

人类的大脑是如何形成的

本章一个重要的主题是，人类大脑发育与其他物种大脑发育的相似程度如何。这个问题在理论和应用上都非常重要，具体有以下几点原因。首先，大多数研究者最终会感兴趣的问题是，人类心智是如何从内在的大脑发育中产生的，后面章节中的一些主题至少在一定程度上说，是人类所特有的，如数字和语言。这就提出一个问题，人类大脑的哪些部分是独特的，它在发育过程中是怎么产生的。相关的一个问题是，其他物种的研究对人类大脑发育的适用性如何，例如，前面提及的幼年啮齿类动物的皮质可塑性的研究。

其次，就如前所述，灵长类动物的大脑发育通常比其他哺乳类动物有更长的时间进程。即使在智人（Homo Sapiens）和其他灵长类动物之间，发育时间也存在很大的差异，我们出生后皮质发育的时间大约比其他灵长类动物长 4 倍。之前我们讨论到，人类出生后延长的发育延伸了脑的层结构以及区域皮质的分化，而在其他物种中却是高度压缩的。这种大脑发育时间延长的重要性是什么呢？芬利和达林顿（Finlay & Darlington，1995）比较了 131 种哺乳动物的脑结构大小后发现，这些物种中大脑发育的标志性事件是恒定的。他们进一步发现，当控制了整个大脑和身体的尺寸后，这些标志性事件的发育进程与大脑结构的相对大小呈现系统性的相关。特别是，当整体进程延缓时，后期产生的脑结构（如新皮质）出现不成比例地大量发育。根据他们的分析，灵长类动物的神经发育相对较慢，其在大小上最大可能的差异就是新皮质。

芬利和达林顿最近把他们关于大脑进化的模型拓展到人类出生前的大脑发育中（Clancy，Darlington，& Finlay，2000）。该模型预测，通常某物种大脑发育的时间进程越缓慢，后期发育结构（如大脑皮质，尤其是额叶皮质）的相对容量就越大。根据这种说法，人类发育较慢与皮质容量较大相关，特别是较大的额叶皮质。

最后，为什么皮质发育时间较长就会使它的尺寸增大呢？这可追溯到拉蒂奇（Rakic，1988）提出的径向单位模型，该模型认为，在增殖单元形成阶段额外增加一轮对称的细胞分裂将使个体发育中产生的径向柱的量加倍，从而使皮质区面积也加倍。与此相比，在后来的阶段，在增殖区中额外的一次细胞分裂只能使径向柱增加一个细胞（径向柱约增大1%）。皮质的层结构在哺乳类动物之间的变异很小，但是在不同哺乳动物之间，皮质表面的总面积却有着上百倍甚至更多的差异。因此，物种的差异至少有一部分源于细胞产生的时间进程（增殖区内或者不同增殖区间允许发生的细胞分裂"场"次）。

因此，我们大脑皮质中增加的部分，特别是前额叶皮质，至少从某方面来说是大脑发育整体进程减缓后附带产生的积极结果（Dehay & Kennedy，2009）。这意味着，来自其他哺乳动物的研究证据与人类脑发育的研究结果高度相关，因为我们所看到的从根本上说是同一过程。然而有一点是值得注意的，出生时不同动物的脑发育的时间进程差异很大。就这一点而言，人类脑发育的相对延缓的时间进程可能还有一个很重要的优势。出生后延长的发育期中，与环境的相互作用会影响神经回路的形成与调节。

人类大脑发育进程的延缓能否产生独特的脑结构仍然存在争议。在灵长类和啮齿类动物之间的皮质发育步骤确实存在微小差异，而且一些物种特异的母细胞或人类神经元仍然值得进一步研究（Bystron et al.，2008）。

概要与结论

我们回顾了出生前后脑发育的一些重要方面。虽然人类和其他哺乳动物在发育过程中所经历的关键性事件都是相似的，但是人类脑的发育在时间上更缓慢而且有很大的延长。一些理论认为，这样缓慢的发育可能促使更多相关皮质的建构，尤其是额叶皮质。人类出生后发育中的一个主要特点是，成人的脑容量是出生时的 4 倍，而这主要是由神经纤维束、树突和髓鞘化的增加造成的。另外一个主要的特点是，结构与神经生理学的各种测量表明，诸如突触连接密度，在出生后的发育过程中存在着一种典型的"升-降"模式。

由此提出了一个问题，即新皮质在解剖和功能上的分化是不是预先决定的？"原图"理论认为，皮质的分区是由内源的分子标记决定的，或者说是增殖区预先决定的。而"原皮质"理论则认为，在很大程度上输入经过丘脑的投射造成了最初未分化的原皮质被分割，因此，原皮质的分化具有活动依赖性。最近，有证据支持一种处于中间立场的观点，即大范围的脑区是预先决定的，而小范围功能性区域的确定则需要依赖于活动的过程。

出生后人脑在发育过程中经历了相当长的延缓期，这揭示了在皮质发育中两个有别于灵长类动物的特点：皮质的层结构发育具有"内-外"模式，以及不同区域之间在发育的时间进程上有差异。人类皮质发育的这些特点将为以后章节中对脑和认知发展之间关系的描述提供基础。

讨论要点

- 动物研究对理解人类大脑发育的必要性如何？

- 哪些证据能明确地证明皮质分化的原图假设和原皮质假设？

- 关于出生后发育(如突触密度)研究中观察到的"升-降"模式，其对功能的影响是什么？

· 什么样的人类临床研究能让我们得出发育早期的大脑皮质具有可塑
性的结论？

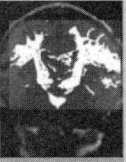

5

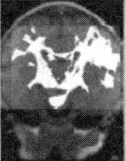

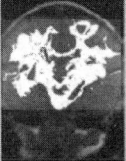

视觉、定向和注意
VISION，ORIENTING，AND ATTENTION

本章选择视觉（vision）、视觉定向（visual orienting）和视觉注意（visual attention）这三个主题进行介绍，试图把脑发育与行为变化联系起来。在讨论双眼视觉（binocular vision）发展的神经机制之前，先简单地介绍外周系统（视网膜）的发育在基本视觉功能产生中所起的作用。来自神经解剖学模型（neuroanatomical model）和计算模型（computational model）的证据都明确地表明输入信息在初级视皮质的第 4 层中出现分离的重要性。同时，针对这个不断分离假设的一个引人注目的行为检验也有所介绍。接下来的几节将从感觉加工过程转向感知运动的整合，试图从皮质发育的神经解剖角度来预测婴儿在定向行为（orienting behavior）上的转变。接着，回顾了涉及眼球控制的皮质区域研究中所用的大量行为标记任务，并讨论了这些任务与成熟模型的关系。新近的脑成像和行为研究都需要对原有的模型进行修改。最后，介绍与婴儿和儿童内隐（内部）注意转移发展有关的实验。在婴儿期，注意转移的灵活性和速度开始出现许多变化，但这种变化一直持续到童年期。

视觉的发展

视觉通路，尤其是视觉皮质，属于研究最多的脑区域。迄今为止，在灵长类动物中确定的视觉区域已经超过 25 个。借助于单细胞记录、神经影像技术和神经心理学的研究，研究者试图揭示出这些脑区的功能。在行为层面，视觉的心理物理学研究成果很丰富，我们关于视觉认知能力的知识正在迅速地扩展。因此视觉可能成为研究大脑功能发育的一个很好的起点。

我们需要思考这样一个问题：个体发展过程中视觉能力的变化是由于外周系统（如眼睛的结构、晶状体、眼部肌肉）的限制，还是因为大脑内部的变化？很显然，外周感觉系统的不成熟会限制年幼婴儿的感知能力。例如，视网膜的不成熟会限制空间视敏度的发展。有人甚至认为这种限制是必要的，可以避免正处于发育中的视觉环路加工过多的信息（Turkewitz & Kenny，1982）。那么外周系统和大脑内视觉通路，哪个才是影响视知觉发展的主要因素？随着争论的持续（Iliescu & Dannemiller，2008），班克斯（Banks）及其同事们（Banks & Shannon，1993）提出了"理想观察者"（ideal observer）分析方法，即把新生儿感受器和视觉的形态与成人的进行比较。这种分析以不成熟的中枢系统为对照，评估不成熟的视觉与感受器对婴儿空间和颜色视觉所造成的缺陷，以确定其作用。所观察到的证据表明，婴儿与成人在这些视觉上的差异显然不能只用外周系统的不成熟来解释，这也表明了中枢神经系统通路的发育对视觉发展来说也是一个重要的因素。基于中枢神经系统在空间视敏度发展中的重要性，我们需要进一步考察这些机制的本质和起源。图 5-1 总结了在下面几章中将讨论的视觉引导行为（visual guided behavior）的发展步骤。与理解和操纵客体有关的加工将在下一章讨论。而社会性视觉刺激（如面孔）的加工，将在第 7 章讨论。本章我们主要关注视觉加工、定向以及注意等内容。（延伸阅读：Atkinson ＆ Braddick，2003；Iliescu ＆ Dannemiller，2008；Maurer et al.，2008。）

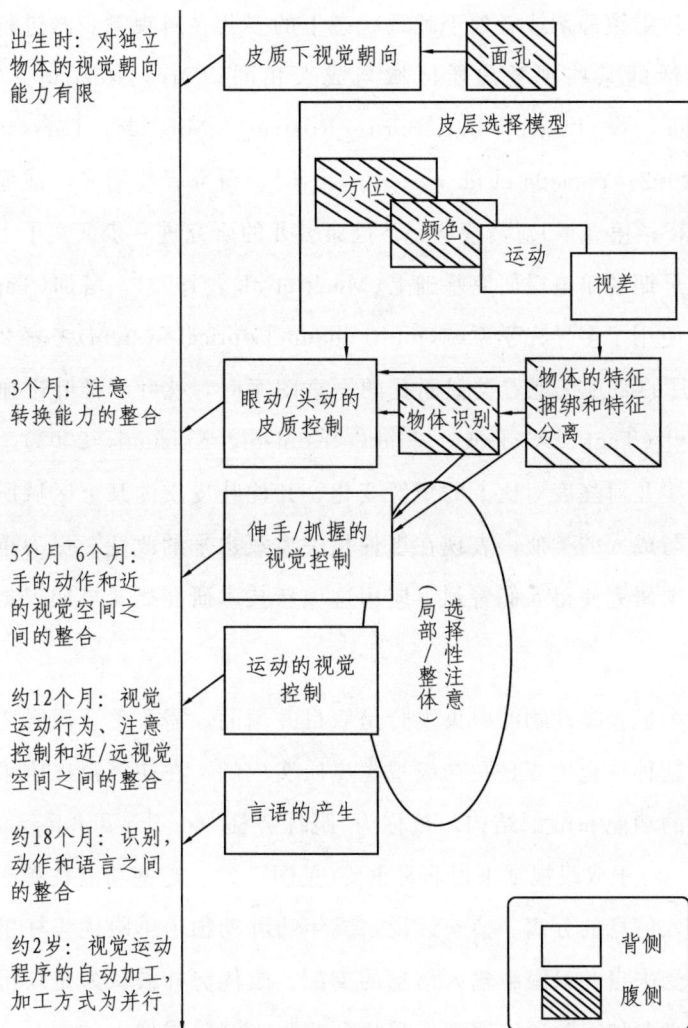

图 5-1　视觉行为发展顺序图（垂直线的左边）
以及与此有关的腹侧与背侧神经系统（垂直线的右边）

　　以往研究者用行为和心理生理学的方法研究视觉能力，近年来研究者开始使用功能成像来考察不同年龄个体视觉通路和结构被激活的状况。由于很难让年幼婴儿长时间地处于安静状态，所以功能 MRI 研究多用那些由于临床原因而注射镇静剂的婴儿。尽管如此，研究还是发现，注射镇静剂或者处于睡眠状态下的婴儿在对视觉刺激进行反应时，激活的某些视觉皮质区域与成人相同（Born，Rostrup，Leth，Peitersen，& Lou，1996；Born，Rostrup，Miranda，Larsson，& Lou，2002；Yamada et al.，1997，2000）。研究者使用光学成像新技术（NIRS；第 2 章）对清醒状态下健康婴儿的研究进一步证实了上述结果。在早期的单电极研究基础上（Meek et al.，1998），塔加（Taga）及其同事使用了多导光学系统（multi-channel optical system）考察 2 个月～4 个月的婴儿在观看类似面孔的示意图案时，枕叶和额叶中血氧水平的变化（Taga，Asakawa，Maki，Konishi，Koizumi，2003）。结果表明，婴儿对亮度对比上的短暂变化，其枕叶皮质的某个区域所做出的反应与成人的类似，表现在事件相关血氧水平的改变。更为重要的是，这项研究使得人们看到了应用这项新技术研究婴儿早期视觉功能的前景。

　　许多灵长类动物的中央视野是双目并用的，需要整合两眼之间的信息。这种整合主要是在初级视觉皮质实现的。在初级视皮质第 4 层观察到的功能和解剖结构，被称为"眼优势柱"（ocular dominance columns），对于双眼视觉来说非常重要（见图 5-2）。这些功能柱源于来自两眼输入信息的分离。换句话说，成年哺乳动物中单眼优势柱里的神经元只受来自一只眼睛输入信息的支配。眼优势柱被认为是获得双眼视觉的必要加工阶段，继而，觉察到两眼视网膜成像上的差异。因为眼优势柱的形成有敏感期（sensitive period），即这个时期对来自双眼输入信息上的差别程度非常敏感，因而已成为发展神经生物学中一个热门的模型系统（Bear ＆ Singer，1986；Kasamatsu ＆ pettingrew，1976；Rauschecker ＆ Singer，1981）。

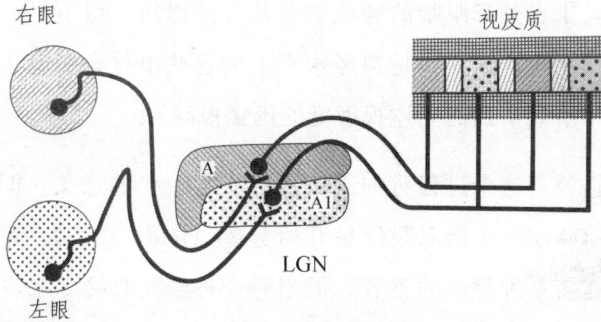

图 5-2　来自双眼的投射形成视觉皮质中的眼优势柱简图

黑尔德(Held，1985)对出生后约第 4 个月末的人类婴儿双眼视觉发展的研究结果进行了回顾。由视觉诱发电位测量(由醒目的视觉刺激引发的潜伏期较短的 ERP 电位)而获得的动态相关图中，研究者找到了 3 个月左右就出现双眼视觉的证据(Atkingson ＆ Braddick，2003)。与双眼视觉相关的视觉能力之一是立体视敏度(stereoacuity)。立体视敏度从有立体影像出现开始就得到了迅速的发展，在出生后若干周内就达到了成人的水平。这与其他视敏度不同，其他视敏度是渐进增强的，如光栅视敏度(grating acuity)。黑尔德认为，这种立体视敏度的迅速变化需要同样迅速变化的神经基础作为支撑。基于动物研究的证据，他指出这种基础就是在初级视觉皮质第 4 层中发现的眼优势柱的发育。黑尔德的假设最初是基于眼优势柱形成和双眼视敏度产生之间的简单因果关系，与此同时，他实验室的其他研究已经开始关注在这两个水平上所产生的变化过程之间的联系。

在前面章节里已经提到过，选择性修剪是一种有区别的选择过程，对于皮质塑造特定的神经通路有重要作用。神经生理学的证据表明，来自双眼的输入信息进入皮质时，最初是混在一起的，所以它们都在第 4 层形成共同的皮质神经元的突触（见图 5-3）。这些第 4 层细胞投射到有视差选择性的细胞上（可能在皮质的第 2 层和第 3 层）。在个体发育过程中，来自某只眼睛的膝状轴突从皮质退出，留下另一只眼的膝状轴突。黑尔德认为，正是神经水平上的这些事件，引起了人类婴儿行为实验中所观察到的立体视敏度的迅猛提高。

选择性修剪这个过程对加工信息有非常重要的意义，即原先在初级视皮质第 4 层汇集的双眼信息开始分离（Held，1993）。特别是，双眼之间存在着某种程度的整合，但当每个神经元只接受来自单眼的神经传入时，这种整合作用就会减弱。黑尔德及其同事发现，4 个月以

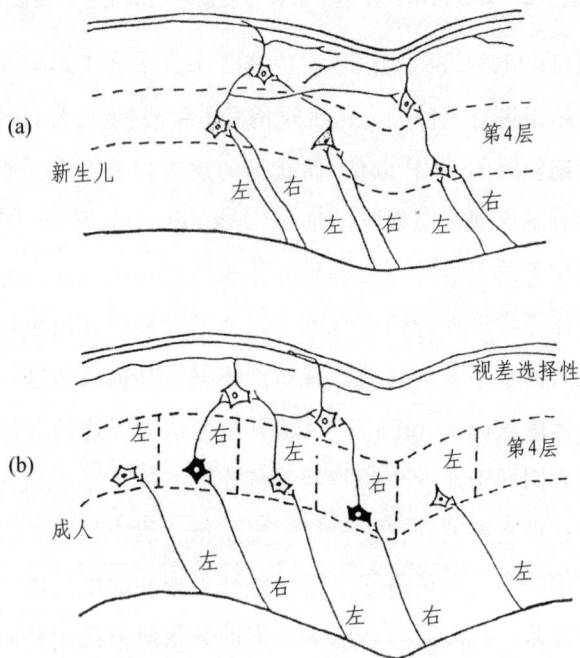

图 5-3　(a)来自双眼的神经输入信息在第 4 层的相同细胞上形成突触，因此丧失了信息来源（左眼或右眼）的信息；(b)神经输入信息根据眼的起端进行了分离（右和左），随后，第 4 层的受体细胞通过轴突把神经输入信息传送到此层以外的细胞，伸到第 4 层外面，并在那些有视差选择性的细胞上形成突触联合

下的婴儿能够在双眼间进行某些类型的整合，而更大的婴儿却做不到，这很好地证明了来自双眼的信息输入在不断地分离、细化。在这个实验中，黑尔德和他的同事在婴儿的某只眼睛前面呈现一个光栅（grating），再将垂直的光栅呈现至婴儿的另一只眼睛（Shimojo，Birch，& Held，1983）。4 个月以下的婴儿感知到的是单个类似网格的表征，而不是相互正交的两组光栅。这可能是由于来自单只眼睛的突触输入进入眼优势柱时还没有分离。结果，皮质第 4 层的特定神经元可能同时接收了来自双眼的突触输入，并且有效地"看到"同时来自每一只眼的成像。也就是说，来自双眼的信息在第 4 层中汇总，造成两个信号的平均。由于来自每只眼睛的输入构成一个累计的效果，在这种情景下，婴儿感知到的是一个直交的网格。而大点的婴儿（超过 4 个月）就不会知觉成网格，因为这时纹状皮质（striate cortex）第 4 层上的神经元只接受来自单眼的输入。进入第 4 层的输入已经被相互分离，第 4 层中某个特定的神经元只接收来自某只眼睛的输入。

神经连接的这种丧失可能是由于选择性修剪使突触更精确。这种精确化最有可能通过活动—依赖的神经机制来实现，因为有实验证据表明，眼优势柱的形成会由于神经元活动的减少而受阻（Stryker & Harris，1986）。然而，尽管这些过程会增强并维持眼优势柱，但是也有一些研究表明，在动物中眼优势柱开始形成时无须结构化的神经经验（Iliescu & Dannemiller，2008）。在第 4 章中提到，出生前内源性的自发视网膜活动通过外侧膝状体（LGN）进入眼睛的特定皮质。这种情况之所以会发生，是因为单个视网膜（左或右）的相邻细胞在差不多相同的时间被激活，但是另外一个视网膜细胞并没有被激活。由于"同时激活的细胞会一起形成网络"，所以眼睛特定皮质就会自发地形成。随后，在外侧膝状体中这些眼睛特定的皮质就会对其结构发育产生影响。

我们会在本书的其他部分讨论大脑中不同的视觉加工通路。灵长类动物大脑的视觉加工会分为皮质下通路和皮质通路，其中皮质下通路包括上丘（superior colliculus）、丘脑枕（pulvinar）和杏仁核（amygdala），皮质通路包括外侧膝状体和视觉皮质。在第 7 章，我们会讨论在加工社会信息刺激时皮质下通路和皮质通路之间的关系。在第 6 章，我们会考察，在加工客体和数字时背侧通路（在哪里或动作通路）和腹侧通路（是什么或知觉通路）的差异。在本章的下个部分，我们将重点讲述眼动和动作行为控制中的皮质通路和皮质下通路。

视觉定向的发展

前面的章节讨论了大脑发育和感觉加工的关系。这一章我们要转入视觉定向领域，研究大脑发育对于整合感觉输入与运动输出的影响。视觉定向涉及通过转动眼睛和头对某个新的感觉刺激进行反应或者期待。以下讨论中的大部分任务所涉及的视觉刺激都在婴儿感知能力的范围内，其中一种是婴儿可以轻松完成的动作形式（眼睛的运动）。因而，虽然整个婴儿期感觉和动作加工过程都是连续发展的，但是通过精心设计的实验，我们能够更集中于感觉输入和运动输出之间的整合。

研究视觉定向的发展还有其他的原因。其中之一就是视觉定向是 1 岁前婴儿从环境里收集信息的主要手段（Aslin，2007）。这种注视的转换使婴儿能够对外界世界的特定信息做出选择，用于进一步的学习。例如，我们在第 7 章中会看到，通过转动头和眼的简单行为，可以保证婴儿更多地去看面孔刺激而非其他视觉刺激。另外，我们对婴儿心理过程了解得最多的也是借助于注视行为的测量手段，如应用婴儿注视偏好或对反复呈现刺激的习惯化（见第 2 章）。

尽管眼睛注视的转换在婴儿早期很重要，但在 10 年前，人们对大脑发育与视觉定向能力变化之间的关系还是所知甚少。大量的文献涉及眼跳(saccades；眼睛运动)的神经机制，这些研究不仅来自对非人类的灵长类动物的单细胞记录以及脑损伤研究，还有成人被试的神经心理学和神经成像研究(Andersen，Batista，Snyder，Buneo ＆ Cohen，2000)。

把人类婴儿大脑发育与行为变化联系起来的首批尝试之一，来自于戈登·布朗森(Gordon Bronson，1974，1982)的观点：儿童视觉和视觉定向能力的早期发展，可以归因于婴儿在出生后的前 6 个月中皮质下视觉加工逐渐让位于皮质视觉通路的加工。特别是，布朗森引用电生理学、神经解剖学和行为研究的证据表明，婴儿初级(皮质)视觉通路一直到出生后 3 个月左右还没有完全发挥功能。如前所述，近来有证据表明，新生儿的某些皮质区域(虽然数量很少)的活动以及皮质功能的产生，可能是一个逐步发展变化的过程，而不是全或无的方式。同时，对猴子的神经生理学研究和对成人的神经心理学研究都表明，眼球运动(眼动)控制和注意转换涉及灵长类动物大脑中多重通路。图 5-4 详细地列出了灵长类动物中参与眼球运动控制的许多结构和通路。(延伸阅读：Atkinson ＆ Braddick,2003；Iliescu ＆ Dannemiller,2008；Johnson,2002;Richards,2001,2003。)

图 5-4 中所列的大多数通路和结构也参与了眼动的执行和计划等特定类型的信息加工。考虑到感觉输入和运动输出之间的整合，从输入源头(眼睛)到眼动肌肉的这条通路就显得很重要了。表示这种整合通路的图示显然不同于只表示感觉加工通路的图示。在第 6 章我们将讨论知觉的视觉通路和动作的视觉通路之间的分离。

在这里我们将讨论四条大脑通路。第一条通路是从眼睛到上丘。

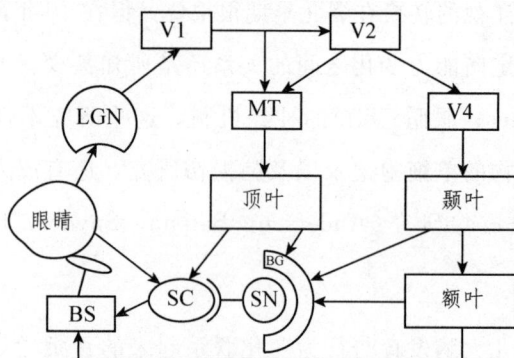

图 5-4 参与视觉定向和注意的主要神经通路和结构示意图

BS：脑干；LGN：外侧膝状体核；V1，V2 和 V4：视觉皮质区域；

MT：中央颞叶区域；SC：上丘；SN：黑质；BG：基底（神经）节

这条皮质下通路的输入信息主要来自颞叶视区（每只眼睛的外周视野或者外部视野），涉及对容易辨别刺激做出迅速的反射性眼动。其他三条通路都共有一个从眼睛到皮质结构的投射：经过中脑（丘脑）的视觉中转站、外侧膝状体核（LGN）以及初级视皮质（V1）。这三条通路的第一条是从初级视皮质直接到上丘，并且也经过中央颞叶区域（MT）。研究者认为，这一通路上的某些结构在觉察运动和平稳地追踪运动中的物体时起着重要的作用。第二条通路是从 V1 到视觉皮质的其他区域，并由此进入额叶视区（FEF）处。我们在后面的章节将会看到，这条FEF 通路被认为参与了与眼动计划有关的更为复杂的过程，如预期性眼跳以及扫描模式的学习次序。最后一条通路是最为复杂的，我们对其所知甚少，这条通路包括上丘的紧张性（连续）抑制（通过被称为黑质和基底节的皮质下结构）。席勒（Schiller，1985）认为，这条通路保证了丘脑的活动可以被调节。另外一些研究者认为，这条眼球运动的通路与额叶视区和顶叶皮质一起构成了一个整合系统（例如，Alexander，DeLong & Strick，1986），借助于其他皮质通路，对皮质下眼球运动通路的调节起到一定的作用。

　　研究者面临的一项挑战是，如何把这些不同视觉通路的发展与处于不同年龄阶段婴儿的视运动能力联系起来。三种人类大脑功能发育的理论对此提供了相应的解释。按照成熟论的观点，我们需要借助于标记任务，把不同通路的有序发展与新功能的出现联系起来。按照技能学习的观点，婴儿大脑需要通过产生精确且有益的眼跳，获得感知运动技能，因而，与技能获得相关的大脑区域是很重要的。按照交互式特异化的观点，通路中的某些部分在开始的时候，其边界和功能不太清楚（缺乏特异性分工），只有通过经验，他们才开始分离。

　　在三种观点中，成熟论观点在视觉定向的解释上有一定的影响。迄今为止，成熟论观点包含了两种相互补充的研究方式：用发展神经解剖学的知识来预测这些通路的发展顺序（Atkinson，1984；Johnson，1990），以及使用标记任务（参看第 2 章）来确定特定结构或者通路的功能的发展。第一种研究方式起源于十几年前（Johnson；1990）。我们假定：首先，在婴儿的特定年龄，视觉引导行为的特点，是由皮质神经通路的功能决定的（如图 5-4 所示）；其次，哪条皮质通路发挥功能，受初级视皮质发育状态的影响。这一观点在神经解剖学水平上的基本原理来自三个方面的观察结果。第一，初级视皮质是输入信息进入皮质通路的主要"入口"（尽管并非唯一的），这些皮质通路与眼球运动控制相关（Schiller；1985）；第二，初级视皮质在出生后继续生长，并延续着出生前皮质发育的"内—外模式"（见第 4 章），表现为在婴儿出生前后，皮质深层（第 5 层和第 6 层）比皮质表层（第 2 层和第 3 层）上树突的分支更长、数量更多，髓鞘化范围更大；第三，来自初级视皮质的输入和输出遵循一个受限制的模型（例如，来自上部皮质的投射进入 V2，见第 4 章）。把这些观察结果与初级视皮质发育的神经解剖学结合起来，笔者假定了与眼球运动控制有关的皮质通路发育的顺序：从眼睛直接到上丘的皮质下通路（可能涉及来自 V1 较深层区的投射进入上丘），接下来是抑制上丘的皮质投射通路，随后是经过皮质结构（MT）的通路，最后涉及额叶视区及其相关结构的通路。

以上述发展神经解剖学的假设为基础，我们可以通过行为实验来看一下，行为转变是否支持这些通路发育的顺序。以新生婴儿为起点，对树突结构的分布和髓鞘化程度的测量表明，只有初级视皮质的深层区才可能支持人类新生儿有组织的信息加工活动。由于多数前馈皮质内投射（feed-forward intracortical projections）来自皮质较深层区（第 5 层和第 6 层）的外面，所以在此阶段，大部分参与眼球运动控制的通路只能接收微弱的或零散的输入。然而，来自其他方面的证据（如视觉诱发电位）表明，从眼睛输入的信息正在进入新生儿的初级视觉皮质。由此，如果用皮质下通路的加工来解释新生儿的某些视觉行为，则需强调笔者在 1990 年的一篇论文中所提到的结论：在出生时，皮质的较深层区内也有信息加工过程。新生儿视觉引导行为中，至少有两个特征与皮质下控制占优势相符，如眼跳式追踪以及偏爱颞侧视野的定向。下面对此进行详细的说明。

出生后的前几个月中，婴儿在追踪移动刺激的能力上有两个特征（Aslin，1981）。第一，眼睛运动以"扫视"或间歇性的方式跟随刺激，而成人和较大的婴儿是平稳地追踪物体；第二，眼睛运动滞后于刺激物的运动，而不能预测其运动轨迹。因此，当新生儿通过视觉追踪运动刺激时，可以被描述为执行一系列跳跃式眼睛运动。这种行为与皮质下组织对定向的控制是一致的。

相对于鼻侧视野（每只眼睛视野的靠近鼻子的那一半），新生儿更容易对颞视野的刺激进行定位（例如，Lewis，Maurer，& Milewski，1979）。波斯纳和洛斯巴特（Posner & Rothbart，1981）认为，中脑结构（如丘脑）最容易被颞侧视野的输入激活。这一假设得到研究（Rafal，

Smith，Krantz，Cohen，& Brennan，1990)结果的支持。该研究在成年"盲视"(blindsight)病人研究中发现，把干扰刺激放在颞侧"盲视野"(blind field)会对完好视野的定位有影响；但如果把干扰刺激放在鼻侧盲视野，就不会有此种效果。研究发现，那些被切除某个大脑半球(以减轻癫痫病症)的婴儿中，仅皮质下(丘)通路就能够引发处于皮质盲视野外周目标的眼跳(Braddick et al.，1992)。

出生 1 个月左右，婴儿会表现出"强制性注意"(obligatory attention，也称"sticky fixation"；Hood，1995；Johnson，Posner，& Rothbart，1991；Stechler & Latz，1966)。也就是说，婴儿很难自如地将注视从一个刺激上移开，以便迅速转移到另外一个位置。有时候，1 个月左右的婴儿可以连续几分钟注视一个看起来毫无意义的环境刺激，如地毯的一角，直到他们哭出来为止。虽然这个现象背后的机制现在还不清楚，我认为这可归因于借助于黑质的丘脑紧张性抑制的发展(见图 5-4)。因为这条通路是由初级视觉皮质中较深层区投射到丘脑，所以它被认为皮质对眼球运动控制首要的影响因素。由于这条通路(在新生儿时)还不能调节丘脑的"紧张性抑制"，所以外周视野中出现的刺激物不能引起新生儿自动的外源性眼跳。

2 个月左右的婴儿开始表现出平稳的视觉追踪周期，尽管他们的眼睛运动仍然滞后于刺激物的运动。在这个阶段，他们也开始对进入鼻侧视野的刺激变得敏感(Aslin，1981)，并且对连贯运动(coherent motion)也更为敏感(Wattam-Bell，1990)。笔者认为，这些行为的发生与 MT 结构有关的通路发挥功能相符合。这条通路涉及眼睛运动的控制，其发育使得这一大脑皮质有能力去调控上丘的活动。

随着初级视皮质较上层内树突的进一步生长与髓鞘化过程，从 V1 到其他皮质区域的投射越来越强，在 3 个月左右，包括额叶视野区在内的通路开始发挥功能。这一通路的发育大大增强了婴儿眼动"期待"的能力以及学习有顺序注视模式的顺序能力，所有这些功能都与额叶视区有关。至于视觉追踪运动物体，这个阶段的婴儿不仅表现出平稳追踪的周期，而且他们的眼睛运动还常常以期待的方式预测刺激的运动。黑斯(Haith)及其同事们所从事的许多研究都证明，此年龄婴儿能很轻易地表现出这种期待的眼睛运动。例如，黑斯、哈赞和古德曼(Haith，Hazan，& Goodman，1988)向3.5个月的婴儿呈现一系列幻灯图片，这些图片出现在婴儿的右边或左边。这些刺激物或者以固定的时间间隔按顺序有规律的呈现，或者以固定的时间间隔以无规律的顺序呈现。研究者观察到，与无规律的模式相比，在有规律的模式下，婴儿在眼睛运动上表现出对刺激更多的期待和更少的反应时。黑斯及其同事从这些结果中得出结论：这一年龄的婴儿能够对不可控的时空事件进行预期。坎菲尔德和黑斯(Canfield & Heith，1991)在一个实验中测试了2个月和3个月的婴儿。这个实验包含了更为复杂的顺序(例如，左－左－右，左－左－右等)。结果表明，2个月的婴儿不能学会这个序列，但是3个月的婴儿则表现出至少可以学会这些较复杂序列中的某一些。这一结果与发展神经解剖学的预测一致。

基于与视觉定向发展有关的行为实验结果与来自发展神经解剖学的预测具有广泛的一致性(见表5-1)，下一步的工作就是运用标记任务来考察参与眼球运动控制的皮质区域。表5-2列出了最近所用的一些标记任务，用于了解与眼球运动控制和视觉注意(下一节)转换有关的结构功能化。

表 5-1 眼球运动通路发育和行为之间关系的小结

年龄	功能性解剖结构	行为
新生儿	SC 通路＋第 5 和第 6 层锥体细胞输出到 LGN 和 SC	眼跳式追踪 对颞侧视野内刺激的偏爱定向，"外向效应"（externality effect）
1 个月的婴儿	上述结构＋经 BG 至 SC 的抑制性通路	上述功能＋"强制性"注意
2 个月的婴儿	上述结构＋至 SC 的 MT（大细胞性）通路	平稳的尾随追踪，对鼻侧视野的敏感性不断增强
≥3 个月的婴儿	上述结构＋至 SC 和 BS 的 FEF（小细胞性）通路	"预期"追踪和有序扫描模式的不断增加

SC：上丘；LGN：外侧膝状体核；BG：基底（神经）节；MT：中央颞叶区；FEF：额叶视区；BS：脑干。

表 5-2 研究视觉定向和注意发展的标记任务

脑区	标记任务	研究
上丘	回视抑制	Clohessy, Posner, & Rothbart Vercera（1991）；Simion, Valenza, Umilta, & Dalla Barba(1995)
	矢量累积眼跳	Johnson, Gilmore, Tucker, & Minister(1995)
中央颞叶区	觉察连贯运动；运动的结构性	Wattam-Bell(1991)
	平稳跟踪	Aslin(1981)
顶叶皮质	空间提示任务	Hood & Atkingson（1991）；Hood（1993）；Johnson（1994）；Johnson & Tucker(1996)
	以眼睛为中心的计划性眼跳	Gilmore & Johnson(1997)
额叶视区	自动眼跳的抑制	Johnson(1995)
	预期性的眼跳	Haith et al.(1998)
背外侧前额叶皮质	眼球运动延迟反应任务	Gilmore & Johnson(1995)

一些标记任务已经用于被认为在眼球运动控制中起重要作用的皮质区域，如顶叶皮质，额叶视区（FEF）和背外侧前额叶皮质（DLPC），而且在人类婴儿 2 个月～6 个月时，这些皮质区域表现出迅速的发育。以额叶视区的标记任务为例，个体额叶损伤会导致其不能抑制对目标物体自动的、不随意的扫视，以及不能控制有意的眼跳（Fischer, Breitmeyer, 1987; Guitton, Buchtel, & Dougals, 1985）。例如，吉东等人（Guitton et al. , 1985）运用所谓"抵抗-眼跳"任务（"anti-saccade" task）研究了正常人和前额叶或者颞叶受损的病人。在这个任务中，要求被试不要去看一个短促的闪光信号，而是往相反的方向眼跳（Hallett, 1978）。结果发现，正常人和颞叶受损的被试可以轻松地完成这个任务，但是额叶受损的病人，特别是 FEF 区域受损的病人，不可抑制地去看那个闪光提示的刺激。

笔者设计了一种用于婴儿的"抵抗-眼跳"任务（Johnson, 1995）。当然不可能用言语指示的方法要求婴儿去看与提示刺激方向相反的位置。但是，可以通过使第二个刺激物更富动态性和丰富性来吸引婴儿的注意力。这样，通过多次练习，婴儿可以学会抑制对第一个（提示）刺激的眼跳，并尽可能快地对第二个刺激物（目标刺激）做反应。结果表明，一组 4 个月的婴儿，经过多次练习后，注视第一个（提示）刺激物的频率明显地降低（Johnson, 1995）。第二个实验证明，这种注视频率的降低不是由于婴儿对简单刺激所产生的有差异的习惯化。最近报道了一种更为精细的眼跳抑制任务，可以用于研究婴儿间的个体差异（Holmboe, Fearon, Csibra, Tucker, & Johnson, 2008）。既然 4 个月的婴儿可以抑制对外周刺激的眼跳，由此可以推论，额叶视区的神经回路在这个年龄就已经开始发挥作用。

近来研究者用其他的任务也得出了比较一致的结论：婴儿到 6 个

月左右，前额皮质内源控制注意转移和眼跳的现象越来越多。例如，范海斯、布鲁斯和戈德曼-拉蒂奇（Funhashi，Bruce，& Goldman-Rakic，1989，1990）用修改后的"眼球运动延迟反应任务"（oculomotor delayed response task）对猕猴前额皮质的神经元的特征进行研究。在这个任务中，猕猴要计划对一个特定的空间位置进行扫视，但是在实际操作前，需要等待一些时间（通常为 2 秒～5 秒）。单神经元记录的结果表明，背外侧前额叶皮质（DLPFC）的一些细胞在延迟期间对眼跳的方位进行编码。此外，对这个区域进行可逆的小损伤，可导致对视野中特定部位跳动的选择性失忆。其后，针对人类被试的 PET 研究进一步证实，在此任务中背外侧前额叶皮质（以及顶叶皮质）参与其中（Jonides et al.，1993）。

吉尔莫和约翰逊（Gilmore & Johnson，1995）设计了一个适用于婴儿的眼球运动延迟反应任务：DLPC 的标记任务（见图 5-5），婴儿面对三个电脑屏幕，屏幕上出现的是有颜色的、运动的鲜亮刺激。每次实验前，中间屏幕的中央出现一个注视点刺激。一旦婴儿开始注视该刺激，有一个提示性信号短暂地闪现在两边屏幕中的其中一个上。在信号短促闪现后，在两侧屏幕的两个目标刺激出现之前，中央屏幕的刺激保持 1 秒～5 秒。通过测量目标刺激出现之前婴儿对提示性信号的延迟注视，吉尔莫和约翰逊（1995b）等人发现，婴儿能停留在提示性信号位置的时间达几秒钟。已有的证据都表明，6 个月的婴儿能成功地执行延迟眼跳，最长可延迟 5 秒，这表明，在这个年龄前额皮质对眼动控制已有一定的影响。

根据前面所介绍的人类大脑功能发展的三种观点，约翰逊（1990）有关视觉定向发展模型可以归为成熟假设。这个模型强调神经生理的成熟如何影响或者促使新神经通路的激活。（延伸阅读：Johnson，

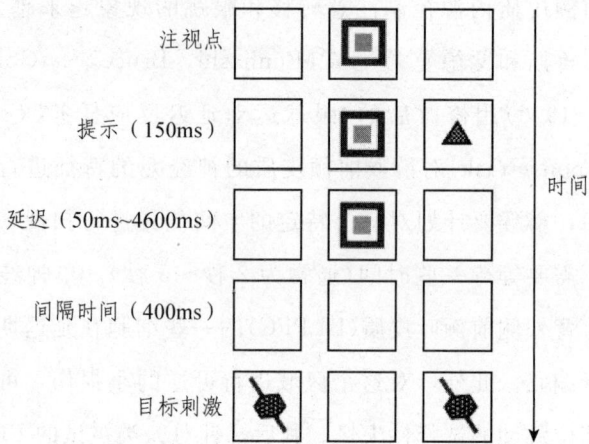

图 5-5　用于婴儿的眼球运动延迟反应任务示意图

2002；Richards，2008。)

最近的证据表明，这些原有的模型需要做一些修正，或许考虑一下技能学习的观点对这些模型都有益处。使约翰逊模型取得进展的最直接的依据来自于事件相关电位的测量（锁定眼睛运动开始的时间）(Balaban & Weisnsein，1985；Csibra，Johnson，& Tucker，1997）。通过固定眼动的起始时间，我们可以观测这一简单运动前经历的大脑事件。这种实验揭示：成人执行眼跳任务前，顶叶皮质可记录到特征性眼跳前成分。这些成分中最清晰的是眼跳前的"峰形电位"(spike potential，缩写为 SP)，即一种发生在眼跳之前 8 ms～20 ms 的急剧的正向偏转(Csibra et al.，1997)。在很多成人被试的眼动实验中都可以观察到这种峰形电位，因而这种电位被认为是产生一次眼跳所需的皮质加工的重要阶段。

研究者(Csibra，Tucker，& Johnson，1998)对 6 个月的婴儿进行研究，想了解在婴儿的顶叶是否能够记录到眼跳前的电位。实验假设：在计划一次眼跳时，6 个月的婴儿已经具有与成人一样的神经通路。

但令我们惊讶的是，在我们的婴儿被试中并没有发现这种成分（见图 5-6）（Vaughan & Kurtzberg，1989）。这一结果表明，在我们的研究中，6 个月的婴儿趋向目标的眼跳更多地受皮质下通路的控制，这些皮质下通路以上丘为中介，负责视觉引导的反应。

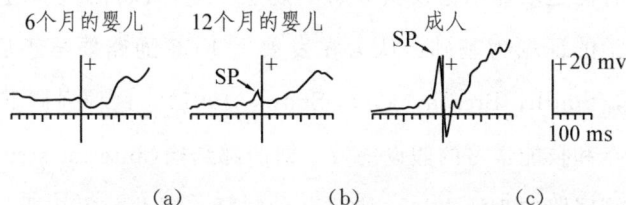

图 5-6　锁定在 PZ 上眼跳的总平均电位

　(a)6 个月的婴儿；(b)12 个月的婴儿；(c)成人。竖线表示眼跳的开始时间，峰形电位在成人和 12 个月的婴儿被试上表现明显，但是在 6 个月的婴儿被试上不明显。

　　由于上述实验结果令人惊讶，我们又做了两个后续研究。在其中一个研究中，我们用同样的实验程序测试了 12 个月的婴儿。这些较大的婴儿表现出与成人相似的峰形电位，尽管波幅小于成人被试（见图 5-6）。另外一个研究使用的是更容易引起眼跳的任务，试图探讨更小婴儿的背侧通路能否被激活。具体地说，我们比较了 4 个月婴儿反应性（由目标刺激引发的）和预期性（内源的）眼跳之前的 ERP 成分（Csibra，Tucker，& Johnson，2001）。实验并没有记录到任何发生在反应性或者预期性眼动之前的脑后侧电活动。因此可以认为，即使当眼跳是由皮质对下一个刺激可能出现的位置的计算所引起的，就像在预期性眼动中的一样，后侧皮质结构也不太可能参与这一行为的计划过程。

　　在所有这些婴儿的 ERP 研究中，都没有证据表明 6 个月婴儿的后侧皮质参与控制眼动过程，但我们观察到了来自前额部位所记录的反应。当位于中央凹的刺激被移去时，与眼跳相关的这些效应与额叶视区解除皮质下（丘脑）回路抑制相一致（Csibra et al.，1998，2001）。简言之，我们对这些结果的解释就是通过抑制丘脑回路，额叶视区帮助维持对中央凹刺激的注视。这与约翰逊模型(1991)所预测的一致。无论如何，当眼睛迅速扫视外周刺激时，ERP 证据表明，这些眼跳大多是由丘脑回路引发的，有时是通过额叶视区解除抑制的结果。比较趋同的一种看法是坎菲尔德及其同事的观点。他们以行为及其进一步的神经解剖学的证据为基础，认为在发展上 FEF 通路要早于后侧通路(Canfield，Smith，Brezsnyak，& Snow，1997)。这种强调 FEF 早期参与的观点和技能学习的假设一致，即前部结构(anterior structure)的激活比后侧回路的激活更早。按照这种解释，婴儿前额皮质的通路有较多的参与，因为婴儿计划和控制眼动的技能一直在增长。

功能性大脑发育的第三个观点——交互式特异化观点，也基于这些实验结果提出了解释。按照此观点，与视觉定向有关的通路在刚开始的时候和周边组织以及彼此之间的差异很小(Iliescu & Dannemiller，2008)。此外，一种新能力的出现并非只与某个"新"区域开始发挥功能相对应；相反，交互式特异化观点强调，新能力的出现伴随着一个或者更多的通路之间广泛的变化。在一项研究中，通过 fMRI 测量了成人和儿童完成眼跳任务时的功能活动，发现多个皮质和皮质下区域在反应模式上发生了变化(Luna et al.，2001)，而不仅仅是一个或两个区域由沉寂变得活跃(成熟)。

顶叶是眼球运动控制中较多依赖活动经验的皮质区域。猴子的单细胞记录研究、人类功能性成像研究以及脑损伤病人的神经解剖学研究等结果都表明，顶叶也是灵长类动物中与计划眼跳有关的皮质区域。对死亡个体的大脑进行神经解剖学研究(Conel，1939－1967)和 PET 研究(Chugani et al.，2002)，结果都表明，正是这个区域在 3 个月～6 个月时发生了明显的发育变化。安德森及其同事(2000)对猕猴顶叶皮质的某些区域进行了单细胞记录，发现在某只眼睛或者头部为中心的参照框架内，该区很多细胞对眼跳进行编码。换句话说，一方面，这些细胞的接受野对眼睛或者头部位置的综合信息进行反应；另一方面，也对从眼睛的中央凹到目标的视网膜距离做出反应。这与上丘截然不同：在上丘，细胞一般根据目标离中央凹的视网膜距离以及方位进行反应。

兹普瑟和安德森（Ziper & Andersen，1988；Andersen & Zipser，1988）建构了一个联结主义的模型；在这个模型中，隐蔽层的单元（hidden-layer units）逐步显示出反应特征，非常类似于灵长类动物顶叶皮质区域所观察到的反应特征。这个神经联结主义模型更多的细节信息，对我们来说不重要，但值得一提的关键点在于：这一模型强调以某只眼睛或头为中心的参照体系内产生眼跳的表征是不断训练的结果，不需要事先就设置在网络结构里面。一个仍没有解决的重要问题是：婴儿在出生后，是否只是发展了利用视网膜外的坐标来计划眼跳的能力。如果是这样，将和这一模型的假设不谋而合，即控制以眼或头为中心的行为表征是在出生后构建的，受网络结构本身的限制，同时受外部环境相互作用的影响。

在与瑞克·吉尔莫（Rick Gilmore）的合作中，笔者设计了若干实验来验证以下问题：婴儿利用视网膜外的参照体系来计划眼跳的能力，是否在出生后前几个月内发展起来？在其中一个实验中，在一个大的监视屏幕上，我们向 4 个月～6 个月的婴儿呈现两个几乎同时出现的闪烁的目标。这些目标闪烁的时间很短，以至于在婴儿进行快速眼睛移动前就已消失。然后，我们观察婴儿对这些目标做出反应时的眼跳（见图 5-7）。在许多情况下，婴儿有两次眼跳，第一次是移向两个目标中其中一个的空间位置。接下来我们要考察的是：第二次眼跳是第二个目标的实际位置，还是视网膜的位置（此目标最初出现时所在的视网膜位置）。要想对物体的实际空间位置进行第二次快速扫视（眼跳），需要婴儿能够考虑自己眼睛目前的新位置，然后计算趋向目标位置的眼跳。结果表明，4 个月的婴儿，第二次眼跳中绝大多数是指向该目标出现时的视网膜位置；相反，6 个月的婴儿，大多数的第二次眼跳是指向中一个目标实际的空间位置。这些结果表明，6 个月的婴儿已经有能力利用视网膜外的线索来计划眼跳。然而，以视网膜位置为基础的眼跳（被认为源于皮质下）可能一出生就具备了（Gilmore & Johnson，1997）。（延伸阅读：Johnson，Mareschal，& Csibra，2008。）

总之，虽然新生儿就具备简单的目标驱使的眼跳，但是眼球运动技能在第一年里持续地发展着。有影响的成熟模型仅得到 ERP 和功能成像证据的部分支持。尤其是，前侧区域比背侧区域更为重要这一发现是对成熟观点的一个挑战。这些通路的早期发育并没有像成人中发现的那样分离开来，因此它们可能以完全不同的方式进行信息的加工和相互作用（Iliescu & Dannemiller，2008）。

视觉注意

以上我们讨论的是由眼睛和头部运动引起的**外显**的注意转移。然而，成人也能够隐蔽地转移其注意（不需要转动眼睛或者其他感知接收器）。这使得我们可以在视野范围内（排除其他的干扰）对一些空间位置或者物体进行比较深入的加工。

在成人研究中证明内隐注意（covert attention）的一种方式就是，研究针对某个特定空间位置的提示刺激时眼跳的影响效应。通过一个短暂呈现的提示刺激来引发个体对某个位置的内隐注意，导致更容易

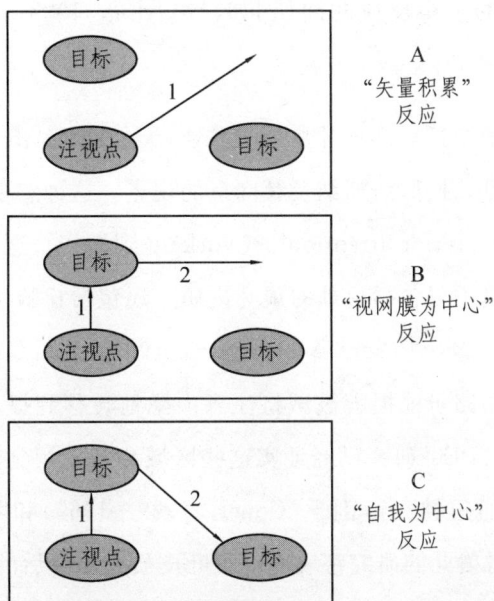

图 5-7 年幼婴儿在对两个如图所示的快速闪烁目标做出反应时的三种眼跳类型
A. "矢量累积"(vector summation)眼跳，即眼动指向两个刺激的中
间；B. "视网膜为中心"的眼跳，即第二次眼跳指向物体闪现后留在
视网膜的位置；C. "自我为中心"的眼跳，即借助于视网膜外的信息
来计划第二次的眼跳。在出生至第六个月时，婴儿从前两种反应向第
三种反应转化。

觉察随后出现在该位置的目标(Posner & Cohen, 1980；Maylor,
1985)。但是，只有当目标刺激和提示刺激出现的间隔时间很短时，才
可能**促进**对内隐地注意到的位置的觉察与反应；如果提示刺激与目标
之间的间隔时间较长，对那个特定位置的眼跳则被**抑制**。这种被称为
"回视抑制"(inhibition of return)的现象(Posner, Rafal, Choate, &
Vaughan, 1985)，可能反映了一种进化上的重要机制，即有助于防止
注意返回到一个刚刚加工过的空间位置。在提示刺激出现后的 150 ms
内，在同一位置出现目标刺激，可以一致地观察到成人中这种促进现
象；但如果目标在边缘(外部)提示刺激之后的 300 ms～1300 ms 才出

现，导致更长的觉察反应时间（例如，Maylor，1985；Posner & Co-hen，1980，1984）。

对于成人来说，后部顶叶皮质损伤会导致个体对出现在对侧视野的物体视而不见。按照波斯纳及其同事的观点，这种忽视是由于"后部的注意网络"（posterior attention network）受到损伤。这里涉及一个脑回路，这个回路不仅包括后部的顶叶皮质，还包括丘脑枕（pulvinar）和上丘（Posner，1988；Posner & Petersen，1990；见图 5-4）。研究者认为，损伤这一回路可能损害被试将注意内隐地转移到提示刺激所在空间位置的能力。PET 研究已经证实这些区域参与了视觉注意转移。上面已经提到，通过神经解剖学（Conel，1939—1967）和 PET（Chugani et al.，1987）对婴儿的研究都表明，顶叶皮质在出生后的 3 个月～6 个月发生了大量且迅速的变化。由此引出的一个问题是：在这个时期，婴儿是否开始具有内隐地转移注意的能力。

由于婴儿听不懂言语指示，动作能力也比较差，所以不可以用按键反应那样的成人实验手段来研究空间注意，只可借助眼动，来考察对提示刺激所在位置进行反应时的促进或抑制效应。也就是说，通过检查提示刺激（呈现时间很短，一般不会引发眼动反应）是否引发婴儿把眼睛转移到随后的目标刺激上，来确定注意的转移。使用这种方法，霍德和阿特金森（Hood & Artkinson，1991；Hood，1995）报告：提示刺激呈现 100 ms 后，在同样的位置立即呈现目标物，发现 6 个月的婴儿对此位置上目标的反应时间，明显快于目标物出现在无提示刺激的位置。3 个月组的婴儿则没有此现象。约翰逊（Johnson，1994；Johnson & Tucker，1996）等人使用了类似的实验程序，即一个非常短促的提示刺激（100 ms）呈现于两侧屏幕的某一侧，间隔 100 ms 或者 600 ms 后，目标刺激在屏幕的两侧位置出现。他们认为，根据成人研究的结果，200 ms 刺激出现的间隔时间（SOA；stimulus onset asyn-chrony）足以引起促进效应；但 SOA 时间太长又会走向另外一个极端——回视抑制。我们从 4 个月婴儿身上发现了这一效应，表明 4 个月婴儿已有可能进行内隐的注意转移。与以前的结果类似，在 2 个月的婴儿身上并没有发现这种效应。

内隐注意的另一种表现涉及所谓"持续"注意（sustained atten-tion）。持续注意是指，即使有分心刺激出现，个体仍能保持对某一刺激的注意能力。理查兹（Richards，2001，2003）提出了一种用于婴儿持续注意研究的心率标记任务。持续注意的"特定心率期"（heart-rate-defined period）通常在一个复杂刺激呈现后持续 5 s～15 s（见图 5-8）。

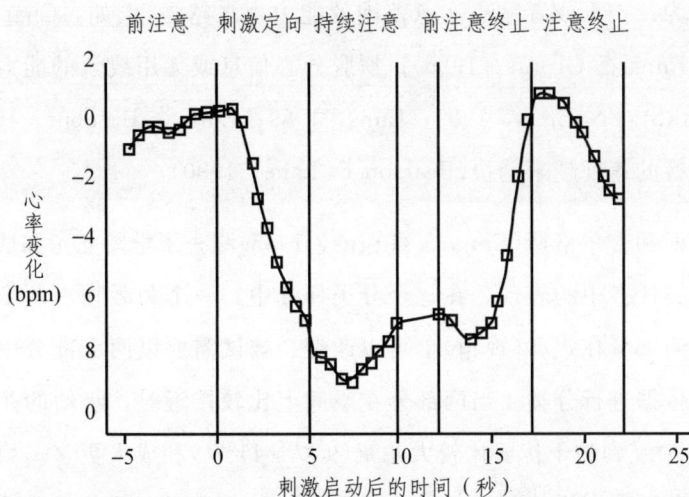

图 5-8　持续注意的特定心率期

为了考察持续注意对外部线索反应的效应，理查兹（2001，2003）使用了"中断刺激法"（interrupted stimulus method），即在婴儿注视一个中央刺激（电视屏幕上的一个复杂视觉图像）时呈现一个边缘刺激（一个闪烁光点）。通过改变出现在屏幕的图像和出现边缘闪光之间的时间间隔，他能够把边缘刺激呈现在持续的内隐注意期间，或者在内隐注意范围之外。理查兹发现，在心率减慢（维持内源性注意）时，婴儿将注视转移到边缘刺激需要花费的时间，是心率恢复到刺激前水平（注意结束）时的两倍。此外，在持续注意期间，向边缘刺激眼跳的准确率要比平时的低，表现出各种运动范围不足的眼跳，是一种由丘脑引起的眼跳特征（Richards，1991）。因此，在维持注意期间缺乏分心能力，可归因于抑制丘脑机制的皮质中介通路。（延伸阅读：Richards，2008。）

已有的大量研究用纯粹的认知方法追踪儿童时期视觉注意的发展，但所发现的那些转变过程与在婴儿早期所观察到的相似。三个转变过程分别为：扩大或者缩小注意范围的能力越来越强（例如，Chapman，1981；Enns & Girgus，1985）；摆脱分心信息或无用线索的能力越来越强（Akhtar & Enns，1989；Enns，1989；Enns & Brodeur，1989）；注意转换的速度越来越快（Pearson & Lane，1990）。

恩斯和吉尔格斯（Enns & Girgus，1985）测查了学龄儿童和成人在快速分类任务中的表现。在这个分类任务中，一个刺激物由两部分构成，这两部分在距离（视角）上可以改变。被试需要以两个部分中其中一个为依据进行分类。当两部分在空间上比较接近时，年幼的儿童（6岁～8岁）受到的干扰要比较大儿童（9岁～11岁）和成人更多。第二个实验任务运用同样的刺激，但儿童需要同时考虑两个部分。这项任务中，当两部分之间的弧度很大时，年幼儿童在分类上遇到了困难。作者认为，年幼儿童在集中和扩展注意范围时有困难。一项听觉注意的ERP研究同样发现，儿童时期使注意集中起来的能力还处于发展中（Berman & Friedman，1995）。

与此有关的一项观察表明，与年幼儿童相比，较大的儿童和成人能够更快地转移注意力。例如，皮尔逊和莱恩（Pearson & Lane，1990）使用空间提示范式（spatial cueing paradigm）观察到，年幼婴儿需要更多的时间将注意内隐地转移到周边的刺激，但他们在把注意转移到跟注视点很近的目标物体时，与成人一样快。这表明，随着年龄增长，改变的是注意转移的速度，而不是引发内隐注意的潜伏期。很多研究也报道了在婴儿时期随着年龄增长，注意力转移速度不断增加的现象（Johnson & Tucker，1996）。这些结果都表明，这种发展转变是一种渐进的过程，可能从生命的早期就已经开始。

在几项研究中，研究者指出，年幼儿童和婴儿在将注意力从分心刺激和无关的空间提示刺激上移开有很大的困难。恩斯和布罗德（Enns & Brodeur，1989）使用空间提示范式给予中性的（所有位置都有提示刺激）、非预期的（随机出现提示刺激）、可预期的（提示刺激可以预期目标的出现）提示。从 6 岁、8 岁和 20 岁被试上得出的结果表明，虽然所有年龄组的个体都能自发地把注意转向提示刺激的位置上，但是在加工处于非提示位置上的目标物时，儿童的速度要慢于成人，同时也没有利用提示的可预期性。因此，提示的代价与益处在年幼儿童身上更明显，因为他们受到无效提示的影响，并为之付出更大的代价。研究者（Tipper，Bourgue，Anderson，& Brehaut，1989）认为，这种能力的缺失可以归因于抑制无关刺激能力的不足，这与近来的研究结果是一致的（Brodeur & Boden，2000；Wainwright & Bryson，2002）。另外，在婴儿实验上也观察到类似的发展趋势，年幼婴儿很难摆脱互相竞争的刺激，就如前面所描述的强制性注意。

有关儿童期内隐注意发展的神经机制的研究只是刚刚开始，主要集中在三个主题上：①ERP 研究；②早期皮质损伤的影响；③源于遗传的发展性障碍。理查兹（Richards，2003）报告了几个实验。在这些实验中，他使用了空间提示任务，并同时记录婴儿的 ERPs，目的是记录内隐注意的神经信号。在一项研究中，他考察了年幼婴儿"P1 的有效效应"。P1 是一个大的 ERP 正波成分，这个成分产生于刺激出现后 100 毫秒左右。对成人被试的研究结果显示，P1 成分在正确推断的试验中（提示刺激正确地预期了目标刺激）会得到加强（Hillyard，Mangun，Woldorff，& Luck，1995）。这个结果非常有意思，因为这个短潜伏期成分反映了视觉加工的早期阶段，表明内隐注意转换调节着对目标的早期感知加工。理查兹（2003）曾报道，在 3 个月的婴儿中，几乎没有表明内隐注意转换的 ERP 成分，到 5 个月时，ERP 数据模型与成人类似，表明到 5 个月的时候，婴儿可以内隐地把注意转移到提示位置上。

第二个研究内隐注意发展神经机制的途径，是评估出生时大脑皮质损伤的后果。在一项合作研究中，我们用空间提示对在出生时不幸遭受四分之一大脑皮质损伤的婴儿进行了考察（Johnson，Tucker，Stiles，& Trauner，1998）。结果有点令人吃惊，因为那些导致成人某些功能缺陷的后侧皮质损伤对婴儿几乎没有影响。相反，前额损伤对空间提示的影响却很大。这些结果恰好与其他实验室得出的结论相吻合。例如，克拉夫特和沙茨等人研究了出生时大脑受损（有时会伴有镰刀型细胞性贫血症）对儿童期空间提示任务的影响。在几项研究中都观察到前部（额部）损伤会带来功能缺陷，但后侧损伤很少有此类症状（Craft，White，Park，& Figiel，1994；Schatz，Craft，Koby，& DaBaun，2000；Schatz，Craft，Whit，Park，& Figiel，2001）。

第三个探讨内隐注意神经发展的途径，是在异常发展的儿童群体中考察这个过程的障碍。ADHD（注意力缺陷多动症）的典型特点是注意力不集中、多动、冲动，始于 7 岁之前（Karatekin，2001）。在美国，ADHD 发生率在学龄儿童中高达 3%～5%，但这个比例在不同文化间有很大的差异。虽然被贴上了障碍的标签，但是关于这些儿童是否有特定注意成分缺陷，目前并没有一致的结论。相反，他们在一些连续性或者选择性注意的测试上只是表现出轻微的劣势，这可能反映了加工需要注意的刺激以及/或者保持对需要认知资源的任务注意时遇到了困难(Karetekin，2001)。

另外一个与注意缺陷相联系的障碍是自闭症(见第 2 章中有关自闭症的介绍)。自闭症患者的典型症状之一就是注意障碍。例如，考切斯奈及其同事(Akshoomoff & Courchesne，1994；Townsend & Cour-chesne，1994)的研究用一系列空间提示和注意切换任务(attention switching tasks)对自闭症被试进行测试。以尸体解剖和结构的 MRI 数据为基础，他们发现，许多自闭症被试在小脑上有发展性损伤。在许多任务中，他们把这种小脑损伤与注意转换的能力不足以及内隐空间注意转换较慢联系起来。在一些自闭症被试上还发现双侧顶叶损伤。汤森德和考切斯奈(Townsend & Courchesne，1994)假定，这种损伤导致了比较狭窄的空间注意范围，以致目标呈现于这种较窄的注意"焦点"内才能比正常被试更快地察觉到。相反，当目标呈现于稍微偏离注视点的位置时，正常被试仍能对之迅速做出反应，而自闭症被试的反应将会变慢，这是因为这个位置超出了自闭症被试狭窄的注意范围。

由于在后续诊断中，自闭症的其他症状也较为明显，这就产生了一个问题：注意异常模式究竟是其他能力(如社会认知，见第 7 章)缺乏的附带症状，还是最初的注意问题造成了其他症状(Elsabbagh & Johnson，2007)。解决这个问题的一种方法，就是研究自闭症高风险(他们兄弟姐妹已确诊自闭症)婴儿。来自不同群体的研究结果表明，在出生第一年里，在简单的视觉定向任务中，高风险组婴儿的行为表现与控制组婴儿不相同（Elsabbagh et al.，2009），而且这些特殊婴儿在他们 2 岁或 3 岁时被确诊为自闭症（Zwaigenbaum et al.，2005）。（延伸阅读：Cornish & Wilding，2010。）

概要与结论

这一章开始时讨论了外周系统（视网膜）的发育对于基本视觉功能的重要贡献。但是视网膜的发展只能够部分地解释基本视觉功能的发展变化，研究表明，脑的发育变化同样重要。来自双眼视觉、神经解剖学和计算模型的证据都强调进入初级视皮质第 4 层细胞的输入分离的重要性。来自双眼的输入不断地分离被认为是自组织神经网络作用的结果；自组织神经网络受内外因素的影响。

从感觉加工到感觉运动整合，我们尝试用皮质发育的神经解剖学来预测婴儿视觉定向上的发展变化。我们回顾了与眼动控制有关的大脑皮质的一些行为标记任务，并讨论了这些任务与成熟模型的关系。近来的脑成像和行为研究结果要求对原来的模型进行修正，而且这些结果也表明了交互式特异化观点可能是更富生命力的。

最后，介绍了婴儿和儿童内隐（内部）注意转移发展方面的一些实验。注意转移在灵活性和速度上的很多变化都产生于婴儿期，并且持续到儿童期。一些发展性障碍，如自闭症，可能与注意内隐转移的缺陷有关。

讨论要点

- 我们可以通过哪些实验或者哪些群体，来研究经验对人类眼优势柱形成的重要程度？

- 成熟模型如何解释婴儿在出生后第一年内视觉定向能力的发展变化？

- 自闭症中的注意问题究竟是其他障碍的原因还是结果？

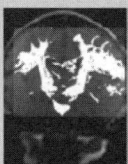

6

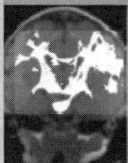

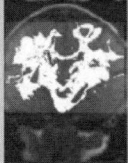

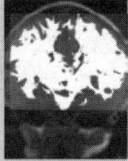

对于物理世界的理解与行为：客体与数字

PERCEIVING AND ACTING ON THE PHYSICAL WORLD：OBJECTS AND NUMBER

　　客体（object）在我们的感知世界中是十分特殊的，因为它们既可被识别，又可被操作。来自神经科学的证据表明，这两种功能有两种不同的计算通路：腹侧的识别通路和背侧的感觉运动通路。本章讨论了把这两种通路与人类发展联系起来的最初尝试，以及一些简单的计算模型。高频神经振动的突然产生与不同特征组合起来而构成客体有关，也与把客体遮挡后客体的保持有关。

　　客体是可以计数的，本章还讨论了灵长类动物大脑中与数字相关的两个系统。一个是数量模拟系统（analog-magnitude system），类似于在时间或长度判断中的激活；另一个系统与追踪少量客体有关（客体——归档，object-files）。在婴儿早期，这两个系统都已出现激活状态，这种激活也许是年幼婴儿能够对少量客体进行简单数字计算的基础。一些学者认为，更复杂的大量数字的计算需要用语言在这两个系统之间的中介整合。

　　不同于风景、面孔和声音，物理的客体在我们感知世界中的存在具有特殊性。人们不仅可以对它们进行识别与分类，还可以用手和脚对它们进行操作。对成人来说，感知与操作日常的客体似乎很容易。但进一步思考后就会发现，这些加工过程依赖于复杂的计算与丰富的表征。例如，我们可以从多种不同的角度识别客体，哪怕在部分模糊（部分被遮蔽）或复杂背景下（客体分解，object parsing），客体依然可以被识别。我们的手指与手掌可以根据自己对客体尺寸和重量的估计来进行调整，通过对手腕的精确定向也可以使我们能够在恰当的地点和方位上抓住物体。虽然已经有了很多考察了婴儿及年幼儿童客体加工的行为研究，但直到近几年，认知发展领域的理论才开始运用来自认知神经科学的证据。

背侧和腹侧视觉通路

在第 5 章，我们已经讨论过视觉定向和注意上的几个通路。已有很多证据表明，对客体的视觉信息加工在大脑中被划分为两条相对独立的通路。这些皮质通路的具体联结是相当复杂的（van Essen，Anderson，& Felleman，1992），但简单来说，一条路径（腹侧通路）是从初级视觉皮质延伸至颞叶的某些区域，而另外一条（背侧通路）从初级视觉皮质延伸至顶叶皮质（见图 6-1）。这两条通路具体在哪个位置发生分离，目前尚存在争论。腹侧通路有时也被称为**是什么或知觉**通路（What or Perception pathway），而背侧通路常常被叫作**在哪里或行动**通路（Where or Action pathway）。我们先讨论背侧通路。

所有通过视觉引导的行为都发生在空间里，但是根据所执行动作的不同，所需的空间加工也会不同。背侧通路中的神经元对空间信息的编码存在多种空间系统。正如在第 5 章中提到的，顶叶皮质中的一些细胞，可以预期眼跳运动是视网膜上产生的效应，并且更新皮质（以身体为中心）对视觉空间的表征，以提供客体在空间位置上精确且连续的编码。另外一些细胞具有依赖于注视的反应。也就是说，他们参照"以眼睛为中心的坐标系统"来标记动物现在的注视点。这两种细胞都是自我中心的空间编码，这种编码只能在很短时间内适用，因为一旦动物移动了位置，这些坐标就得重新计算。

在现实生活中，目标客体往往是运动的。因此为了确定客体在空间中的方位，我们不仅要追随客体的运动，而且还需要预测客体将要往哪儿运动。一些前额叶细胞参与了追随客体运动的过程。不仅如此，这些细胞中的大多数直到刺激物消失后依然持续反应（Newsome，

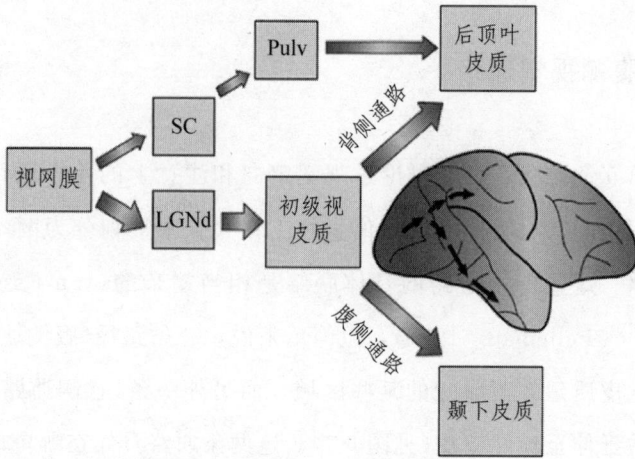

图 6-1　背侧通路和腹侧通路

本图右侧的脑图中显示了从初级视觉皮质到后顶叶皮质和颞叶下皮质的大致投射通路；LGNd：外侧膝状体核，背侧部；Pulv：丘脑枕；SC：上丘。

Wurtz，& Komatsu，1988）。除此之外，当一个客体靠近或远离观察者时，背侧通路对相对运动和大小变化会有选择地做出反应。许多背侧通路的神经元也受到大规模视觉流动场（large-scale optical flow fields）的驱动，这表明，自身运动也处于被计算的过程中。背侧通路的细胞也会编码大小、形状、方位，这对于准确接近并抓住客体是十分必要的。

也有证据表明，在背侧通路内，上述不同的空间—时间系统分成了不同的区域和线路。因此，背侧通路可以被看作同时发生的不同空间—时间特征进行平行计算的通路。不同的通路对处于不同坐标系统中的时空信息进行了不同的计算，而且可能在心理上涉及不同的效应器系统。米勒和古德尔（Miler & Goodale，1995）认为，顶叶皮质细胞既不是单独的感觉细胞，也不是单独的运动细胞，而是感觉运动细胞。它们参与了把视网膜信息（感觉的）转化为运动坐标（运动的），并将知觉输入转换成动作的行为。

　　成人腹侧通路中神经元的特征似乎是对背侧通路中神经元特性的补充。随着腹侧通路的深入，细胞对越来越复杂的"特征束"（clusters of features）进行反应。在更高的水平上，这些复杂的细胞在激活时表现出了高度的选择性。这些神经元都是有选择地对客体的外形和表面特征（客体的内部特征）进行反应。更重要的是，这些细胞中的大多数在视网膜上都有很大的感受野。这意味着，尽管这些神经细胞可以加工特征信息，但他们在视网膜上的空间分辨率大打折扣。实际上，这些细胞通过对所出现的一致的"特征束"进行反应来建立客体恒定的空间表征，并不管客体的位置。某些细胞对某类在方位上有偏向的客体（不考虑其具体位置）做出最大程度的反应，从而计算出"以视野为中心的表征"（view-centered representation）。而另一些细胞对处于任何方位上的客体做出同样的反应。也就是说，这些细胞发展出了一种恒定的转换表征（transformation-invariant representation）。因此，沿着腹侧通路的神经元特性完全符合那种识别客体、景象和个体的系统，这种系统要求对持久稳定的特征进行反应，而不是那些发生在自然界中的时刻变化的视觉序列。恒定的转换表征可以为再认记忆和视觉世界中其他的长时表征提供基本的原始材料。

　　为什么成年的灵长类动物会出现不同的加工通路呢？如果说背侧通路的表征与运动系统的功能紧密相连，那么空间—时间信息在此通路上的重要性就不言而喻了。动作行为涉及在三维时空内目标位置的确定。相反，客体的识别或再认则要求在时空上的变化最小化。早期对机器视觉（machine vision）的研究发现，视恒定再认（view-invariant recognition；不管客体的方向和位置如何，都识别为相同客体的能力）是个非常困难的计算问题。解决此问题的一种最为有效的方法是除去空间变化的影响。然而，从客体表征中除去空间信息完全不同于运动系统的需要。因此在客体表征时就需要两种不同的客体类型。（Atkinson & Braddick，2003；Iliescu & Dannemiller，2008；Johnson，Mareschal，& Csibra，2008.）

第1章所讨论的三种观点，使我们对于背侧和腹侧通路的发展有了不同的假设。根据成熟论的观点，我们需要考虑究竟是哪条通路首先发展，以及是否能够对客体加工的行为发展进行解释。例如，阿特金森（Atkinson，1998）认为，基于婴幼儿对相关联形状的理解要早于对相关联运动的判断，表明背侧通路的发展迟于腹侧通路。然而，来自人类婴儿的发展神经解剖学的证据却并不与此一致。例如，在静息（无任务）状态下对葡萄糖摄取的PET研究中发现，在顶叶和颞叶皮质上可观察到几乎相同的发展变化模式（Chugani et al.，2002）。对静息血流的测量和结构神经解剖学的研究并不能够直接告诉我们关于功能的信息。在第5章里，我们回顾了一些年幼儿童的脑功能成像研究，结果显示，在初级视皮质以及腹侧通路中的某些结构上出现神经活动。但是，这些研究所包含的任务都是被动地看二维的视觉图案或面孔，因此即使是在成人中，也不大可能激活背侧通路。在非人类的灵长动物研究中，有证据表明，早在出生后6个星期，腹侧通路就开始发挥作用。罗德曼等研究者（Rodman，Skelly，& Bross，1991）发现，颞上沟的神经细胞能够被复杂的视觉刺激（如面孔）所激活，最早可在6个月的婴儿中记录到这种激活。但很不幸，由于缺乏相应的背侧通路功能的数据，无法进行比较。因此，目前与这个问题相关的直接研究证据还很少（可参考Iliescu & Dannemiller，2008）。

从技能学习的观点来看，我们需要探讨在腹侧通路上知觉再认技能的获得，以及在背侧通路上感觉运动整合技能的出现。进而，我们可以探讨，两条通路上加工的交互作用是否会随着发展过程而获得。在第 1 章中提到的第三个观点——交互式特异化——为背侧通路和腹侧通路提供了另外一种可能的理论解释：随着这两条通路变得越来越特异化，所获得的表征要么适合于识别，要么适合于运动，它们之间的交互作用越来越少且很少同时被激活。这种观点也认为，两条通路起初是交互混合的，很难分离。但随着发展，这种分离变得越来越彻底。因此根据此观点可以推断，两条通路之间互补性特异化是在个体发展过程中出现的。

隐藏的客体

皮亚杰最早注意到，当客体不在视野内时，幼儿在思考和行为上会犯一些不寻常的"错误"。皮亚杰(1954)特别提出，7 个月～8 个月之前的婴儿不能找回表面被遮挡的客体，此后的几个月内也不会用手去找完全被遮挡的客体，直到一岁半时，儿童才可能根据隐藏客体的时—空运动轨迹来追踪其最终的位置。皮亚杰假定，这些发展变化反映了在生命的第一年里出现的概念性的革命，它带来了第一个真正的客体表征的构念："客体概念"(object concept)。

近年来，对客体知觉早期发展的大量研究，对皮亚杰原有的观点进行了修正。这些实验侧重于对注视的测量而非用手去触及，结果发现，即使是 4 个月的婴儿也能够理解一个被部分遮挡的客体仍然存在于遮挡它的客体之后。例如，在熟悉了把一个物体移至中间的挡板后面这个过程之后，婴儿就能够进行概括：相对于一个完全可见的完整物体，当婴儿看到一个完全可见物体在挡板原有位置的缝隙中出现时，注视的时间会更长(Johnson & Aslin,1996；Johnson & Nanez,1995；Kellman & Spelke,1983；Slater,Mattock, & Brown,1990)。研究还发现，2 个月的婴儿并不能像 4 个月的婴儿那样理解遮挡板后的完整物体；但如果遮挡与运动之间的关系很容易被觉察，即视觉刺激加强时，2 个月婴儿的表现就会接近于大一些的婴儿(Johnson & Aslin，1995)。近些年的研究中所用的视觉刺激物都更为明显，婴儿感知被部分遮掩客体的完整形状的能力，也扩展到出生后 3 周左右(Kawabata,Gyoba, Inoue,& Ohtsubo,1999)。

这些研究证明，人类的知觉系统能够迅速觉察到自然情景中相对不变的某类特征：客体的形状在变化着的遮挡物和环境中保持不变。心理物理学和认知神经科学的研究证据都表明，成人还可以觉察到客体其他恒定的特征，包括在客体的大小和位置发生改变时，客体的形状在视野上是不变的(例如，Grill-Spector et al.，1998)。这些能力的出现可以追溯到婴儿期，甚至有证据表明，新生儿就具有了大小和形状恒常性(Slater，Morison，& Rose，1982)。所有这些结果都对皮亚杰有关"感知客体的能力有赖于一种类似于科学推理的过程"的观点提出了质疑。他们提出了一个共同的问题：如果用注视的方法来测试婴儿，他们是否能够表征看不到的客体？来自几个实验室的研究证据表明，在注视任务中，婴儿早在通过皮亚杰提出的客体永久性任务之前，就能够表征完全被遮挡的客体(例如，Baillargeon，1993；Spelke，Breinlinger，Macomber，& Jacobsen，1992)，当然也有一些用这种方法的研究得到了不一致的结果(Haith & Benson，1998)。与其他婴儿行为测量的范式相比，用注视方法所得出的结果并不一致，一些研究团队已经试图用认知神经科学的理论和方法来解决这个矛盾。认知神经科学的研究对这个问题进行了积极探讨，并提出可能造成这个矛盾的三个原因：①背侧和腹侧视觉通路的整合程度；②大脑中表征客体强度的不断变化；③婴儿可能还没有能力去计划必要的行动来找回被隐藏的客体。第二种和第三种原因将在第 12 章和第 10 章中分别进行讨论，下面我们集中讨论有关腹侧和背侧视觉通路的解释。

马雷沙尔及其同事选择了以下的假设：注视任务和够物任务（reaching task）的差异是因为：婴儿早期缺乏腹侧和背侧视觉通路之间的整合（Mareschal，Plunkett，& Harris，1999）。这一假设的背后逻辑是：受客体引导而指向被遮蔽客体的动作需要两条通路间一定程度的交互作用。这个思路最初来自一个联结主义模型，该模型用来模拟背侧和腹侧通路的某些计算特征及其发展。图 6-2 显示了这条"双通路"（dual route）加工模型的结构图。与前面介绍的神经生理学观点一致的是，这个模型有一条客体识别通路（相当于腹侧通路）和一条轨迹预测通路（相当于背侧通路）。客体识别通路建立起在空间上对某个客体的恒定表征，即在客体出现时运用富蒂亚克（Foldiak，1996）提出的无监督的学习算法（unsupervised learning algorithm）；而后一条通路则学着去预测客体在"视网膜"上的下一个位置。通过反复的联结，两条通路都有了一定程度的记忆能力。这个模型的第三个组成成分是一个反应整合网络（a response integration network），对应于婴儿协调和

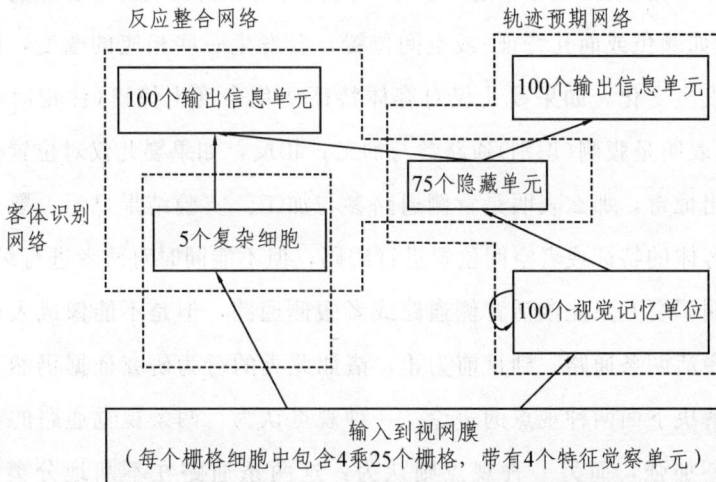

图 6-2   马雷沙尔等人（1999）的"客体加工模型"示意图

使用与客体所在位置信息和特性信息有关的能力。这个网络整合两条通路所产生的内部表征，以满足"检索反应任务"（a retrieval response task）所需。

这个模型也体现了当代神经科学所发现的视觉皮质通路上基本结构的限制：一个客体的识别网络，产生客体在空间上恒定特征的表征；一个轨迹的预测网络，即使在没有任何行动作用于该客体时，也会对客体的空间—时间特征进行合理的计算，但对客体的表面特征视而不见；一个反应模块，它整合来自上述两个网络的信息用于完成有意动作。

最近有研究对上述模型进行了检验（Mareschal & Johnson，2003）。在这个行为实验中，婴儿观看呈现于视频监视器上的一组刺激，即两个不同的客体先移动到一个挡板的后面，然后又重新出现。在一些条件下，这些客体是儿童可以进行抓握的一些玩具，在另一些条件下，这些客体是更有可能引发腹侧通路反应的刺激物，如面孔（参见第 7 章）。当挡板被移走，客体从挡板后面重新出现时，客体的表面特征（如颜色或面孔特征）或空间位置，会发生一些相应的改变，或两者都发生变化。如果婴儿仅对客体特征变化表现出惊讶（注视时间变长），表明是腹侧（识别）通路参与加工；相反，如果婴儿仅对位置变化表现出惊奇，那么表明是背侧通路参与加工。实验结果显示，婴儿能够对客体的特征或者空间位置进行编码，但不能同时对两者进行编码。这表明了婴儿只能激活背侧通路或者腹侧通路，但是不能像成人那样同时激活两条通路。到目前为止，诸如此类的行为研究证据仍然无法完全解决下面两种观点的争论：一种观点认为，两条视觉通路的整合在不断加强，而另一种观点则认为，这两条通路在不断地分离（Jacobs，Jordan，& Barto，1991；O'Reilly，1998）。

考夫曼、马雷沙尔和约翰逊（Kaufman，Mareschal & Johnson，2003）将马雷沙尔模型背后的思想进行了进一步的发展。根据客体潜在的可抓握性或其他特征，他们对来自婴儿客体知觉行为实验的一些明显不一致的结果进行了综述。这一分析的逻辑是：只有在大小、形状与距离上适合抓握的客体才更可能激活背侧通路。因此，婴儿对客体编码所涉及的只是其空间位置和形状，而不是颜色或者其他表面特征。与此相反，以往研究任务所用的客体，对于婴儿来说不是太大就是太远，以至于不能被抓握，这可能会使婴儿对客体的加工只集中在那些和视觉识别有关的表面特征上。对于这些观点的进一步探讨，需要借助 ERP 和事件相关振荡（event-related oscillations），或者其他形式的功能成像。

神经振荡和客体加工

理解婴儿大脑加工客体和客体永久性的第三个途径是，对动物和人类神经振荡进行研究。众多动物的电生理学和 EEG 研究都发现，高频电磁振荡活动定时地剧烈爆发与视觉加工和认知有关系（Singer & Gray，1995）。例如，塔伦-博德里及其同事发现，当成人必须将空间上孤立的一些特征结合起来组成一个简单的客体时，出现了"伽马"（gamma）频率（约为 40 Hz）的 EEG 振荡脉冲（Tallon-Baudry，Bertrand，Peronnet，& Pernier，1998）。这个研究团队假设，这种伽马 EEG 的爆发反映了"知觉联合"（perceptual binding）的计算过程。

婴儿在多大年龄才能将孤立的特征整合成为一个完整的客体？行为研究的结果对此尚存在争议（例如，Kavsek，2002）。因此，笔者及同事们着手确定，当婴儿看到"Kanisza"图形（一种著名的错觉图形；Csibra et al.，2000）时，多大的婴儿脑中会出现伽马波的爆发。我们发现，8个月的一组婴儿在大脑左前额的电极上出现了明显的伽马波的爆发，它出现在刺激呈现开始后的时间与我们在成人中期望看到的一样。在控制刺激"Pacmen"呈现时，这种伽马波的爆发并不明显，因为这种刺激不可能被结合成一个简单的客体。我们还考察了一组更小的婴儿，他们在对"Kanisza"刺激进行反应时，普遍出现了较高的伽马波趋势，但不能构成一次完整的爆发。这似乎是由于经过了很长时间的大脑计算而被涂抹了。

基于伽马 EEG 在客体加工中的可能作用，进一步可以探讨的问题是：当客体"被记在心里"时，这些高频振荡是否依然持续。这可能需要大脑通过神经元活动来保持客体表征的激活（对于一个具有计算过程的读者来说，这是一个循环网络）。解决这个问题的方法，是向婴儿呈现视觉序列的同时记录 EEG。在视觉序列中，客体从遮挡物后面出现或者消失（Kaufman，Csibra，& Johnson，2003）。当婴儿看一个客体经过遮挡物后没有再出现（见彩图 6-3）时，其颞叶的电极上出现了持续的伽马波。更令人惊奇的是，当遮挡物移开，且目标客体不翼而飞时，这种反应增强了。这一发现暗示着一种可能：当大脑的视觉通路面对相冲突的视觉输入时，客体表征的激活会增强（至少是临时的）。基于这种观点，持续的伽马波是一个被"激活"客体表征的神经信号，这种信号根据它和目前视觉输入的冲突程度被增强或减弱。如果伽马 EEG 能够像所假设的那样，可以作为婴儿大脑中客体表征阶段的标记，那么用这种方法来探讨两条视觉通路是很有价值的。

数字

与语言一样，数字加工和数学思维也是人类独特能力的最佳代表。它们同样是发展认知神经科学研究的主题，为发展性障碍的教育和矫治提供了可能的指导。比较心理学家和动物行为学专家经过研究发现，在一些动物物种里存在着两个表征数字的系统。第一，不同种类的动物，包括鸟类、啮齿类动物和灵长类动物，通过实验室的训练，可以对大批量客体的大致数目进行表征，并且在控制其他额外变量的条件下，对数量的变化做出反应（Dehaene，1997；Gallistel，1990）。这种能力被称为"数量模拟表征"（analog-magnitude representation），这个系统所表征的数量，通过与所列举的项目数成比例的物理数量的表征来描述。在这个系统中，对"数字"的比较类似于对长度和时间的比较。这些数量模拟表征的三个特征是：①可辨别性与数量成比例，遵从韦伯定律（例如，数字 1 和 2 比数字 7 和 8 更容易分别）；②只有当一个序列的所有成员可以立即被知觉（视觉/空间序列）或者一个紧接着一个（如光/声音序列）的时候，才可以被成功地表征；③这些表征既可以跨通道（听觉和视觉）进行转换，也可以在不同的形式之间（时间和空间）进行转换。对于后一个观点，研究令人惊奇地发现，同样的心理数量系统可以表征数字、时间和客体的表面积（Cordes & Brannon，2008）。因此，虽然这个系统是与数字相关的，但它可能并不特定于数字领域。

　　第二，无论经过训练还是未训练的鸟类和灵长类动物，都可以表征小批量客体的精确数值（例如，Hauser，MacNeilage，& Ware，1996）。一些研究者认为，这个系统是一个进化而来的"客体归档"系统（"object-file" system），它使我们可以一次追踪约四个运动的客体（Carey，2001）。这种精确的数字表征有三个特征：①表征的数量只限于三个或四个；②即使所表征的成员连续出现然后被遮挡，这种表征同样可以形成并维持；③这些表征和大数字的表征一样是抽象的，因为它们受到连续性定量变量（如面积或周长）上同时发生的变化的影响（Carey & Spelke, in press）。（延伸阅读：Carey, 2001；Cordes & Brannon, 2008。）

虽然上述两个系统都与数字领域有关，但它们不具有领域特异性，因为它们也参与了非数字任务。人类婴儿的行为研究表明，这两个系统同时存在于人类身上，并且在发展的早期阶段就已经出现（Carey，2001）。到了 6 个月的时候，如果其他连续变量得到控制，婴儿可以对大数进行区分，无论这种数字是视觉上的空间序列还是听觉上的时间序列。与其他动物相似，只有当大数之间对比关系相差比较大的时候，婴儿才可以区分开：婴儿可以辨别 8 个与 16 个点儿，或 8 个与 16 个声音序列，但都不能区分 8 个与 12 个点儿或声音序列（Lipton & Spelke，2003；Xu & Spelke，2000）。

几个实验室的研究结果都表明，年幼婴儿能够区分较小数目之间的差别，无论客体序列是以视觉形式一次呈现，还是每个客体按照先出现随后遮蔽的顺序呈现（Wynn，1998）。例如，年幼婴儿，甚至是新生儿已经能够区分 2 个和 3 个圆点、声音或物体，5 个月的婴儿已经可以追踪客体序列的简单变化，比如，加和减（Wynn，1992）。但是，当序列中的成员按先出现后被遮挡的顺序呈现时，婴儿的表现就像猴子一样，不能区分那些比较大的并且比较接近的数目，而且不能准确区分那些含有超过 3~4 个物体的序列（Chiang & Wynn，2000）；但他们对大数目在连续数量上的变化可以形成表征，而对小数目的不行（Feifgenson，Carey，& Spelke，2002）。这些结果表明，婴儿和其他动物具有两个分离的系统，分别为表征大概的大数目的系统和表征精确的小数目的系统。但是同时也要看到，一些人类婴儿的实验结果也可以用非数字方面的原因来解释（例如，Cohen & Marks，2002；Cordes & Brannon，2008），完成精确的小数目任务时体现出来的能力，可能依赖于一个与领域相关的系统，但并不一定是领域特异性的（Carey，2001）。

已有证据表明，在人类成人中既存在数量模拟系统也存在客体归档系统，而且与顶下小叶（inferior parietal lobes）双侧的激活相联系。这个结果与大脑背侧通路对客体加工中时—空方面的敏感性相一致。在有关数量模拟系统的成人实验中，成人必须快速地（不能数数）辨别以视—空形式、视觉序列形式（灯的闪烁）或听觉序列形式呈现的数目。在这些类型的任务中，辨别能力遵循韦伯定律，而且不受刺激通道的影响，这一结果与动物研究中发现的类似（Barth，Kanwisher，& Spelke，2003；Whalen，Gallistel，& Gelman，1999）。在有关客体归档系统的成人实验中，需要被试逐一清点或有意地追踪若干物体（Pylyshyn & Storm，1988；Trick & Pylyshyn，1994）。在这些客体归档的研究中，所用的物体数目往往在 4 个以内，被试的表现不受遮蔽的影响，与婴儿和动物实验的结果一致（Carey，2001）。

最近发表了首例采用神经成像技术考察儿童数字加工的研究。坎特隆及其同事（Cantlon，Brannon，Cater & Pelphrey，2006）给成人和 4 岁儿童呈现一系列视觉排列的刺激，这些刺激可能在数量上不同，也可能在形状上不同。在呈现刺激的同时，通过 fMRI 扫描被试大脑。相比较形状不同，数量不同的条件下成人顶内沟会表现出更大程度的激活。这一结果与之前非符号与符号数字加工的扫描研究一致。令人感兴趣的是，拥有相对较少数字符号知识的 4 岁儿童也表现出了相似的激活模式，表明皮质组织对于非符号数字表征的敏感性在儿童早期就出现了，并且为教育中符号数字表征的获得提供神经基础。

然而，当儿童进入学校学习基本的数学知识时，他们必须学会使用另外一种不同的数字表征系统：这个系统并没有上限，不受韦伯定律的限制，同时也不受知觉的制约，涉及的数量词还与语言有关。这个系统被称为"整数序列"表征（"integer-list"representation）（Carey，

2001）。迄今为止，研究者对经过高强度训练的鸟类和灵长类动物进行了一系列研究，没有发现除人类之外的动物具有这个系统，尽管有些动物的表现令人难忘，它们能够扩展能力来使用上面介绍的两个系统（Brannon & Terrace，2000；Matsezawa，1985，1991；Pepperberg，1987）。那么人类的儿童是如何建构这个系统的呢？

伊丽莎白·斯皮克（Elizabeth Spelke）和苏珊·凯莉（Susan Carey）提出了一个设想：儿童通过把最初的两个数表征系统与相关的语言整合起来建构了一个新的数概念并获得算术技能，这里的语言是指数量词和口头计数规则（verbal counting routine），其在协调这些系统中起着重要的作用。支持这个观点的证据有很多。首先，儿童在学习数量词和计数规则时，先将数量词"一"与客体归档系统对应起来；其次，将其他的数量词不加区别地都放到数量模拟系统中，例如，向儿童呈现一个客体和四个客体的序列，并要求他们指出"一"和"四"时，他们可以做出正确的反应；但是，当向他们呈现的序列是两个客体对四个客体或者八个客体，要求他们指出"二"对"四"或者"二"对"八"时，他们的反应就处于随机水平（Wynn，1992）；再次，儿童通过协调各个系统来学习"二"和"三"的意思，但仍然会不加区分地使用其他的数量词的意义，把其粗略地表示为"一些"（Condry，Smith，& Spelke，2000；Wynn，1992）。最后，儿童推测，在记数序列中的每个词都指一个数列，这个数列比记数序列中的前一个词所代表的数列多一个实体，因此在数量上更大（Wynn，1992）。

对成人的研究进一步证明，自然数的概念是通过整合计数语言、数量模拟系统和客体归档系统而获得的。当成人对数量词和符号进行判断（例如，判断一个给定的数量词比五大还是比五小）时，他们激活了数量模拟表征和精确的数字，因此，对距离目标数字更远的那些数字做出更为迅速的判断(Dehaene，1997)。这项研究结果与其他来自正常成人和神经心理疾病患者的行为研究、正常成人的神经脑成像研究结果都证明：在需要通过数量词来对数概念进行表征的任务中，近似数(approximate number)的表征被激活(Dehaene，1997)。不仅如此，当双语成人学习精确数字的新信息时，他们的学习具有语言特异性：当让这些被试用一种语言学习新信息，然后用不是训练中使用的语言向被试提问这则信息时，被试的反应时变长。与此相反，同样的被试在学习近似数的新信息时，他们的学习表现出了跨语言的完全迁移。这个结果与神经脑成像的研究结果结合起来可以表明：对于成人来说，表征精确的大数值需要借助于语言，但是表征近似的大数值并不依赖语言(Dehaene，Spelke，Pinel，Stanescu，& Tsivkin，1999)。

　　儿童在数字上的问题有几种表现形式。有时儿童在其他方面智商正常，但在算术方面表现出特定的问题。这种情况常被称为"计算障碍"(dyscalculia)，有别于由于遗传失调而导致的、伴有低智商和其他认知问题的数学能力障碍。"计算障碍"可能并不像以前所设想的那样简单，因为它常和阅读障碍以及注意缺陷障碍同时发生(Ansari & Karmiloff-smith，2002)。在诸如威廉姆斯综合征等遗传失调中，计算能力缺陷也非常普遍(Ansaro & Larmiloff-smith，2002)。不仅如此，患有这种障碍的儿童在数字任务上的成绩常常低于阅读成绩，表明在异常发展的儿童中，数字可能是一个相当容易受到损害的认知领域。其他研究者认为，计算障碍可能是一种特殊的发展综合征(Butterworth，2006)，甚至可以通过电刺激正常人顶叶的相关脑区而人为引发(Cohen-Kadosh et al.，2007)。（延伸阅读：Ansari，2008。）

概要与结论

在成人中，有证据表明，背侧和腹侧视觉通路在客体加工上执行不同的计算；腹侧通路涉及对客体的辨认和识别，而背侧通路则执行对客体的操作行为。以往研究试图把这两个通路和婴儿行为的发展变化联系起来，人们对此进行了广泛的讨论，并提出了两个通路之间不同整合程度的一个简单计算模型。像这样的模型可以解释一些行为数据，进一步的进展需要依赖于功能成像研究。高频神经振荡的脉冲被认为与客体构成中的特征整合有关，也与遮蔽状态下对客体的记忆保持有关。近来的研究使用神经振荡来研究婴儿的客体加工过程，也许可以作为一个直接的标志来说明婴儿对被遮挡客体的主动表征。

在这一章里，我们还讨论了灵长类动物大脑中两个与数有关的系统。其中一个是数量模拟系统，与时间和长度判断中的作用相似，另外一个系统是负责追踪小数目客体的（客体归档）。两个系统似乎在年幼婴儿身上都起着作用，可能是婴儿能对较小数量的客体进行简单数字计算能力的潜在机制。有研究者认为，对较大数量的熟练计算需要以语言为中介的两个系统的整合。总的来说，迄今为止，在数字研究上的结果表明，数学思维以及人类特有的其他思维形式，都来自于在功能上与神经学上独特的子系统的相互协调，而这些子系统在个体发展的早期就已经出现，且在其他动物中也发现类似的系统。这些可以说明，数学领域中的发展性障碍可能源于某个子系统的损伤，或者是与语言相关的、协调其功能的系统的损伤。进一步的研究会运用发展认知神经科学中新出现的工具，对人类和其他动物的"模块"（building-block）系统进行持续的研究，同时对儿童身上所具有的这种"模块"系统如何逐渐建构成为成熟的认知技能的过程进行研究，这些研究将加深对正常与受损认知功能的深刻理解。

讨论要点

- 如何很好地描述背侧通路和腹侧通路各自的发展特点？

- 近些年神经科学的研究证据是如何说明皮亚杰关于年幼婴儿客体永久性的观点的？

- 现有的研究证据在多大程度上支持数字加工是一种天生的能力？

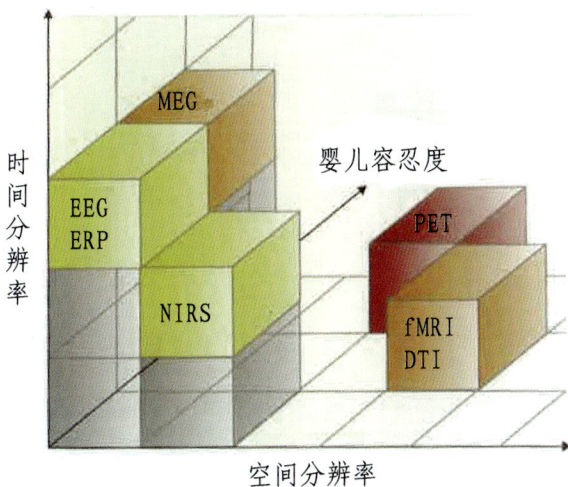

图 2-1　用于婴儿与儿童研究中不同功能性脑成像方法的优点与缺点

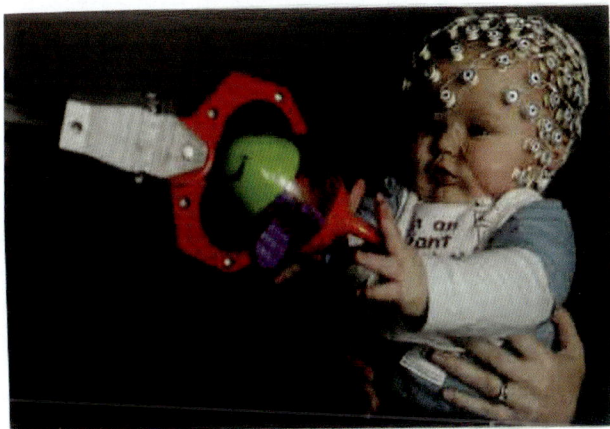

图 2-2　在"镜像元系统"研究中头戴高密度 ERP/EEG 系统(EGI 电极感应网)的婴儿[在电极感应网上微湿的海绵柔和地与头皮相接触]

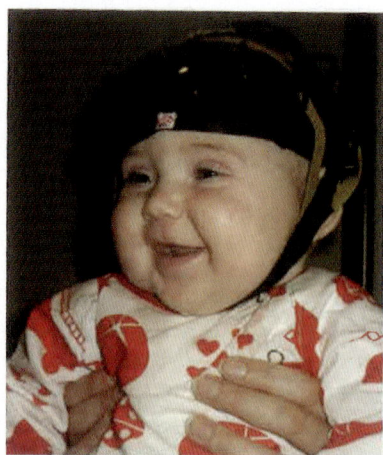

图 2-3　光学成像(NIRS)研究中的婴儿被试［光发射器和探测器植在一个布帽子中］

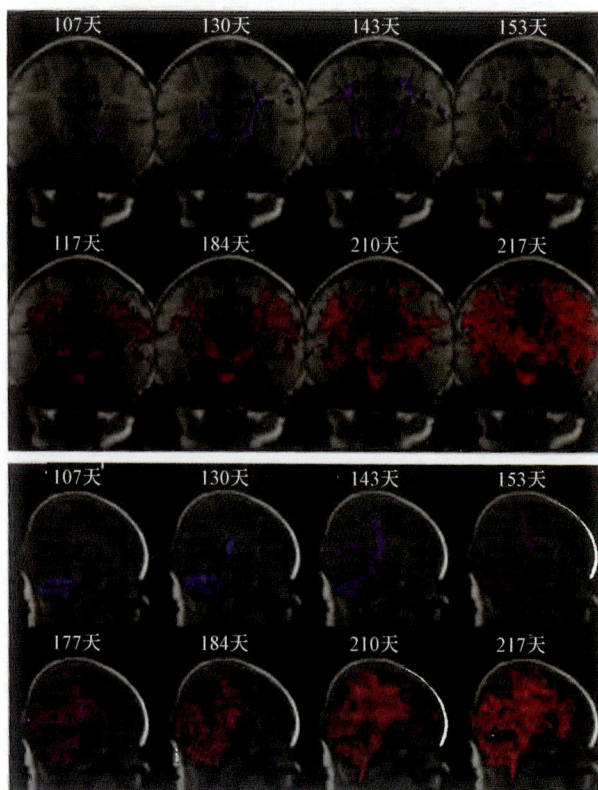

图 2-4　婴儿出生后早期发育中髓鞘化的神经纤维不断增加［MRI 技术记录］

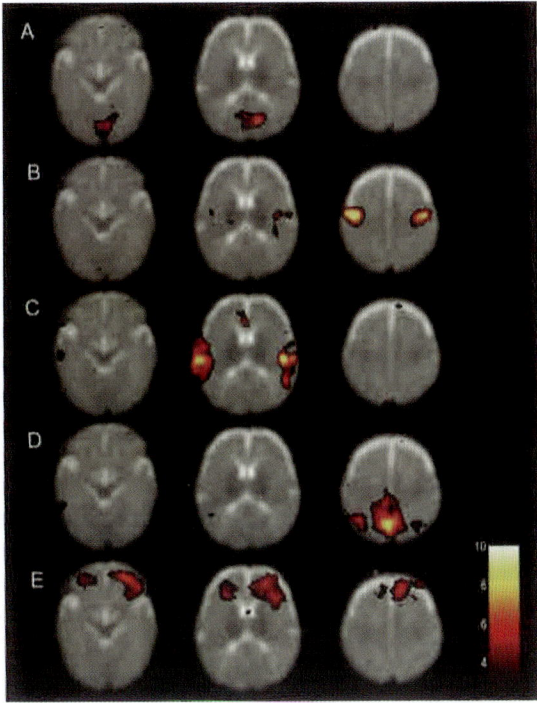

图 4-7 某个有代表性婴儿的静息态神经网络[从 A 到 E 的每一行表示三个轴切面上的静息态神经网络]

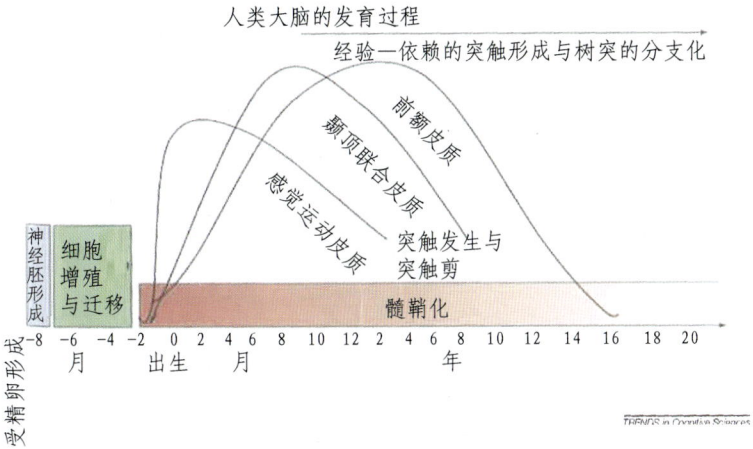

图 4-8 人类大脑发育中一些最重要变化的大致时间表[包括突触密度的升降特点]

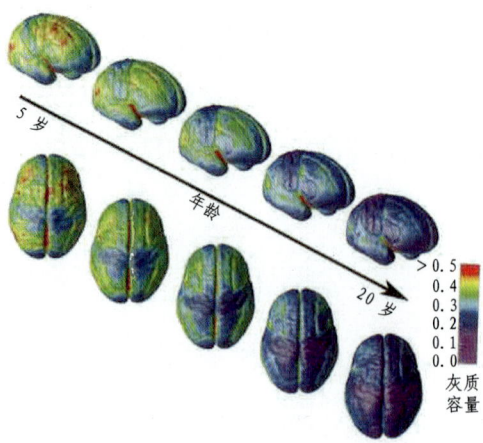

图 4-10 皮质灰质随年龄增长而发生变化的颜色编码图[表示在 5 岁～20 岁灰质密度上的下降在不同区域上存在差异;该图由 A. W. Toga 与 P. M. Thompson 博士(UCLA 神经成像实验室)重新绘制]

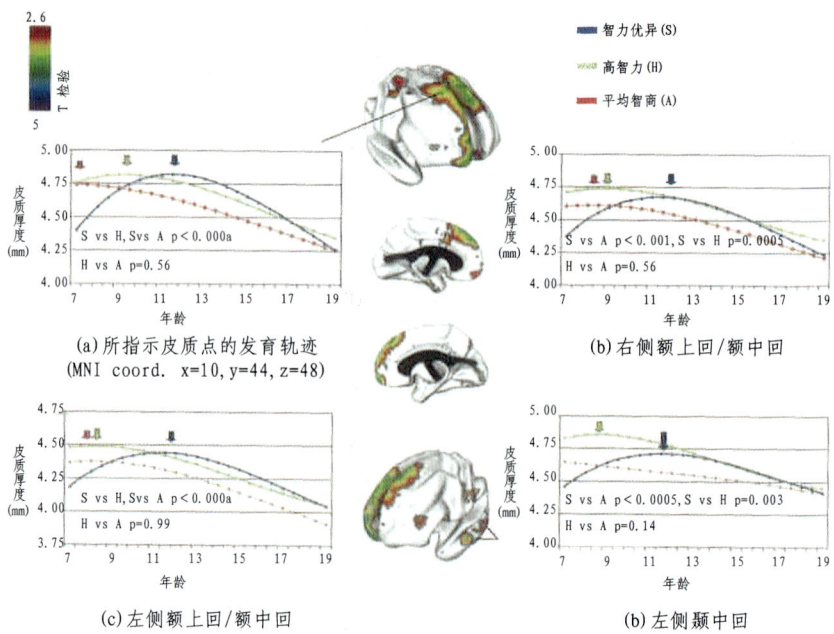

(a) 所指示皮质点的发育轨迹
(MNI coord. x=10,y=44,z=48)

(b) 右侧额上回/额中回

(c) 左侧额上回/额中回

(b) 左侧颞中回

图 4-11 脑图(图中央部分)表明在皮质发育上智力"优异"组与智力"平均"组存在显著差异的主要区域;图表表示这些区域的发育轨迹;箭头指示了三个智力组在每个区域上与年龄相关的皮质发育的顶峰

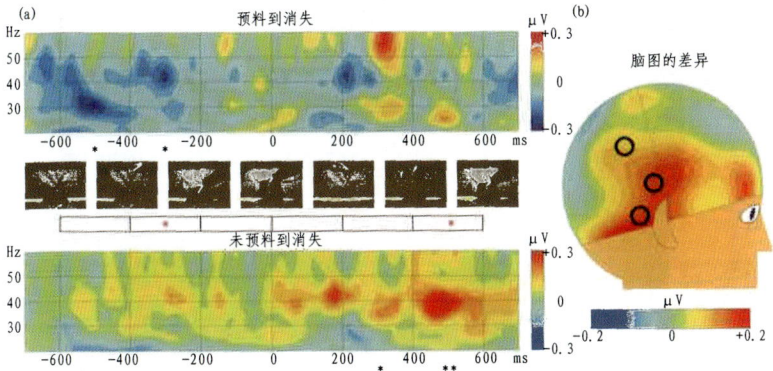

(a) 预料到消失

Hz
50
40
30

−600   *   −400   *   −200   0   200   400   600 ms

μV +0.3
0
−0.3

(b) 脑图的差异

μV
−0.2   0   +0.2

未预料到消失

Hz
50
40
30

−600   −400   −200   0   200   *   400   **   600 ms

μV +0.3
0
−0.3

图 6-3   在 Kaufman,Csibra,& Johnson(2003)实验中记录到的婴儿伽马 EEG 活动

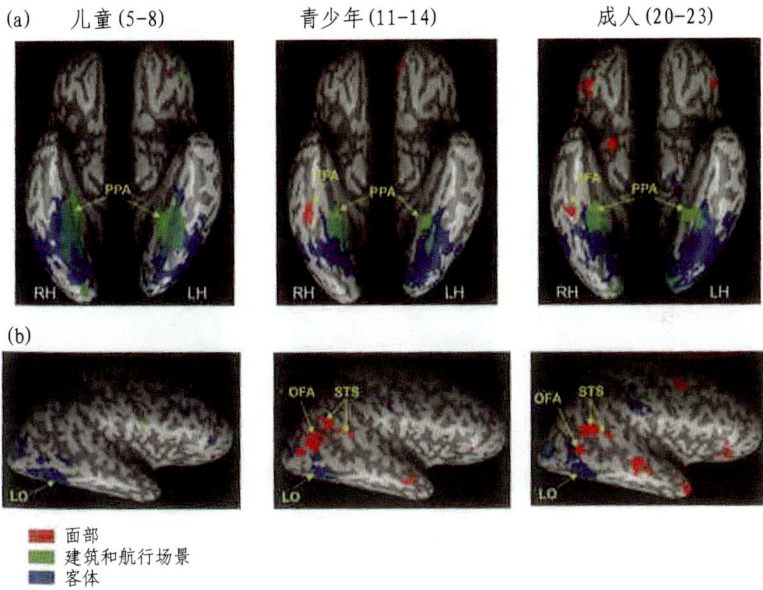

(a)   儿童(5-8)   青少年(11-14)   成人(20-23)

PPA   PPA   PPA

RH   LH   RH   LH   RH   LH

(b)

OFA   STS   OFA   STS

LO   LO   LO

■ 面部
■ 建筑和航行场景
■ 客体

图 7-6   对每种刺激的不同激活投射到充气后扩大了的脑上的(a)腹侧视图以及
(b)三个年龄组右侧大脑半球背侧视图

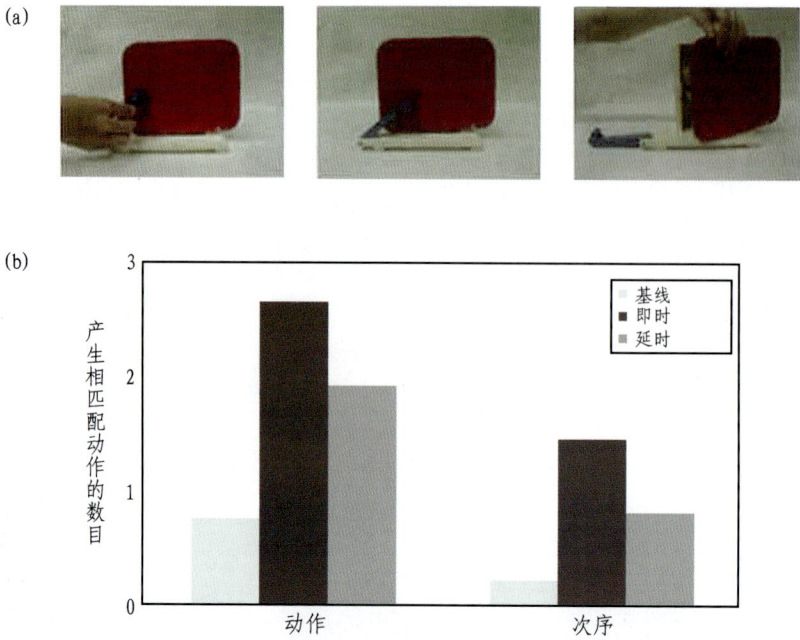

图 8-2 (a)某个要求儿童模仿的序列的例子。(b)在基线、动作序列呈现后即时回忆及两周延时后的延时回忆时,20 个月婴儿做出的动作数目及与次序相匹配的动作数

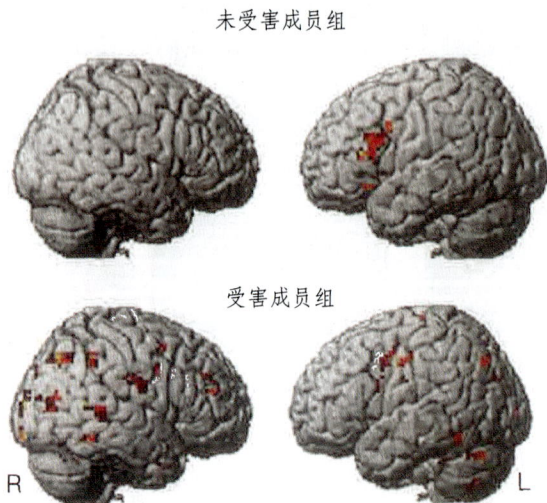

图 9-2 隐蔽语言任务:KE 家族受害成员组与未受害成员组平均的 fMRI 激活

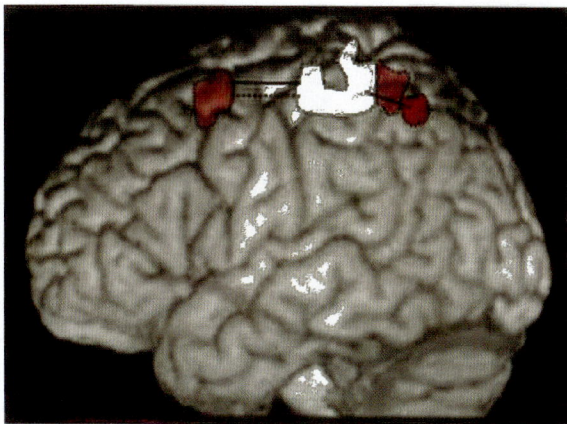

图 10-1　涉及视一空工作记忆发展的背侧顶一额神经网络[红色区域表明脑活动与工作记忆能力发展之间的相关,白色区域表示白质成熟与发展之间的相关]

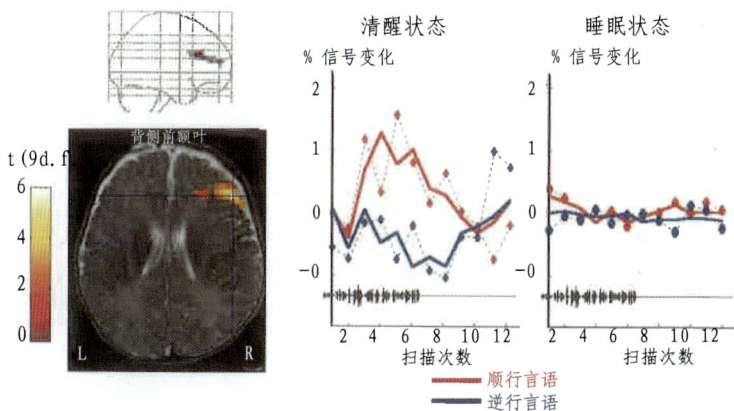

图 10-2　清醒状态与刺激的语言特性之间的相互作用

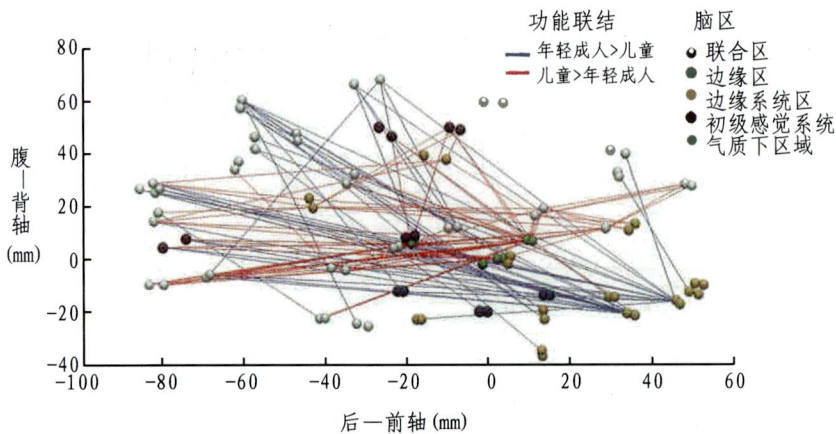

图 12-3 脑各个区域之间功能联结的发展变化[图中显示,沿着脑的后一前和腹
一背轴出现的功能联结的发展变化,突显出与年轻成人相比,儿童在皮
质下区域有更强的联结,而边缘系统的联结较弱]

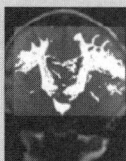

7

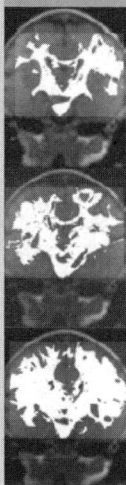

社会环境中的知觉和行为

PERCEIVING AND ACTING ON THE SOCIAL WORLD

　　对成人的认知神经科学研究，揭示出大脑中有一个知觉和加工社会刺激的网络结构，用于解释他人的想法和意图。但是，关于这一大脑网络的发展起源还存在许多争议。或许视觉社会脑（visual social brain）功能中最基本的一个方面就是对面孔的知觉。有一种极端的观点认为：大脑皮质中存在着一个模块区域用于面孔加工（成熟观点）。与之相反的另一种极端观点则认为：面孔加工的专业化习得与非社会性刺激的视觉知识的获得方式相同（技能学习观点）。基于动物模型（小鸡）、行为实验和神经影像学的研究证据，我认为原始的偏爱使得婴儿频繁地转向面孔。这种早期的面孔接触经验使得这类刺激可以激活神经组织中的相关区域。这种对于面孔的特异化加工模式的出现需要几个月到几年的时间。本章的其他部分将涉及社会认知的另一些方面，比如，对来自眼睛的信息的理解和反应，以及对他人的意图或目的的归因。来自自闭症和威廉姆斯综合征这两种发展性障碍疾病的研究证据最初似乎为社会模块观提供了支持，即某种社会模块可能会被选择性地损伤(自闭症)，也可能不受其他缺陷的影响(威廉姆斯综合征)。然而更进一步考察后发现，似乎没有足够的证据来支持这种清晰的分离，而且社会信息加工是个体与同种族个体间的互动、对社会刺激的原始偏爱以及大脑的基本结构综合作用的结果。

社会脑

人脑的主要特点之一是它的社会性。对于成人而言，我们有专门的脑区来加工并整合关于他人外表、行为以及意图的感觉信息。这种加工也可以扩展到其他的物种上，比如，家猫，甚至是没有生命的物体，比如，我们的台式电脑。社会脑(social brain)涉及很多皮质区域，包括颞上沟(STS)，"梭状回面部区"(FFA，见下文)和眶额皮质(orbitofrontal cortex)（见图 7-1）(Adolphs，2003；Bauman ＆ Amaral，2008)。认知神经科学中主要的争论之一是人类"社会脑"的起源，以及经验在其中起到多大程度的作用。对他人行为从心理上进行理解[即"心理理论"(theory of mind)]与许多神经结构有关，包括杏仁核和颞极，颞上回和颞顶联合区(temporo-parietal junction)，以及部分的前额叶(主要是眶额和内侧区)。弗里斯(Frith ＆ Frith，2003)认为，这些区域的神经活动可能反映了对心理状态不同方面的理解：杏仁核通过移情来理解情绪；部分颞叶表征生物学性质的动作和行为；额叶皮质区域在理解"有意的"心理状态时起重要作用，包括自己的心理状态。在本章中，我将介绍这些部分是如何发挥功能并最终成为社会脑的一部分的。

在第 1 章中描述的人类功能脑发育的三种观点导致了三种不同的对社会脑起源的假设。成熟观点认为，大脑的特定部位以及皮质区域通过进化专门用于负责加工社会信息。某些回路很可能自出生时就存在并开始发挥功能，而网络中的其他部分却要经过一段时间的发育成熟后才可发挥功能。比如，与"心理理论"有关的前额区，也许是最晚成熟的社会脑部分。成熟时间表会受到经验的影响而提前或延迟，但成熟的顺序和领域特异性的固定模式不受经验的影响。技能学习观点

颞上沟/回（1）　　　　　　　　　左额岛盖（2）

梭状回（3）
眶额皮质（4）

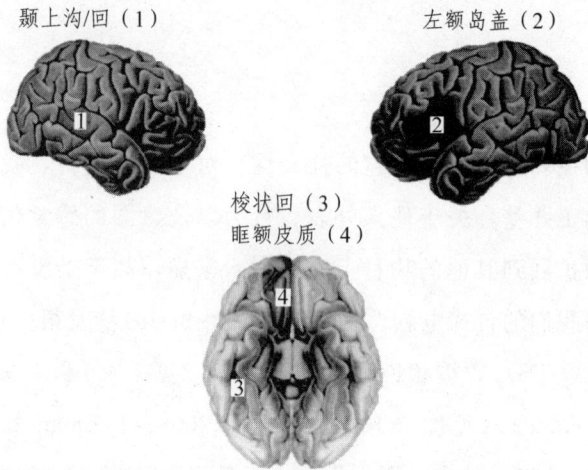

图 7-1　社会脑网络中涉及的部分脑区

则认为，至少有部分社会脑会受社会刺激的影响，这些社会刺激往往是我们最常接触到的视觉输入。换句话说，我们倾向于对社会相关的视觉输入发展出更高水平的知觉经验。根据这个观点，我们不能期待新生儿对社会刺激有特殊的反应，而且我们可以观察到：婴儿期面孔加工的发展和成人获得其他物体的知觉经验的过程是类似的。第三种观点是交互式特异化理论，它认为社会脑以网络的形式出现，这个网络以活动依赖性的方式逐步发展出对某些相关刺激和事件的特异化加工。我们可以预测，比较原始的脑系统、皮质区和环境之间的相互作用最终产生了社会脑。

在本章中，我们先探讨的也许是社会脑中最基础的视觉功能——面孔知觉和加工的问题。在后面的部分中，我们还会继续讨论社会认知中更加动态的方面，如理解眼睛注视以及他人的动作。

面孔识别

察觉并识别面孔的能力通常被认为是人类知觉能力的一个典型例子,它也是我们适应社会生活的基础。对年幼婴儿的面孔识别研究可以追溯到 40 多年前范茨的研究(Fantz,1964)。在过去的 10 多年里,有许多研究涉及了成人面孔加工的(脑)皮质基础,包括确定专门负责面孔加工的脑区(Kanwisher, McDermott, & Chun, 1997;另见 Haxby et al., 2001)。尽管有大量数据,但从发展认知神经科学角度对面孔加工的认识还所知甚少。

面孔识别技能可以被分为几个不同的成分,包括识别出面孔的能力、识别特定个体面孔的能力、识别面部表情的能力以及用面孔来解释和预测他人行为的能力。在 20 世纪 80 年代末的一篇综述里,约翰逊和莫尔顿(Johnson & Morton,1991)描述了两种截然相反的观点:主流观点认为,婴儿在头几个月内逐渐学会面孔组成成分的排列特征,很多证据都支持这个观点(Maurer,1985;Nelson & Ludemann,1989),至少有一项研究结果表明,出生 10 分钟的婴儿就可以在诸多"打乱的"的面孔图形中找出并追踪一个类似面孔的图案(Goren,Sarty, & Wu,1975),新生儿对面孔的偏爱被用作婴儿认知的先天论证据(成熟观点);相反的,另外一些证据支持面孔加工能力在出生后几个月内是逐步发展的,他们认为,这种能力来源于对世界的经验,是需要学习的(技能学习观点)。如果把这些观点转换成第 1 章中介绍的框架,就是有人相信,大脑具有对面孔的先天表征,而其他人则认为面孔表征来源于环境的信息结构。

由于方法上的差异,新生儿的研究还存在争议,笔者及同事曾试图重复一个经典研究（Johnson，Dziurawiec，Ellis，& Morton，1991）。在原先的研究中，研究者让新生儿（这次的被试是出生约 30 分钟的新生儿）通过转动头和眼睛来跟踪一个移动的视觉刺激。多数标准测量程序是让婴儿看一个或多个静止的物体，并且记录他们注视刺激物的时间。在我们的第一个实验中，有四个刺激物，其中三个是格伦等人（Goren et al.，1975）用过的：一个面孔示意图，一个对称的"打乱的"面孔和一个内容空白的脸的轮廓。虽然我们没有重复出追随面孔的转头偏爱，但是我们用眼动的测量成功地重复出了新生儿对面孔的偏爱（见图 7-2）。

这个实验进一步证明新生儿的大脑中包含某些与面孔有关的信息。自 1991 年以来，发表了许多与婴儿的面孔偏爱相关的研究（Johnson，2005）。虽然这些研究者们的结论有所不同，但所有的研究都发现了新生儿对形似面孔图形的敏感性。这就引发了与之前提到的三种功能性脑发育观点相关的三种假设。（延伸阅读：Bauman & Amaral，2008；De Haan，2008；Johnson，2005。）

感官假设（the sensory hypothesis）

这个假设认为，新生儿的视觉偏爱，包括面孔偏爱，都是由刺激物低级的心理物理学特征决定的。这个假设与技能学习观是一致的，因为它不认为在生命早期存在领域特异性的偏爱。该假设认为，面孔图形得到婴儿的偏爱是因为它们的光谱振幅更适合婴儿的视觉系统（Kleiner，1993）；但此观点一出现就被否定了，因为婴儿总是偏爱面孔图形，这仅用光谱振幅是无法解释的（Johnson & Morton，1991）。但是有研究者（Acerra，Burnod，& de Schonen，2002）最近提出，在关键实验中让所用的精确的面孔示意刺激产生微小差异，可以重新印证感官假设。但贝德纳和米库莱宁（Bednar & Miikkulainen，2003）对

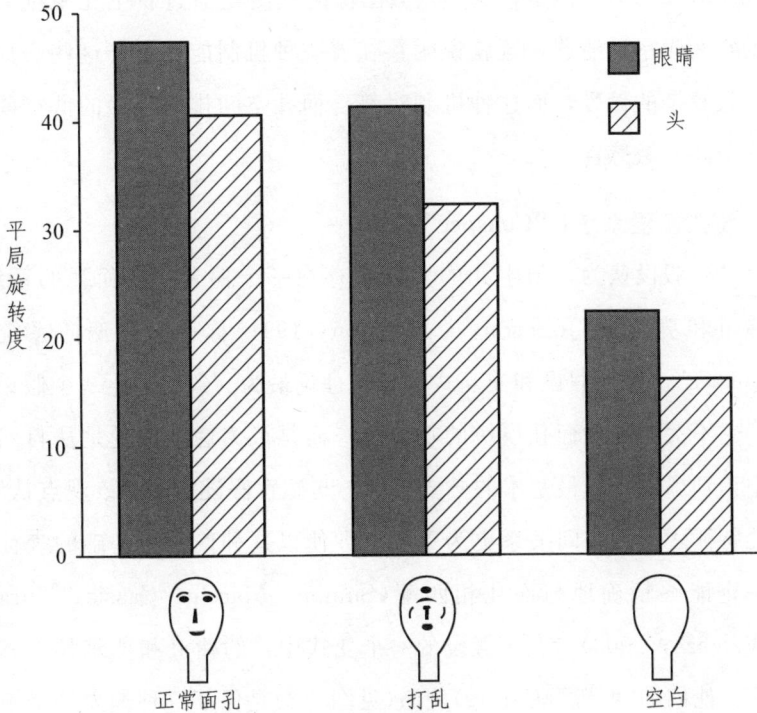

图 7-2　新生儿的头和眼睛追随面孔示意图

打乱的面孔和空白脸(无图案)三种刺激的程度[婴儿追随面孔的程度显著大于其他的刺激(Johnson & Morton, 1991)]

这种观点提出质疑,认为整体来看其数据更适用于面孔偏爱系统(见下文)。

新生儿有复杂的面孔表征

实证证据使一些研究者假设新生儿已经具有复杂的面孔表征。这个假设与功能性脑发育的成熟观点相一致,因为它推测在后天经验之前需要有领域特异性的回路。相关研究结果包括对有吸引力的面孔的偏爱,以及有数据显示新生儿对面孔上的眼睛的存在很敏感(Batki, Baron-Cohen, Wheelwright, Connellan, & Ahluwalia, 2001),并且喜欢转向与眼睛直接(相互)对视的面孔(Farroni, Csibra, Simion, &

Johnson，2002）。但是，这类刺激图像的检测是通过新生儿视觉系统中的空间频率过滤器，这就说明存在着一种机制能够解释这些表面看来比较复杂的偏爱，而这种机制对符合面孔空间排列（低）的低空间频率成分具有敏感性。

面孔偏爱系统（"Conspec"）

这个假设认为，新生儿的大脑中存在一个偏爱朝向面孔的系统。约翰逊和莫尔顿（Johnson，& Morton，1991）称此面孔偏向系统为"Conspec"。这一假设和交互式特异化理论最为一致。与上一个假设相反，它不关心皮质面孔模块的功能化，而是认为这种偏爱是从自然环境中识别出面孔的最基本的必要条件。与感官假设相比，该观点认为，面孔特征之间的空间关系更为重要，即使以这种偏爱为基础的表征并不一定能够精确地与面孔相匹配（Simion，Macchi，Cassia，Turati，& Valenza，2003）。在该假设的一个变式中，约翰逊和莫尔顿（1991）认为，他们的"配置"（Config）刺激（见图 7-3）是保证这种偏爱的最基本的充分表征。在最近的神经网络模拟中，贝德纳和米库莱宁（Bednar & Miikkulainen，2003）发现，这种表征可以解释绝大部分研究结果，即新生儿对面孔刺激的偏爱介于示意性面孔与现实面孔之间（见图 7-3）。

总之，一个原始的面孔偏爱系统（Conspec）似乎可以解释目前大多数新生儿面孔偏爱的数据（Johnson，2005）。虽然不能排除感官因素的一些影响，但的确说明了简单的技能学习观点不能解释面孔加工的发展。

令人惊讶的是，用更传统的婴儿测验方法的研究并没有发现 2 个月或 3 个月前的婴儿对面孔图形的偏爱（Maurer，1985；Nelson & Ludemann，1989）。比如，毛瑞尔和巴雷拉（Maurer & Barrera，

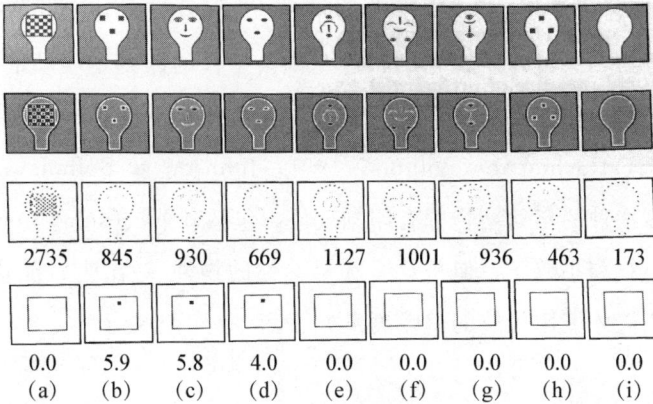

图 7-3　人类新生儿和模型对示意性图像进行反应的结果

第一行是呈现给新生儿和神经网络模型中"视网膜"的一些示意性图形，下面的
两行呈现的是模型加工过程中 LGN 和视皮质的阶段，最下面的一行给出了模型
的结果：偏爱于 b，c 和 d。模型的偏爱与新生儿的结果吻合。

1981)使用一种灵敏的"婴儿控制"(infant control)测验程序，即让被试
看一系列单个呈现的静态刺激，发现 2 个月的婴儿看面孔样的图形时，
注视时间显著长于其他被打乱的面孔图形，而 1 个月大的婴儿没有这
种偏爱。约翰逊等(Johnson，Dziurawiec，Bartrip & Morton，1992)
用同样的方法重复了这个研究结果，他们还加入了早先在新生儿研究
中所用的"散焦"(de-focused)面孔排列刺激，结果与以往研究一致：10
周的婴儿注视面孔的时间显著长于其他刺激，但是 5 周大的婴儿没有
表现出这种偏爱。这个结果与另一种观点一致，即婴儿逐渐建立起来
的面孔表征是在生命的前几个月重复接受刺激的结果(Gibson，1979)。
显然，这些明显矛盾的结果表明，仅从单一加工过程(或者是学习，或
者是天生的表征)的角度来建立面孔识别发展的理论是不可行的。为了
解释明显冲突的行为数据，约翰逊和莫尔顿(1991)开始从生物学的两
个领域寻找证据：动物行为学和脑发育。

　　约翰逊和莫尔顿用来解释人类婴儿研究结果的重要证据来自其他

物种(动物行为学)：家鸡中子代的印刻。选择小鸡的印刻是因为既可以研究行为，又可以研究它的神经基础。子代的印刻是年幼的早熟性鸟类(比如，鸡)在孵化后对它们第一眼见到的显著物体的识别，并建立起依恋(attachment)(Bolhuis，1991；Johnson & Bolhuis，1991)。虽然很多物种的年幼动物都有印刻现象，包括刺猬鼠(spiny mice)、天竺鼠、小鸡和小鸭子，但是只有在早熟性的物种(一出生就能移动的)身上，我们才能用传统的偏爱测量方法。

小鸡的印刻

在实验室里，出生才一天的家鸡可以对许多物体产生印刻(im-printing)，比如，移动的彩球和圆筒。在和这些刺激物接触几个小时后，小鸡对训练过的物体建立起的偏爱比新异刺激更强烈与牢固。在没有母鸡的情况下，这个学习是相对不受限制的：事实上只要明显大于火柴盒的移动物体都可成为印刻的刺激物，小鸡将来会更偏爱这些刺激物。

小鸡前脑(forebrain)中有一个特定区域(对应于哺乳动物的皮质)被认为与印刻有重要关系，此区域为旧大脑皮质的中间和内侧部分(intermediate and medial part of the mesopallium，IMM)，以前也称为 IMHV(Horn，1985；Horn & Johnson，1989)。在用物体对小鸡进行训练前或者训练后损伤其 IMM，随后的选择测验中小鸡对该物体的偏爱会严重削弱，但在其他几项视觉和学习测验中没有发现异常(Johnson & Horn，1986，1987；McCabe，Cipolla-Neto，Horn，& Bateson，1982)。对小鸡前脑其他区域进行相同面积的损伤，则不会对印刻性偏爱产生显著影响(Johnson & Horn，1987；McCabe et al.，1982)。

分析印刻神经机制的下一步就是研究相关区域的微回路。尽管鸟类的前脑不具备哺乳动物皮质那样的层状组织（laminar organization），但它们的前脑与皮质下结构之间的关系和高等脊椎动物的脑结构相仿（见第 4 章）。来自一系列脊椎动物的证据表明，鸟类的前脑是可塑性行为所在区域，而天生的、自动化的行为，则是由其他脑部结构负责的（Ewert，1987；MacPhail，1982）。图 7-4 显示了 IMM 在小鸡脑中的位置。这一区域占前脑体积的 5％。其主要的信息输入来自视觉投射区，而输出则投射到鸟类大脑中与运动控制有关的区域。因此，这个区域被认为是整合视觉输入和运动输出的。

在确定 IMM 微回路的基本特点后，下一步是用人工方法来建立相关回路的计算模型（Bateson & Horn，1994；O'Reilly & Johnson，1994）。在其中一个模型里，奥莱利（O'Reilly）和笔者基于 IMM 细胞结构的两个特征建造了一个联结模型：主要的兴奋性神经元之间存在正反馈回路，且大范围的抑制回路由局部回路神经元调控。（Horn，2004；O'Reilly & Johnson，2002.）

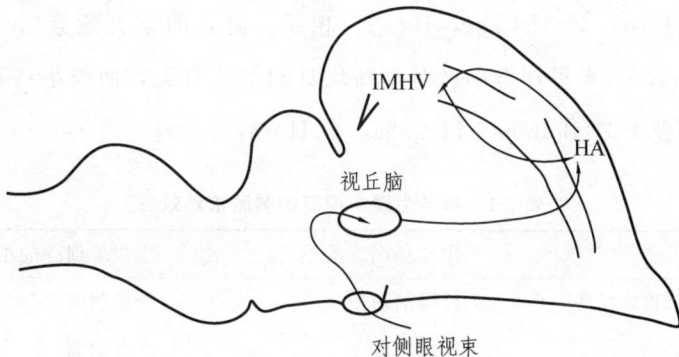

图 7-4　小鸡大脑矢状面略图
该图显示了连接到 IMM（以前称为 IMHV）的主要视觉通路。在这幅图中，至 IMM 的另一些通路没有标注（Horn，1985）。2 天大的小鸡的大脑大约有 2 厘米长。HA：副高纹状体。

在实验室里，很多物体（比如，移动的红盒子和蓝色的球）都与自然的刺激物一样对印刻有效，比如，一只移动的填充玩具母鸡。但是，在自然环境中，像小鸡那样的早熟性鸟类总是对它们的母亲产生印刻，而不是环境中其他移动的物体。这些观察结果提出了一个问题：什么样的限制使小鸡大脑的可塑性机制只是编码同类（如母鸡）的信息，而非环境中的其他信息？

一项系列实验研究回答了这个问题。在实验中，实验者观察了 IMM 损伤的刺激依赖效应（stimulus-dependent effects；Horn & Mc-Cabe，1984）。用人工刺激物（比如，旋转的红色盒子）训练一组小鸡，发现训练前或训练后的 IMM 损伤都可以严重削弱训练的效果。但是，另一组以填充玩具母鸡为训练物的小鸡，对玩具母鸡的偏爱却只有轻微的削弱。其他神经生理学实验也发现，用雌鸟训练的鸟和用盒子训练的鸟之间是有差异的（见表 7-1）。例如，施用神经毒素 DSP4 可以减低前脑的神经递质去甲肾上腺素的水平（见第 4 章），由此导致鸟对训练用的红盒子偏爱的严重减弱，但用玩具雌鸟训练的鸟影响甚微（Davies，Horn，& McCabe，1985）。相反，血浆的睾丸激素（hormone testosterone）水平却与小鸟对雌鸟玩具的偏爱有关，而与小鸟对红盒子的偏爱无关（Bolhuis，McCabe，& Horn，1986）。

表 7-1　神经生理学控制的刺激依赖效应

处理	用雌鸟训练的小鸟	用盒子训练的小鸟
双侧 IMHV 损伤	轻微削弱	严重削弱
DSP4 处理	轻微削弱	严重削弱
血浆睾丸激素水平	与偏爱有相关	与偏爱无相关
IMHV 多细胞记录	无相关	相关

这些结果促使约翰逊和霍尔恩（Johnson & Horn，1988）为早先提

出的假设寻找实验证据(Hinde，1961)：自然物体(如母鸡)可能比其他物体更容易引起小鸡的注意。由此引发了一系列的研究。在这些研究中，让在黑暗中抚养的小鸡在填充的玩具母鸡和许多用母鸡玩具个别部位的皮毛剪裁并拼凑成的刺激物之间进行选择。约翰逊和霍尔恩(1988)从这些实验中得出结论：小鸡未经训练就具有一种自然倾向，或者说敏感性，去注意母鸡头部和颈部部位的特征。这种未经训练的偏爱似乎只特定于脸或头部特征的正确排列，但不局限于特定物种。例如，鸭的头部与鸡的头部一样具有吸引力。

这些实验和其他几项实验的结果综合起来引出了一个假设，即小鸡大脑中有两个独立的系统控制着子代的偏爱(Horn，1985；Johnson，Bolhuis，& Horn，1985)。第一个系统控制着一种特定的倾向性(predisposition)，使得新孵化的小鸡趋向类似于母鸡的物体。与小鸡对颜色和大小没有特异性偏爱相比(Johnson & Bolhuis，1991)，这个倾向性系统似乎只对头部和颈部部位的正确空间排列进行专门的觉察。虽然引发倾向性的刺激结构不具有种群或类别特异性，但这足以使小鸡在孵化后的几天内从其他物体中识别出母鸡了。尽管此倾向性的神经基础目前还不清楚，但是视觉顶盖，类似哺乳动物的上丘，很可能与此有关。

第二个脑系统受前脑区 IMM 的支持，负责获取小鸡注意到的物体的信息。有人认为，在自然环境中，第一个脑系统指导第二个脑系统去获得最接近母鸡的信息。生物化学、电生理学和脑损伤的证据都表明，这两个脑系统很可能有独立的神经皮质(Horn，1985)。例如，选择性地损伤 IMM 会削弱通过大量接触某物体而获得的偏爱，但不会削弱(对母鸡)特定的倾向性(Johnson & Horn，1986)。

当然，倾向性也可能通过许多方式抑制 IMM 系统获得信息。例如，倾向性中的信息可以作为感官"过滤器"或者是模板，到达 IMM 系统的信息都必须通过这个模板。目前与此观点相一致的证据包括：这两个系统独立地影响着小鸡的偏爱行为，也就是说，它们之间没有内部的信息交流。而是输入至 IMM 的信息被简单地进行了筛选，并作为倾向性的结果，这种倾向性使小鸡趋向于注意环境中任何像母鸡般的物体。如果小鸡的典型种群环境中有母鸡在附近，倾向性中有适当的信息会使小鸡在早期环境中把母鸡与其他物体区分开来，进入学习系统的输入具有高度的选择性。

发展认知神经科学中的这个动物模型已经得到很好的研究，其中的一个意义就在于能够让我们检验人类功能性脑发育中三种观点的合理性（但要考虑到种群的差异）。小鸡印刻的故事和技能学习观点不一致，因为倾向性不需要提前的训练就会表现出来，而且这种学习包括自我终止的可塑性（self-terminating plasticity）。小鸡模型和成熟观点也不太一致，因为 IMM 在学习上是相对不受限制的，而且它是由于经验而从周围组织中出现的。有证据表明，简单脊椎动物社会脑的出现符合交互式特异化理论，即脑的可塑性受简单偏爱、神经结构和早期环境的制约。

大脑发育和面孔识别

约翰逊和莫尔顿用来揭示人类婴儿面孔识别的另一类生物学数据来自于出生后大脑皮质的发育。如我们先前所说（第 5 章），无论是神经解剖学还是神经生理学的数据，都说明新生儿由视觉引导的行为多数（尽管不是全部的）是由皮质下结构控制的，比如，上丘和丘脑枕，一直到几个月以后，皮质回路通过支配皮质下结构达成对行为的控制。与这个观点一致的证据是，人类婴儿由视觉引导的行为，就如家鸡一样，是基于两个或更多独立的脑系统的活动。如果这些系统有不同的发育时间进程，它们就可能在婴儿的不同年龄段对行为产生不同的影响。

有许多研究证据表明，成人对于特定面孔的识别涉及皮质区和神经通路。这个证据来源于三个方面：①有脑损伤的神经心理患者，不能识别面孔（面孔失认症）；②面孔知觉的神经成像研究；③对非人类的灵长类动物的单细胞和多细胞记录研究。通过简单的文献回顾后发现，面孔失认症通常是由位于颞叶和枕叶（视）皮质之间的损伤引起，然而有关确切的神经病理学原理还存在争议，并且不同病人间可能存在差异。有些个案显示，仅右半球的损伤就足以导致面孔失认，但也存在一些个案，表明双侧脑区均损伤才会导致面孔失认（Farah，1990）。由损伤所产生的缺陷可以是非常特异性的。尽管面孔失认症患者在面孔识别上存在困难，但他们有时候似乎能识别其他类型的物体。当然也有例外，有些患者难以识别其他复杂的物体，但患者的面孔加工过程并未被完全破坏。比如，一些面孔失认症病人的面部情绪加工能力似乎没有被损害（Bruyer et al.，1983），而且通过一些敏感的测验，比如，皮电反应（galvanic skin responses），可以发现很多病人对熟悉的面孔能进行内隐识别（Tranel & Damasio，1985）。

成人神经成像研究的证据表明，有许多皮质区域涉及于此。神经成像的研究表明，社会脑中涉及的一系列皮质区域，如梭状回（fusiform gyrus）、枕外侧部（lateral occipital）和颞上沟，都是专门针对面孔的，负责对面部信息的编码和察觉。研究者就梭状回面部区（fusiform face area，FFA）对反应的刺激特异性进行了广泛的研究：与其他对照刺激（房子、文本和手）相比，这个区域对面孔刺激有更多的激活（Kanwisher et al.，1997）。由于 FFA 对面孔比对其他客体有更强的活动性，研究者推测，它可能是面孔模块（Kanwisher et al.，1997），但另一些研究者对此观点提出了疑问。特别是有研究表明：①腹侧皮质的反应分布区域可能比一个特定区域（如 FFA）的反应强度更具有刺激特异性（Haxby et al.，2001；Ishai，Ungerleider，Martin，Schouten，& Haxby，1999，Spiridon & Kanwisher，2002）；②随着区分非面孔类客体经验的增长，FFA 的激活程度也会随之加强（Gauthier et al.，1999），表明此区域在客体加工中的作用可能更广泛。然而，观察数据的确表明，面孔比其他物体更能激活 FFA，且面孔在腹侧皮质上激活的分布区域有别于其他客体，因为它的焦点更集中，而且较少受注意的影响（Haxby et al.，2001）。（de Haan，2008.）

因此，有相当多的证据表明，成人的面孔加工中有特定皮质的参与。然而，也有证据表明，新生儿存在面孔偏爱，如我们前面讲的，他们的行为多数由皮质下感觉运动通路引导。考虑到这一证据，笔者和莫尔顿提出了婴儿面孔偏爱的双加工理论，这种偏爱与小鸡的类似。我们认为，第一个加工系统由一个皮质下视觉运动通路组成（但也可能包括某些更深层的、发育得更早的皮质）；这个通路负责新生儿偏爱追踪面孔。但是这个系统对行为的影响在第 2 个月减弱（可能是被发育中的皮质回路抑制）。第二个脑系统的发育依赖于皮质的成熟度，以及在出生后前 1 个月～2 个月中的面孔接触经验：它从出生后 2 个月～3 个月开始控制婴儿的朝向偏爱。根据小鸡研究中得出的大量证据，我们（Johnson & Morton，1991）认为，新生儿有偏爱的朝向系统设定了发育中皮质回路的输入。在这个回路开始控制婴儿的行为以前，它被设定为对特定范围的输入信息进行反应。此皮质系统一旦出现，就已经获得了足够的关于面部结构的信息，以确保它能继续获得更多的信息。此理论认为，与小鸡类似，早期发展中特定的脑回路和种群特有的环境相呼应，使其偏爱的输入信息正是后期发展的脑回路所需要的。尽管这个理论还没有被证实，却有大量的证据与它一致。首先，我们要考虑的证据来自新生儿面孔偏爱的神经基础。

约翰逊和莫尔顿(1991)推测，面孔偏爱系统(Conspec)主要(但并不一定完全)受皮质下视觉运动通路调节。产生该假设的原因有以下几点：①新生儿偏爱减弱的时间与新生儿其他反射活动受皮质下控制的时间是相同的；②来自视觉系统成熟的证据表明，皮质视觉加工发展得较晚；③来自其他物种(家鸡)的证据。但是由于一直很难成功地把功能成像技术运用于觉醒的健康婴儿，所以对这个假设的验证仍然只是间接的。首先，德斯霍耐及其同事考察了一些在围产期皮质受损的婴儿的面孔偏爱。他们发现，有些个案即使视皮质受损，朝向面孔的偏爱依然存在(Mancini et al.，1998)。第二个证据源于鼻侧和颞侧的视野通向不同的皮质和皮质下视觉通路。特别是西米恩(Simion)及其同事预测，会在颞侧视野发现面孔偏爱，而不是在鼻侧视野。这个预测已被证实(Simion，Valenza，Umilta，& Dalla Barba，1998)。第三项间接的证据来源于成人的神经心理学和脑成像研究，这些研究结果都表明，存在着与面孔加工有关的皮质下的通路(Johnson，2005)。这些研究都揭示，成人的皮质下通路能够快速加工低空间频率的"粗糙"的面孔信息，然后在对面孔敏感的皮质区域内调节神经活动，用来完成对面孔精细信息的加工。视觉刺激激发成人皮质下通路的活动，非常类似于新生儿的面孔朝向偏爱，从而强有力地支持了这一通路是新生儿的行为基础(见图 7-5)。

约翰逊和莫尔顿(1991)确定上丘是一个主要的视觉运动结构，与面孔偏爱系统偏爱有关；另外一个结构是丘脑枕。在过去的十年中，我们对这个脑结构的认识有了极大的进展，现在对其功能的描述表明，它和新生儿的视觉偏爱有关。特别是一部分丘脑枕直接接受来自上丘

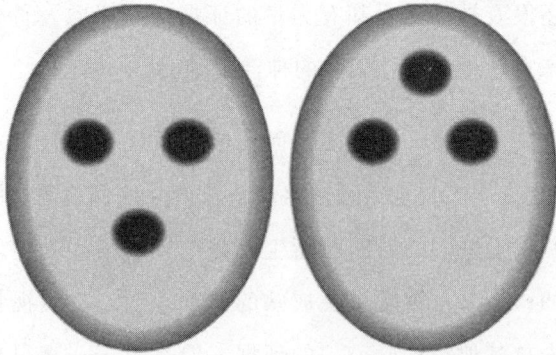

图 7-5 引发新生儿面孔相关偏爱的刺激示意图
（这些假设图像是通过整合一些新生儿的研究结果产生的）

（还有视网膜，在成人身上至少还有纹状体和外纹状体视皮质）的输入信息。另外，在成人脑中，额叶，颞叶和顶叶以及前扣带回和杏仁核之间有相互的联结。在新生儿行为的神经基础研究中，合适的新技术的出现将有助于对此问题的进一步研究。

我们现在来看一下在婴儿期和童年期面孔加工的神经发育。先回顾一下之前讨论过的有关人类功能性脑发育的三个观点，这三个观点对于特异化过程的出现有不同的预测。根据成熟的观点，我们预期，与面孔加工能力有关的新的大脑模块会逐步发展形成。从技能学习的观点出发，面孔加工的知觉能力获得后，梭状回面部区会变活跃。从交互式特异化的观点来看，我们预期，随着发展，面孔加工的神经特异性不断增加，而且与面孔加工相关的活动也越来越局限于某一特定区域。下面，就让我们带着这几个预期，看一看来自发展认知神经科学的证据。

很多实验室考察了成人看面孔时事件相关电位（ERPs）的变化。主要的兴趣集中在一个叫"N170"（因为它是在 170 ms 左右出现的负波）的 ERP 成分上，许多成人研究都证明，它和面孔加工有着密切的关系

(de Haan，Johnson，& Halit，2003)。特别是，这个成分的振幅和潜伏期会随着面孔是否出现在成人被试的视觉区域内而变化。成人中出现的 N170 的一个重要特征就是其反应的高度选择性。例如，人类正立面孔与其他高度相关的刺激(如反转的人类面孔和正立的猴子面孔等)，所引发的 N170 存在有显著的差异(de Haan，Pascalis，& Johnson，2002)。尽管对于 N170 确切的潜在神经发生器(neural generators)还存在争议，但此成分的反应特征可作为加工人类正立面孔时皮质特异性程度的指标。因此，德·哈恩(de Haan)及其同事进行了一系列实验，研究在出生后前几个星期和前几个月内 N170 的发展。

在此类发展性 ERP 研究中涉及的第一个问题是：这个对面孔敏感的 N170 成分是何时出现的？在一系列婴儿实验中确认了一个 ERP 成分，该成分的很多特征与成人的 N170 一致，但是潜伏期稍长些(240 ms ～ 290 ms；de Haan，Pascalis，& Johnson，2002；Halit，de Haan，& Johnson，2003；Halit，Csibra，Volein，& Johnson，2004)。以 3 个月、6 个月和 12 个月婴儿为对象的研究中发现了此成分的反应特性：①此成分在 3 个月的时候就已经存在了(尽管它的发展一直持续到童年中期)；②随着年龄的增长，此成分对人类正立面孔反应的特异性越来越强。为解释第二点，我们发现尽管 12 个月的婴儿和成人对正立和反转面孔表现出不同的 ERP 反应，但是 3 个月的婴儿和 6 个月的婴儿没有差异(de Haan et al.，2002；Halit et al.，2003)。因此，对面孔敏感的 ERP 成分的这个研究，与皮质加工的特异性随着年龄而增长的观点一致，这一结果与许多行为研究结果也一致(见下文)。

交互式特异化观点预测，随着年龄的增长，由面孔所引发的皮质活动的特异性和局部化(localization)程度都有所增加。这种观点不同于成熟观点所预期的，儿童脑中参与面孔加工的部位仅局限于成人面孔加工脑区中的一个子区。最近，有些研究使用 fMRI 探讨了儿童面孔加工的神经发展特点(Cohen-Kadosh & Johnson，2007)。这些研究都支持了交互式特异化观点所预期的动态发展观。到目前为止，所有涉及面孔加工的 fMRI 研究都表明，至少从童年中期开始，皮质特定区域就会对面孔产生稳定的反应。有两个特别重要的研究专门探讨了局部化和特异化的预期。舍夫等人(Scherf，Behrmann，Humphreys，& Luna，2007)使用被动观看任务，让儿童(5 岁～8 岁)、青少年(11 岁～14 岁)和成人观看自然电影中的面孔、客体、建筑和航行场景(见图 7-6，彩图部分)。他们发现儿童的面孔加工区(如 FFA)表现出类似于成人的激活模式。但是，这种激活非特异于面孔类刺激；这些区域对其他客体和风景都表现出同等强度的激活。并且这种典型的面孔加工区的反应，与对其他类型客体的反应模式一样(枕部客体区和海马)，都不存在特异性。

在一个类似的研究中，格洛里亚及其同事(Golarai et al.，2007)使用不同类的客体(面孔、物体、风景和打乱的抽象图案)对儿童(7 岁～11 岁)、青少年(12 岁～16 岁)和成人进行测试。他们发现，与儿童相比，成人的右侧 FFA 和左侧海马有更大面积的激活。虽然随着发展而出现的功能特异化区域面积的增加与交互式特异化的预期相冲突，但值得注意的是，这种冲突表现在 FFA 的类别特异化激活区域的扩大。近来这些研究中观察到的发展变化，为交互式特异化理论对于功能性脑发育提供了强有力的支持(Cohen-Kadosh & Johnson，2007)。

另外一项 PET 研究也得出了相同的结论。该研究发现，与一列移动的点阵相比，3 个月的婴儿看面孔时激活的皮质网络更大(Tzourio-Mazoyer et al.，2002)。此研究显示了上述两种刺激之间激活的"差值"，即用女性面孔照片引发的激活结果减去复杂的动态刺激所激活的结果。得到的激活区域与成人进行面孔加工时所激活的区域一致，也就是颞上回（superior temporal gyrus）和颞中回（middle temporal gyrus）的双侧激活（尽管婴儿激活的区域可能比成人的更靠前些）。虽然额叶总体代谢活动的基线水平偏低[与查加尼（Chugani）等人 2002 年的研究一致，见第 4 章]，但在面孔条件下，左眶额皮质和布洛卡区的激活程度有显著增长。

另一个领域的研究涉及对发展性面孔失认症的探讨，此类研究有助于我们理解面孔特异性皮质区的发展轨迹。发展性面孔失认症的个体不具备典型的成人面孔加工能力（Duchaine & Nakayama，2006），特别是面孔识别技能。这一现象可能发生在不存在任何明显的感觉或智力缺陷的个体身上（Avidan，Hasson，Malach，& Behrmann，2005；Behrmann & Avidan，2005；Yovel & Duchaine，2006）。虽然有一些发展性面孔失认症个案是由于早年的脑创伤所致，但越来越多的个案证据显示，即使没有遭受过任何获得性损伤，他们也不具备典型的成人面孔加工技能（Duchaine & Nakayama，2006）。有些个案病人的家庭成员也表现出面孔失认的症状，这可能提示我们是基因在起作用。然而，我们对这些家庭的早期教养和社交环境都不清楚，因此基因影响的特异性或是直接性尚不清楚。

功能 MRI 研究普遍发现，发展性面孔失认症个体的大脑皮质中面孔敏感区有活动（Duchaine & Nakayama，2006）。但是，反应的选择性程度仍然存在争议。对这一结果的可能解释是，虽然成人面孔失认症显示出面孔敏感区的激活，但早期研究也报告过，对于正常发展的儿童来说，这种反应是非特异性的。近期的一项 fMRI 研究（Avidan et al.，2005）显示，四位发展性面孔失认症个体在面孔感知中有另外一些脑区（如额下回）的参与，这在正常成人中是没有的。但有趣的是，有些发展神经成像研究报告了额下回在儿童中也有激活（Gather，Bhatt，Corbly，Farley，& Joseph，2004；Passarotti et al.，2003；Pasarotti，Smith，DeLano，& Huang，2007；Scherf et al.，2007）。因此，交互式特异化解释中的两个成分（局部化和特异化）与来自发展性面孔失认症的数据相符。如果对发展性面孔失认症的解释是正确的，那么只要给予充分的面孔训练，皮质区域反应的选择性和皮质区域之间相互的连接，就能够朝着典型模式改变。最近有一项对面孔失认症患者的训练研究，表明随着患者行为表现的改善，面孔加工中皮质区域的选择性（测量 N170 成分）有所增长（DeGutis，Bentin，Robertson，& D'Esposito，2007）。这些研究者也观察到，fMRI 测量到的相关面孔区域之间的功能连接也有增强，特别是右侧枕部面孔区和右侧 FFA。

有一项行为研究证明了面孔加工在发展过程中日益增加的特异性。该研究原本是想检验一个有趣的想法，即随着对人类面孔加工的"窄化"（narrows；Nelson，2003），婴儿可能会失去辨别非人类面孔的能力（Pascalis，de Haan，& Nelson，2002）。帕斯卡利（Pascalis）及其同事证明，6 个月的婴儿可以分别辨别出不同的猴子面孔和不同的人类面孔，而 9 个月的婴儿和成人只能辨别不同的人类面孔。这一结果非常有意思，因为它证明了一个年幼婴儿具有成人所没有的预期中的能力。

以上综述的几方面证据很难严格地与成熟观点整合，因为成熟观点认为，随着发展会有新的加工成分的介入。但是，目前的数据表明，与面孔加工有关的皮质的激活范围随着发展而"缩小"。不断增加的特异性和局部化也并不一定与技能学习观点相矛盾，但特别适合通过交互式特异化观点来解释(Gauthier & Nelson，2001)。由此，就面孔知觉而言，来自新生儿的证据使得我们可以排除技能学习的观点，但来自生命的第 1 个月或第 1 年内面孔加工的神经发展的证据，则与交互式特异化理论而不是成熟观点所期望的加工过程的动态变化一致。

在结束面孔和个体面孔识别的主题之前，我们还注意到有些证据表明，在婴儿出生后的第 1 个星期，就有能力识别自己的母亲(Pascalis, de Schonen, Morton, Deruelle, & Fabre-Grenet, 1995)。乍看之下，这些证据似乎与皮质对面孔的加工至少要过 2 个月才出现的事实不符。但新生儿的这种辨别能力是基于头和头发的大概轮廓，而不是面部的结构或特征。德·斯霍耐和曼西尼(De Schonen & Mancini, 1995)认为，这个"第三系统"是一种非特异的视觉图形学习能力，在其他很多种视觉模式的研究中都出现过。约翰逊和德·哈恩考虑了早期基于海马的学习，改进了最初的双加工理论(见第 8 章)。(延伸阅读：de Haan, 2008。)

对眼睛的知觉与反应

在讨论过相对简单的面孔知觉之后，我们来讨论成人社会脑的一个更复杂的属性：加工他人眼睛的信息。对眼睛信息的加工涉及两个重要的方面。第一是能察觉其他人注视的方向，从而将自己的注意转向相同的物体或空间位置。成人对视线转移的知觉可以引导注意自动转向相同的方向上(Driver et al., 1999)，由此建立"共同注意"(joint attention; Butterworth & Jarrett, 1991)。对物体的共同注意在认知和社会发展的很多方面都被认为是至关重要的，包括词汇学习。第二是觉察直接的注视，使与注视者互相注视成为可能。互相注视(眼睛接触)是人与人之间建立交流氛围的主要模式，对正常的社会性发展至关重要(Kleinke，1986；Symons，Hains，& Muir，1998)。人们普遍认为，对眼睛注视的知觉对于母婴互动有重要的意义，为社会性发展提供了重要基础(Jaffe，Stern，& Peery，1973；Stern，1977)。

关于社会脑的网络结构，在一些成人脑成像研究中，发现颞上沟(STS)与对眼睛注视的知觉与加工有关(Adolphs，2003)。与前面讨论过的皮质对面孔的加工一样，在成人中，此区域的反应特征是高度专门化(特异性)的，因为此区域只对非生物性运动起反应(Puce，Allison，Bentin，Gore，& McCarthy，1998)。虽然我们无法直接获知婴儿颞上沟的功能，但很多行为实验探讨了婴儿注视提示线索的特征以及其他问题。

几项研究已经证明，注视线索能够引发成人注视者自动并迅速的视觉注意转移(Driver et al.，1999；Friesen & Kingstone，1998；Langton & Bruce，1999)。这些研究使用了不同的空间提示范式(见第5章)，范式中呈现一些中间或边缘提示刺激，能够将注意引向边缘位置。当目标刺激出现在提示刺激所指的位置(一致位置)时，被试看这个目标比看另一个与提示刺激位置不一致的目标更快。人类婴儿从3个月~4个月开始就能够辨别并跟随成人注意的方向(Hood，Willen，& Driver，1998；Vecera & Johnson，1995)。在我们的研究中，我们进一步考察了能够使婴儿追随注视方向的眼睛的视觉特征。我们采用胡德等人(Hood et al.，1998)的空间提示范式测试了4个月的婴儿。每次测试都以面孔的眨眼动作为起点(为了吸引注意)，1500ms后，瞳孔转向左边或右边(见图7-7)。然后，目标刺激会呈现在与眼睛注视同一方向(位置一致)，或不一致的方向(位置不一致)。通过测量婴儿眼睛移动至目标方向的反应时，我们证明婴儿在看和眼睛注视方向一致的目标时更快。

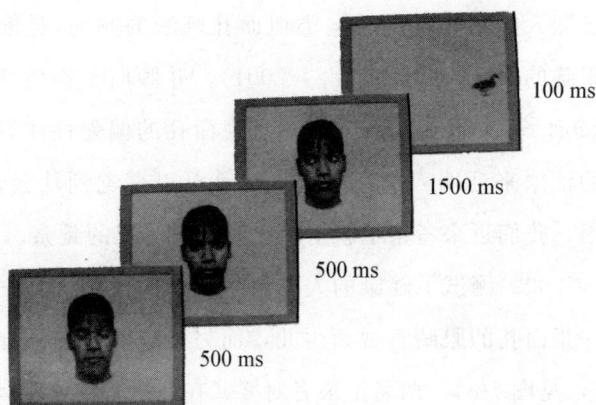

图 7-7　在法罗尼等人（Farroni et al.，2000）的实验 1 中所用的编辑过的视频影像示例[在这一测试中，目标刺激（鸭子）出现在与注视方向不一致的位置上]

在一系列以此为基本范式的研究中，我们已经确定，只有与正立面孔互相注视一段时间之后，才能观察到提示的效应。换句话说，与正立面孔的互相注视可能启动注意机制，从而使观察者随后的行动更可能受提示的影响。总之，婴儿眼睛注视提示刺激的重要特征包括：①构成成分的水平运动；②之前与正立面孔有一短时的眼睛接触。

来自功能神经成像的证据表明，成人眼睛注视的加工涉及一个由皮质和皮质下区域组成的网络（Senju & Johnson，2009）。这些网络结构和运动知觉、一般的面孔知觉中所观察到的激活模式有重叠，但不完全一样。虽然整个网络的激活可能对眼睛注视加工很重要，但是有个区域，即颞上沟的"眼睛区"，对眼睛注视的加工尤为重要。有研究发现，婴儿能有效地接受非眼睛运动的提示（Farroni，Johnson，Brockbank，& Simion，2000），此结果初步表明，儿童颞上沟的功能不像成人那样特异化。

婴儿在有效地接受提示之前需要一个直接注视的时期，在观察到这个令人惊讶的结果之后，一些研究者考察了觉察眼睛接触的发展源由。我们已知人类新生儿有转向类似面孔刺激的倾向（见前文所述），偏爱睁着眼睛的面孔（Batki et al.，2001），并倾向于模仿特定的面部表情（Meltzoff & Moore，1977）。对直视面孔的偏爱性注意提供了最令人信服的证据来证明人类新生儿生来就可以察觉到社会性的信息。出于该原因，我们近来考察了新生婴儿对眼睛注视的觉察。我们（Farroni et al.，2002）测试了健康的人类新生儿，向他们呈现一对面孔刺激，其中一张面孔的眼睛直视新生儿，而另一张面孔的注视是转向一边的（侧目，见图7-8）。两名记录者对婴儿在此过程中的眼动录像进行了分析。我们使用的因变量为总注视时间，以及朝向反应的次数。结果显示，婴儿注视直视面孔的时间更长，而且朝向直视面孔的次数比非直视面孔更多。

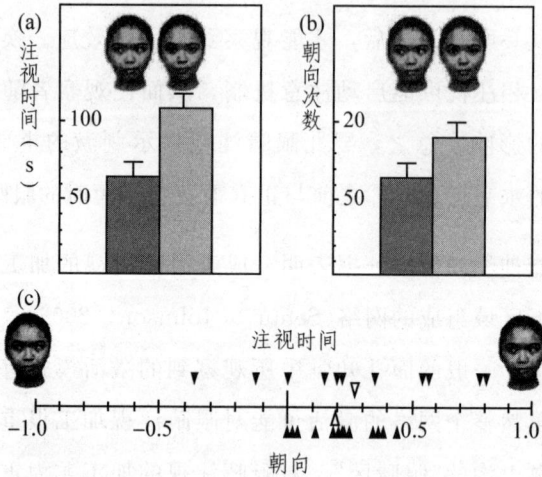

图7-8　法罗尼等人（Farroni et al.，2000）有关新生儿偏爱注视的研究结果

（a）用在两种刺激上的平均注视时间（和标准误）。新生儿看直视面孔的时间显著长于看侧目面孔的时间。（b）朝向每类刺激的平均次数。（c）实三角：每个新生儿看直视面孔减去侧目面孔的相对偏爱分数；空三角：平均偏爱分数。

在另一个实验中，我们在婴儿观察面孔时在其头皮用电极记录事件相关电位（ERPs），试图获得一些证据，以证明婴儿对直接注视的特异性加工过程。我们用了新生儿行为研究中同样的刺激，对 4 个月的婴儿进行研究，发现婴儿 ERP 的面孔敏感成分在先前讨论过的两种注视方向上存在差异(Farroni et al.，2002)。我们从第二个研究中得出的结论是：直接的眼睛接触提高了 4 个月的婴儿对面孔的知觉加工。

近期的实验研究通过分析高频 EEG 在 γ(40 Hz)范围内的波形，进一步证实了上述研究结论(Grossman，Johnson，Farroni，& Csibra，2007)。之所以关注 γ 波，是因为它与 fMRI 中的 BOLD 信号密切相关(见第 2 章)。格罗斯曼等人(Grossman et al.，2007)预测，根据成人 fMRI 的研究结果(Scibach et al.，2006)，如果 γ 波的确与觉察眼睛的接触或者对交往意图的感知有关，那么直视就会使前额部位产生明显的 γ 振荡。研究结果显示，γ 振荡会随着注视方向的改变而发生变化，但这一功能仅体现在正立面孔条件下，当然这一结果进一步扩展了以前 ERP 的研究。与预期一致，正立面孔的直接注视能够在 300ms 时引发右侧前额部位的 γ 振荡。我们通过另外一种不同的成像方法 NIRS，在婴儿身上观察到了一致的研究结果(Grossmann et al.，2008)。

有关婴儿对眼睛注视加工的发展和神经基础的实证证据，与交互式特异化理论是一致的。特别是，作为新生儿面孔偏爱的深层机制，高对比成分(Conspec)中相同的原始表征已足以引导他们转向有直接眼睛接触的面孔。因此，新生儿更频繁地转向直视的面孔可能与新生儿转向面孔的倾向享有共同的机制。与侧目的面孔相比，直视面孔更适合这个模板中各成分的空间关系；由此可以表明，这个假定机制所起的功能性作用比以前所设想的更为广泛。这个原始的偏爱确保婴儿在生命的头几天和几星期中偏爱直视的人脸信息，这种偏爱为社会脑的出现奠定了坚实的基础(Senju & Johnson，2009)。(延伸阅读：Johnson，2005；Senju & Johnson，2009。)

根据交互式特异化观点，针对某个特定的功能，神经网络作为一个整体变得越来越特异化。因此，我认为，颞上沟(STS)的"眼睛区域"不是独立发展的，也不是以模块形式发展的，而是在相互关联的区域背景中发挥其功能，这些相关区域或是涉及一般性的面孔加工，或是与动作的觉察有关。在这个观点看来，STS可能是一个把运动信息与面孔加工(以及其他的身体部分)加以整合的区域。即使STS在婴儿时就可以发挥作用，但它还不可能有效地整合动作与面孔信息。换句话说，尽管4个月婴儿可以进行很好的面孔加工和一般性动作的知觉，但还不能将这两方面的知觉整合成像成人那样进行的眼睛的注视知觉。根据这种解释，与一个正立面孔进行眼睛接触完全和面孔加工有关，并通过侧向运动促进注意的朝向。较大一些后，眼睛注视知觉开始发挥其完善的整合功能，即使呈现静态的视线转移的眼睛也足以促进注视行为。

对他人行为的理解和预测

除了面孔加工和眼睛注视的觉察，社会脑还包括许多更加复杂的方面，例如，对人类行为的相关性知觉，对他人意图和目标的恰当归因。传统上，解决这些问题的一种方式就是对婴儿、幼儿和儿童的行为进行研究。然而，近些年发展认知神经科学也开始着手探讨这些问题。除了对眼睛的敏感性外，成人中STS对移动的具有生物学特点的刺激也有反应[但对非生物性的类似移动刺激，或者生物性刺激的静态图片都没有反应(Puce et al.，1998)]。这种特异性是否像交互式特异化观点所预期的那样是在后天发展过程中出现的呢？

有关儿童的功能 MRI 研究（Mosconi，Mack，McCarthy，& Pelphrey，2005）已经表明，从儿童中期开始，STS 会被动态的社会性刺激所激活。卡特和佩尔瑞（Carter & Pelphrey；2006）使用 fMRI 测试了 7 岁和 10 岁儿童在观看多种生物运动和相关刺激（如步行的机器人）时，STS 和其他脑区中反应的特异性。研究结果表明，随着年龄的增长，STS 对生物运动的反应特异性增加，这与交互式特异化观点相一致。

最近一项光学成像（NIRS）研究（Lloyd-Fox et al.，2009）在考察 5 个月婴儿观察动态的社会性刺激（一位女演员运动自己的手、眼睛和嘴巴）与动态的非社会性刺激（机器的运动）时也发现，婴儿脑的激活模式与 STS 的活动一致。然而，婴儿这种反应的特异性的精确程度仍有待确定。总的来说，虽然对于 STS 的研究没有 FFA 那么深入，但基于现有证据可以认为，这种功能特异化的出现过程可能与 FFA 类似。

在神经科学领域中，近期最引人关注的发现是对他人行为的感知能够诱发成人观察者的阈下动作活动，这个现象在猴子和人类身上都存在，被称为"镜像神经系统"（"mirror neuron system"，MNS）（Rizzolatti & Craighero，2004）。一个 MNS 有许多相同的细胞和神经通路，参与产生动作行为，同时也对看到他人执行类似活动的视觉输入信息进行加工。目前对于动作知觉的动作镜像功能的重要性仍然存在许多的推测和争论。在动作观察中有一种方法可以用来揭示运动系统的功能，那就是调查该现象的个体发生学的特点（Kilner & Blakemore，2007）。在动作观察过程中个体自身所特有的运动能力和技能是运动系统是否被激发的决定因素（Calvo-Merino，Glaser，Grezes，Passingham，& Haggard，2005），因而，婴儿有限的运动能力能够清晰地揭示出哪些能力是被运动系统所调控的（van Elk，van Schie，

Hunnius，Vesper，& Bekkering，2008）。

　　直到最近，才有个别关于婴儿在观察他人执行类似动作时，是否能够激活他们自身运动系统的研究证据。通过记录感觉运动区脑电信号（EEG）中 α 波的活动情况，可以了解在动作知觉中动作激活的功能性作用。然而，要证实一个 MNS，必须要在同一个被试的动作和知觉活动时，同时记录这种神经活动的激活。仅在一种或其他任务上的变化不足以给出令人信服的证据。因此，索斯盖特及同事（Southgate，Johnson，Osborne，& Csibra，2009）使用 EEG 测量了 9 个月婴儿在观察可预测的重复动作过程中感知运动区 α 波的变化情况。成人研究表明，对目标导向行为的观察和执行可以调控感知运动区的激活（Hari et al.，1998），而且这些活动可能源于初级躯体感觉皮质（Hari & Salmelin，1997）。索斯盖特和同事发现，在动作观察过程中，婴儿的确表现出了阈下运动激活，这些神经活动与婴儿自己执行类似活动所产生的神经信号是一致的。有趣的是，不仅是在动作观察过程中有反应，在那些可预期的重复性动作发生之前，婴儿可以预见那些动作时，也会出现明显的运动激活。这一发现与以往研究报告的成人能够预期他人将执行某项动作时就会激活运动系统是一致的（Kilner，Vargas，Duval，Blakemore，& Sirigu，2004），这也符合近期研究者所提出的观点，即动作观察中运动的激活可能反映了个体对一个动作将如何展开的预测性加工（Csibra，2007）。

　　除了对面孔、眼睛和他人动作的感知外，处于成长中的儿童还需要发展根据他人意图、目标和愿望来理解他人行为的神经机制和认知机制，这种能力被称为"心理理论"（theory of mind）。与前面所讲到的面孔加工一样，近些年许多实验室都开始使用 fMRI 来研究儿童理解他人心理状态的神经基础。目前有一组涉及多个年龄段儿童的 fMRI

研究，通过不同的测试任务一致表明，当儿童在进行心理理论任务时会有内侧前额叶皮质（MPFC）的激活（Blakemore，den Ouden，Choudhury，& Frith，2007；Kobayashi，Glover，& Temple，2007；Ohnishi et al.，2004；Pfeifer，Lieberman，& Dapretto，2007；Wang，Lee，Sigman，& Dapretto，2006）。在这些研究中，心理理论任务所激活的儿童内侧前额叶区域较成人更大，即使在控制了儿童和成人的任务表现和可能的基线差异后，这一差异仍然存在。例如，王等人（Wang et al.，2006）使用反语任务考察成人和儿童（9 岁～14 岁）对交往意图的理解，研究发现儿童的内侧前额叶皮质和左侧额下回较成人有更大范围的激活，而成人的梭状回（FG）、外纹状体（extrastriate）和杏仁核的激活则比儿童更强。此外，研究者对儿童组数据的相关分析发现，年龄与 FG 的激活程度成正相关，而与 MPFC 的激活范围则成负相关。与之类似的是，布莱克默尔等人（Blakemore et al.，2007）的研究显示，青少年被试（12 岁～18 岁）在考虑意图时，MPFC 的激活范围比成人大，而成人右侧 STS 的激活则多于青少年。其他两个心理理论的发展研究也得出了类似的研究结果。帕弗瑞夫（Pferifer et al.，2007）和同事考察了 10 岁儿童在自我知识检索过程中的脑活动，发现儿童的 MPFC 的激活范围比成人大。在这个研究中，成人激活的外侧颞叶复合体（LTC）明显多于儿童。小林等（Kobayashi et al.，2007）向成人和 8 岁～11 岁儿童呈现经典的心理理论任务，结果也表明儿童的 MPFC 的激活大于成人，但是成人右侧杏仁核的激活大于儿童。总之，这些研究表明，在心理理论任务中，随着年龄的增长，MPFC 的激活范围逐步局限化，而在后侧（颞叶）皮质区的活动则有时候会增强（具有任务依赖性）。

这些发展变化模式与交互式特异化观点是一致的，即随着个体的发展，前额皮质的功能活动存在从弥漫到局部的转变。第二个一般性趋势是，相比于额叶皮质区，后侧（颞叶）皮质区的功能发展可能持续更长的时间（Brown et al.，2005）。

　　对于技能学习假设来说，关于心理理论发展的 fMRI 研究结果与有关成人通过练习和学习而引起的功能性脑活动改变的研究很一致（Kelly & Garavan，2005）。例如，西格曼和同事（Sigman et al.，2005）的研究发现，在视觉形状辨别任务中，学习导致后侧视觉皮质活动的增加，额叶和顶叶皮质活动的减少。在成人的大脑皮质中，学习会导致大脑活动大范围的重组，被认为是由于执行控制的减少以及自动化的增加，这至少部分地解释了社会脑的发展变化模式。但是，单独的技能学习观点不能解释所谓习得的年龄效应（"age of acquisition" effects），也就是，学习发生时的年龄会影响某个技能的获得方式及其神经机制。这种效应在其他很多认知领域都普遍存在（Hernandez & Li，2007）。而且，最近的研究表明，这一效应也存在于完成心理理论任务中 MPFC 的激活模式。例如，小林、格洛弗和坦普尔（Kobayashi，Glover，& Temple，2008）对早期和晚期习得第二语言的双语者（会讲英文的日本人）进行研究，两类双语者完成用第一语言和第二语言的心理理论任务中具有类似的绩效，但是早期双语者（8 岁～12 岁儿童）由第一语言与第二语言心理理论任务诱发的 MPFC 激活存在很大的重叠，而晚期双语者（18 岁～40 岁成人）在完成第一语言心理理论任务时激活了更多背侧 MPFC，而完成第二语言的心理理论任务时则激活了更多的腹侧 MPFC。

　　儿童大脑的弥漫性激活是如何转变为成人大脑中局部性激活的？这一问题仍有待进一步的深入研究（见第 12 章）。一种可能的解释是，MPFC 的许多区域在儿童期基本都用于执行心理理论功能，而在成人时这些区域也负责其他某些特定的功能。因而，成人可能仅选择性地激活 MPFC 的部分区域，而儿童则需要激活全部的区域来完成社会认知的不同方面。

异常的社会脑

另一种研究社会脑形成的方法是考察发展性障碍的原因，例如，自闭症和威廉姆斯综合征（WS，见第 2 章）。

许多实验室都试图对自闭症患者的脑损伤的具体位置进行定位。通过采用成人神经心理学模式（见第 1 章的因果渐成论），最初假设，在大脑某处可能有局部的结构损伤，而且这个大脑中的"洞"可能对应于认知损伤的特定模式。我们将会看到，尽管发展性缺陷可以导致表面看来非常特定的认知缺陷，但相应的脑结构损伤则可能是弥散性的，难以发现的，并且/或者存在个体间的差异（见第 2 章）。在自闭症个体中，结构脑成像和尸体神经解剖研究已经涉及脑干、小脑、边缘系统、丘脑以及额叶等不同的区域（South et al.，2008）。也有些研究报道脑室的扩大，表明临近的边缘系统和额叶结构出现萎缩（Pennington & Welsh，1995）。但是，就如自闭症研究中所报道的其他大脑异常一样，脑室的扩大并非自闭症所特有，因为在精神分裂症中也观察到类似的情况。（South et al.，2008；Tager-Flusberg，2003.）

在关于自闭症的研究中，还观察到另一个位于小脑的缺陷（Cour-chesne，Yeung-Courchesne，Press，Hesselink，& Jernigan，1988）。目前还不清楚它是出生后所受的影响（见第 4 章，此区域的细胞迁移持续到出生后），还是如考切斯奈等（Courchesne et al.，1988）所言，是在怀孕 3 个月～5 个月的时候由异常的细胞迁移所引起的。虽然已经观察到在皮质上细胞迁移失败的一些证据，但这种迁移失败并不限于任何特定的区域(Piven et al.，1990)。确定发展性脑损伤有一个难题，就是很难确定哪个异常是根本的原因，哪个是早期异常发展所造成的后果。一般来说，发展最迟的结构和区域最有可能受到早期异常发展的影响。例如，在自闭症患者中，有时可以在皮质、海马和小脑中观察到异常，但都可能是早期丘脑缺陷的结果。

在出生后的发展中，最晚表现出结构变化的皮质区域是额叶，它在最近成为自闭症和其他发展性障碍(比如，苯丙酮酸尿症)研究的焦点(见第2章和第10章)。虽然这个区域的异常可能造成某些认知缺陷，但这不意味着自闭症患者与获得性前额皮质损伤患者是一样的。

虽然脑损伤引起的自闭症可能是弥散的、多样的，但由此引发的认知特点是相对清晰的。在儿童早期，自闭症儿童的许多社会加工过程似乎是完好的。但是，他们普遍地表现出与"心理理论"相关方面上的缺陷。尽管心理理论这个词很宽泛，但它是我们理解他人以及与他人互动的较为基础和关键的功能。特别是心理理论涉及理解他人思想过程的大多数能力，比如，理解他们的感受、信念和知识。一种被称为"错误信念"(false-belief task)的任务可以用来研究心理理论。比如，下面的这个情景故事，可以用洋娃娃、玩偶或是真人演员来表演(Wimmer & Perner，1983)。

> 萨利(Sally)有一个弹球。她把它放在一个篮子里后，就出去散步了。当萨利出去的时候，安娜(Anne)进来把弹球从篮子里移到了一个盒子里。这个时候问观看这个情节的被试："当萨利回来的时候，她会去哪里找她的弹球呢?"如果被试想简单地根据他们自己知道的信息来预测萨利的反应，那么他/她会回答："盒子里。"另一方面，如果被试根据萨利(错误的)的信念预测萨利的反

应，就会正确地预测出萨利会到篮子里找弹球。

另外一个错误信念的情景是：给被试看一个容器，儿童很清楚这个容器一般是用来装糖果的，如果问儿童容器里有什么，被试会回答糖果名。之后打开盒子，给儿童看，他们发现里面放着一支铅笔，不是糖果。然后告诉被试，等会儿一个朋友会进来，如果问这个朋友这里面装着什么时，这个朋友会怎么回答。再一次，只有儿童能够推断出朋友必然会持有的错误信念，他/她才会回答糖果名而不是铅笔。

巴伦-科恩(Baron-Cohen)、莱斯利(Leslie)、弗里斯和他们的同事在一系列研究中证明：与唐氏综合征患者不同的是，多数自闭症个体都不能完成上述类型和其他的心理理论任务(Baron-Cohen，1995；Frith，2003；Happé，1994)，但他们在一系列其他的任务中的表现相对正常(与在心理年龄上相匹配的控制组相比)。这种缺损模式能够解释为什么自闭症患者经常一视同仁地对待他人和其他无生命的物体。因此，很多人相信，心理理论的缺陷是自闭症的主要认知缺陷。虽然研究者基本同意这种认知缺陷的性质，但这一观点也存在诸多变式，目前正在被检验。

其他理论家提出了更具发展性的解释，他们认为，缺乏心理理论是由更早的缺陷导致的，如婴儿的模仿能力(Rogers & Pennington，1991)或对情绪的知觉能力(Hobson，1993)。由此，这些研究者认为，出生时或出生后不久出现的社会认知缺陷导致了后来心理理论的缺陷。

为了确定自闭症的早期起因，一些研究团队已经开始通过纵向研究考察由于家族遗传方面的原因在后期可能被诊断为自闭症的高危婴儿。所谓"婴儿同胞"(baby siblings)指的是婴儿的哥哥和姐姐已经被诊断为自闭症，而他们自身也是自闭症高风险人群(值得注意的是，这仅是少部分人）。对婴儿同胞的研究表明，在许多案例中，第一个异常的社会交往技能的迹象开始出现在 12 个月～18 个月（Zwaigenbaum et al.，2005）。虽然在出生后第一年末之前，对社会行为和交往技能的观察很难发现异常现象，但一些神经生理学的研究已经揭示，高危婴儿和正常的控制组婴儿在看直视或侧视面孔时都表现出了组间差异（Elsabbagh et al.，2009）。神经生理学研究测量到的这些早期表现出来的组间差异，能否预测这些个体将是自闭症患儿，或者仅仅是影响家庭成员的更广泛表现型中的早期征兆，这一问题仍待研究。

随着婴儿同胞研究工作的开展，其他研究者对初步诊断为自闭症的学步期幼儿也进行了研究。例如，道森及其同事（Dawson et al.，2002）研究了儿童对面孔和物体（玩具）加工的熟悉效应。ERP 数据表明，控制组的儿童可以识别出面孔和物体（玩具）这两类东西，但潜在的自闭症个体不能识别出面孔。这说明他们的神经缺陷存在某种程度的特异性。但是，正如研究者指出的，这种缺陷可能有更早的发展性的原因，比如，出生后不能朝向面孔。在一个类似的实验中，格莱斯及其同事（Grice et al.，2005）考察了年幼的自闭症儿童，发现与眼睛注视加工有关的 ERP（如前所述）存在发展性的迟滞。

把结构神经影像和神经解剖学方面的证据结合起来，一些研究小组试图用认知缺陷的模式来推测自闭症个体究竟是哪些脑通路或结构上受到了损伤。或许，神经心理学所持的最为普遍的观点是：所观察到的认知损伤的模式与额叶皮质的损伤或分离是一致（Damasio & Maurer，1978；Pennington & Welsh，1995）。例如，即使高功能的自闭症患者也不能完成许多执行功能（executive function）任务；这些执行功能任务被认为是额叶功能的标志，如河内塔计划任务及威斯康星卡片分类测验（Ozonoff，Pennington，& Rogers，1991）。目前，还不清楚这些缺陷是先于心理理论的缺陷，还是独立于心理理论，或者是否依赖于同样的计算基础（Pennington & Welsh, 1995）。

有研究者认为，心理理论的缺陷是一些认知缺陷中的一种，与这些认知缺陷有着共同的计算基础；那些强调小脑异常的重要性的研究者也同意这个观点（Courchesne, 1991）。根据这个观点，心理理论上的缺陷是因为随着时间的延伸，小脑对于加工依赖背景的、复杂的序列信息的重要性日渐显露。未来通过功能神经成像的研究将有助于区分这些不同的神经心理学的假设。（Elsabbagh & Johnson, 2007; South et al. , 2008.）

与自闭症个体表现出特定的社会缺陷相比，威廉姆斯综合征个体的"社会模块"则被公认为是完好的。WS（小儿血钙过多）是一种相对罕见的源于基因的障碍（见第 2 章）。除了令人惊讶的语言能力（见第 9 章），在面孔区分任务中（The Benton test），威廉姆斯综合征患者表现得与控制组一样好（Bellugi, Bihrle, Neville, Jernigan, & Doherty, 1992）。而且，在一项标准记忆测验中（the Rivermead Behavioral Memory Tes），他们在面孔识别部分的表现比正常发展的成人还好（Udwin & Yule, 1991）。这种能力模型与上面所述的自闭症患者的缺陷几乎相反，由此引出一个初步的假设，即威廉姆斯综合征患者中对应于"社会模块"的功能性脑系统是完好的。具体地说，其中一个假设认为，威廉姆斯综合征患者的社会模块保持完整，而自闭症患者的社会模块却被有选择地损伤了。如上面所讨论的，对自闭症患者认知缺陷的重要解释之一就是他们缺乏心理理论。卡米洛夫-史密斯及其同事对威廉姆斯综合征患者进行了一系列实验，检验以下的假设：存在一个"广泛的认知模块，它能表征和加工与他人相关的刺激，包括面孔加工、语言和心理理论"（Karmiloff-Smith, Klima, Bellugi, Grant, &

Baron-Cohen，1995，p.197）。如我们先前讨论的，大约只有 20％的自闭症患者通过了心理理论任务，而在威廉姆斯综合征患者中，则有 94％的人通过了那些任务，这表明他们的心理理论以及语言、面孔加工都是完好的。把这项结果和其他类似研究结果整合起来，以下的描述是非常有吸引力的：威廉姆斯综合征和自闭症表现出几乎相反的神经认知情况（虽然也知道这两个组可能都有一些普遍性的迟滞），而且来自不同的小脑异常的证据也增强了这个假设。（延伸阅读：Karmiloff-Smith，2008；Tager-Flusberg，2003。）

然而，卡米洛夫-史密斯等人（1995）从其他发展性障碍中引用了一些证据，这些证据并不支持损伤或完好的模块是预先决定的这一简单的观点。以唐氏综合征为例，这类患者在面孔加工以及语言中语素应用上的严重缺陷，却能较好地完成心理理论任务（Baron-Cohen，Leslie，& Frith，1985，1986）。相反的，在一个脑积水并脊髓脊膜突出的个体身上，优异的语言输出能力与面孔加工、心理理论的严重缺陷并存（Cromer，1992；Karmiloff-Smith，1992）。这些不同的分离模式明显地向大脑中存在预先决定的社会模块这一概念提出了挑战。

与交互式特异化观点相一致的另一个观点认为（Karmiloff-Smith，2002），在某种程度上，模块化是出生后发展的结果，而不是出生前（也见第 12 章）。特别是，新生儿对特定领域的偏爱（如在本章前面讨论过的面孔偏爱以及在第 9 章中讨论的言语分辨能力）确保皮质的回路有偏向地接受与社会相关的刺激，如语言和面孔。经过持续地接受这些刺激，具有可塑性的皮质回路建立起适合加工这些输入信息的表征，最终自然地产生高级的系统用于一般性社会互动的实际过程。（延伸阅读：Karmiloff-Smith，2008。）

如果这个有关社会脑产生的一般观点是正确的，它意味着早期感觉或社会性的剥夺可能有长期的后果。两个方面的研究追踪了这个问题。首先,毛瑞尔及其同事研究了那些因患有单眼或双眼白内障,在出生后不同时段被剥夺视觉的个体。这些厚厚的白内障阻碍了结构化的视觉输入,一直到手术摘除,而手术通常在出生第一年内进行。通过研究这种临床案例的面孔加工情况,发现他们即使有多年的正常面孔经验,仍然会存在一些缺陷(Le Grand,Mondloch,Maurer,& Brent,2001)。换句话说,出生后前几个月的视觉剥夺对面孔加工的影响是终生都可以觉察到的。此外,最近通过研究单侧剥夺的案例发现,右半球(左眼)的剥夺影响更大。诸如此类的数据,不仅表明从第1个月起右半球倾向于面孔加工,而且对人类功能性脑发育的"技能学习"观点提出了一个严峻的挑战。

白内障患者为我们提供了感觉剥夺的例子,而另一类研究来自遭受社会剥夺的群体。比如,在孤儿院中长大的孩子可能有多重社会、认知以及感觉运动的问题(Gunnar,2001)。孤儿院的抚养质量一般是不稳定的,甚至缺乏最起码的与抚养者长期的稳定关系(Rutter,1998)。"好"的孤儿院中的孤儿可能存在执行功能(见第 10 章)和社会认知方面的问题,但是感觉运动、认知和语言发展的其他方面可以恢复得很好。另外一个极端案例是,在罗马尼亚的孤儿院中度过至少前12 个月的儿童,12%的人表现出了自闭症的特征,尽管这些症状也有随时间逐渐减少的趋势(Rutter et al.,1999)。(Shackman et al.,2008.)

概要与结论

如本章开始时所讨论的,有关功能性脑发育的三种观点对社会脑的发展有不同的解释。从面孔加工的神经发育角度得到的证据与成熟观相矛盾。早期剥夺的长期影响以及新生儿出现面孔和眼睛注视的偏爱，又与技能学习观点有所出入。因此，很可能既没有先天的社会认知的模块，也没有出生后才在大脑皮质中"成熟"的、与这些功能有关的先天皮质。相反，那些用于加工他人信息、他人可能的想法以及未来可能的行为等的复杂表征，它出现在大脑中至少源于三种因素整合的结果：对社会性相关刺激（如面孔和语言）的原始偏爱；有些他人能够与儿童能够进行积极的互动体；与皮质区域性偏爱和联结模式有关的皮质的基本结构。上述因素中任何一个因素的异常都可能导致婴儿进入偏离正常发展的途径，在此发展途径中只有部分社会认知能力得以正常发展。

关于社会脑的产生，交互式特异化观点所面临的挑战涉及以下这个假设：与社会加工领域相关的神经网络的产生最初与其他皮质网络是相互交错的。婴儿的行为研究证明，最小从 9 个月开始，他们会将目标集中到移动的物体上，即使有时候这些物体的外形并不像生命体（Csibra，2003）。的确，有研究者认为，婴幼儿可能会将他们的社会认知能力过度延伸到自然物体上去，而成人则不会（Csibra，2003）。这个在社会和非社会知觉之间的模糊界线，是社会脑没有完全从大脑的其他部分中独立出来的副产品，它为未来研究提出了一个有趣的主题。

讨论要点

- 人类的社会认知能力如此复杂，那么动物模型对于社会脑发展的研究具有什么价值？

- 婴儿与成人的 STS 功能存在哪些方面的差异？如何通过实证研究来测量？

- 哪些因素可能会导致社会脑的发展出现异常？

8

学习与长时记忆

LEARNING AND LONG-TERM MEMORY

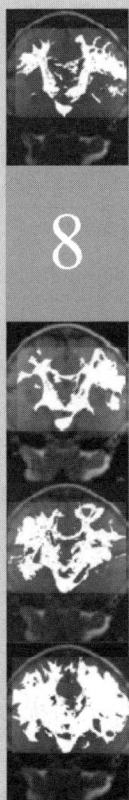

　　长时记忆通常可分为不同的类型。重要的分类之一是把其分为外显记忆与内隐记忆。外显记忆是那种我们能够想起来的长时记忆，而内隐记忆是与知觉—动作技能相关的长时记忆。每种长时记忆还可分为不同的子类型——外显记忆包括对事实的语义记忆以及有关个人事件的情景记忆，内隐记忆包括一系列的技能，如条件作用和启动。大家起初认为内隐记忆是与生俱来的，而外显记忆是在内侧颞叶（medial temporal lobe，MTL）成熟后才逐渐形成的。但是，近来研究者发现一种依赖于 MTL 的外显记忆从出生就有了，并且这种记忆在 8 个月～10 个月时随着 MTL 成熟显著提高。内隐记忆在 3 岁以后的发展就很缓慢了，而外显记忆，特别是情境记忆，随着海马联结的变化和额叶皮质的不断参与，在整个儿童期持续发展。越来越多的皮质参与到外显记忆的神经基础中，这可能是由于与海马相关的皮质区域不断地特异化的过程。总的来说，大多数记忆任务都可能会涉及若干个大脑系统，这与其他章节中来自于认知领域的结论相互呼应。

记忆在我们的日常生活中非常关键，它让我们建立起基于事实、规则和技能的知识，存储有关个人经验中的各种细节，这些个人经验对"我们是谁"的感知是非常重要的。今日我们对于记忆的认知和神经基础的了解被一个叫 HM 的个案深深地影响着。HM 为了治疗抗药性的癫痫接受了大部分颞叶切除的外科手术，术后被严重的失忆困扰。在手术后，HM 不能够形成新的事实或事件的长时记忆，几分钟内就会忘记发生的事情。即使如此，他依然能够记住手术前的事情，并且在特定情况下，例如，当要求学习动作技能时，可以形成新的长时记忆。这一案例从以下两个方面推进了我们对记忆的理解：①证明了记忆并不是一个单一的功能；②证明了不同类型的记忆涉及不同的大脑网络。更重要的是，他的例子强调了**外显记忆**（有时也称为陈述性的或认知的记忆，即能够想起来的记忆）与**内隐记忆**（有时也叫作非陈述性的、程序性的、习惯或非认知的记忆，典型地表现在知觉或运动表现中的变化上）的不同。在 HM 的例子中，只有前者受到了影响，它依赖于内侧颞叶（MTL）(Cohen & Squire, 1980)。

另一些研究对外显和内隐形式记忆进行了更加细致的分类。外显记忆包括对于事实的语义记忆，但与特定情境无关（例如，汽车有轮子）；还有我们经历过的、涉及时空背景事件的情景记忆（例如，今早我把车停在了树下）。外显记忆依赖于 MTL（见图 8-1）皮质回路，包括海马、周边区域（边缘皮质、内嗅皮质以及海马旁回）和间脑。在这些系统内，海马被认为更多地与情景记忆有关而较少涉及与语义记忆（Mishkin，Suzuki，Gadian，&Vargha-Khadem，1997；不同的观点也可参见 Squire，Stark，& Clark，2004）。内隐记忆涉及一系列不同的技能，包括动作学习、条件作用（conditioning）和启动（priming），由不同的（有时也可能是重叠的）大脑回路所调节。例如，某些形式的动作学习和条件作用与基底核、小脑和其他运动皮质相关；而知觉启动（当一个知觉刺激之前出现过，那么对它的加工会变得更加容易）与感觉皮质有关。

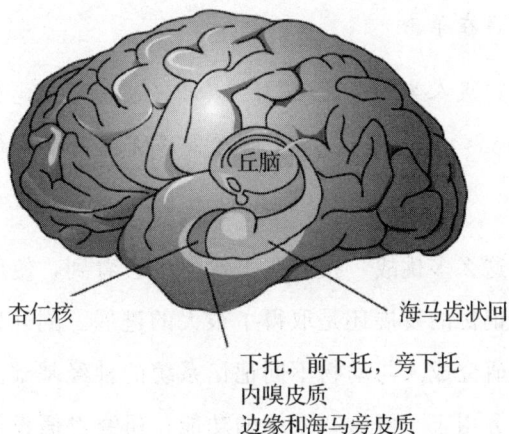

图 8-1 内侧颞叶的记忆系统

有关记忆的认知神经科学研究中，记忆的多重系统的观点已成为一个重要的理论框架。在动物和人类认知神经科学有关不同学习和记忆系统的脑神经基础的研究中，研究者已经得到大量的数据（Bacheva-lier，2008；Squire et al.，2004），研究者们可以基于这些数据来设计任务并建立记忆发展的神经基础的理论。然而，从发展认知神经科学角度来研究记忆却面临着一系列的挑战。

第一，记忆任务中的行为发展可归因于与记忆无关的大脑系统的功能发育。例如，运动或言语技能的提升可能导致更好的对于记忆内容的表达，即使这种情况下记忆本身没有发生变化。而且，在分子和细胞水平上，发展和学习常常有一些共同的机制，使得它们之间的区别不明显。

第二，就像上面讨论过的，行为神经科学和神经心理学的研究揭示，存在着支撑不同类型记忆的多重脑系统（multiple brain systems）。但即使在成人中，这些不同的系统也很难区分清楚，对于正处于发展的系统来说，这种理论是否合适也仍然存在争论。

第三，成人某些形式的"外显"记忆包括对信息的有意觉知（conscious awareness），这在前言语阶段的婴儿的身上很难确定。

尽管存在这么多挑战，我们在本章中将会看到，使用认知神经科学的方法研究记忆的发展还是取得了很大的进展。刚开始，大多数研究者都致力于研究成人与动物不同记忆系统的神经基础。然后他们试图开发标记任务用于了解这些系统的功能；研究者假设，年幼婴儿和儿童记忆能力的缺乏可能是由于支持特定类型记忆功能的神经系统存在发展上的差异。

外显记忆的发展

认知神经科学中最早的关于记忆发展的假设之一是由沙克特和莫斯科维奇（Schacter & Moscovitch，1984）提出的。他们推测长时存储信息所必需的脑结构最有可能是内侧颞叶，而它们在出生的第一、二年中可能尚未发挥功能。巴切瓦利尔和米什金（Bachevalier & Mishkin，1984）提出过一个相关的假设，他们指出，遗忘症与婴儿记忆能力特征之间存在相似性，这里的遗忘症是指成人由于内侧颞叶系统损伤而导致的再认记忆缺陷，但在学习刺激—反应"习惯"（stimulus-response "habits"）时不存在损伤。米什金及其同事的早期研究已经证明：在成年遗忘症患者中所观察到的缺陷模式，与通过手术损伤部分边缘系统的成年猴子身上所观察到情况相似。这些观察引出了以下假设：婴儿在最初是依赖于内隐记忆的，外显记忆是随后才慢慢出现的。（Bachevalier，2008；Bachevalier & Vargha-Khadem，2005.）

为了检验"认知记忆"和"习惯"系统存在不同的个体发育时间表这个假设，巴切瓦利尔和米什金（1984）用两种类型的任务测验了 3、6 和 12 个月大的婴猴。第一类是视觉再认任务，婴猴要学会从一个之前呈现过的熟悉刺激和一个新异刺激中，辨认出后者（延迟的非匹配样本）。这个任务只需要呈现单个需要学习的物体，并且被认为需要"认知记忆"系统的参与，因为成功完成这个任务需要回忆起在单个学习片段中观察到了什么。第二类任务是视觉辨别习惯化任务（visual discrimination habit task），婴猴每天有顺序地看相同的 20 对物体。尽管每天物体的相对位置会有所变化，但是每对物体中都有一个固定的物体与食物奖励相联系。婴猴要学会移动每一对物体中那个正确的物体。这个任务被认为涉及"习惯"的记忆系统，因为成功完成这个任务需要在不断的重复中学习项目与奖励的联结。

婴猴一直要到大约 4 个月时才能学会"认知记忆"任务，并且到 1 岁时仍没有达到成年猴子的熟练水平。相反，3 个月或 4 个月的婴猴就可以和成年猴子一样容易地学习视觉"习惯"了。巴切瓦利尔和米什金认为，婴猴记忆能力上的不一致可归因于 MTL 系统出生后的延迟发育，这种延期的发育也因此延迟了再认和联想（"认知"）记忆能力的发展，使其晚于感觉运动习惯的形成。这个解释也可用于人类婴儿，因为在婴儿早期，他们也不能学会非匹配样本的延迟任务（一直要到 15 个月时才能学会），而且他们的表现直到 6 岁也没有达到成人水平（Overman，Bachevalier，Turner，&Peuster，1992）。

挑战这个观点的一个重要的证据来自于视觉配对比较任务（visual paired comparison task）的研究。这个任务类似于延迟非匹配样本任务，被试首先熟悉一个刺激，然后同时呈现这个熟悉的刺激与另一个新异刺激来进行记忆测试。然而，在视觉配对比较任务中发现，与熟悉刺激相比，对新异刺激更长时间的注视（取代了接触）为再认记忆提供了证据。出生 15 天～30 天正常的猕猴发展出了对新异刺激的强烈偏爱，这体现了对熟悉刺激的再认。但在 MTL 受损（含海马）的婴猴上并没有发现这种偏爱。这个令人惊讶的结果表明，即使在很早的年龄，内侧颞叶结构就已经在视觉记忆中扮演着重要的角色。这也说明，并非 MTL 成熟，而是其他因素可能导致了在延迟的非匹配样本任务中记忆表现的延后发展。例如，规则学习能力（"选择新异物体"）或把物体和奖励建立联结的能力的缓慢发展可能与此有关。

来自人类婴儿的研究也为视觉配对比较任务中延迟的再认记忆提供了证据：2 分钟的延迟后，相比较熟悉面孔，3 天～4 天的婴儿注视新异面孔的时间更长（Pascalis& de Schonen，1994），并且 3 个月的婴儿能够在 24 小时的延迟后依然有相同的表现（Pascalis，de Haan，Nelson，& de Schonen，1998）。这些结果表明，MTL 记忆回路某种程度上在婴儿中也开始发挥作用。

为了解释这些结果，纳尔逊（Nelson，1995；Nelson & Webb，

2003)对早期的记忆发展提出了一个不同的、但较为成熟的观点。该观点指出，存在着外显记忆的一个不成熟的形式，叫作"前外显记忆"（pre-explicit memory），它从出生就产生了，大部分依赖于海马，可以调节视觉配对比较任务中的新异偏好。在 8 个月～10 个月时，伴随着海马及其附近的皮质以及它们之间联结的成熟，一个更加成熟的外显记忆形式发展起来，它支撑着更为广泛的记忆功能。因此，纳尔逊认为，在出生的前几个月，MTL 回路中早期成熟的部分能够让外显记忆的一种不成熟形式发挥功能，但外显记忆能力上更大的进步发生在 8 个月～10 个月，其原因是 MTL 回路（可能还包括海马齿状回）的进一步成熟。

延迟模仿是另外一种记忆任务，为记忆能力在 8 个月～10 个月时的显著发展提供了证据。在这个任务中，首先让被试玩一组玩具，测量其自发行动的基线水平。然后，用这些玩具模拟一个特定顺序的目标行动，以产生一个有意思的结果。图 8-2a（彩图部分）为其中某个顺序的例子：移动门前的杠杆打开门，然后露出了一个婴儿喜欢的东西。该玩具马上（即时）或延迟后再次呈现在被试面前，记录被试做出目标行为的次数（图 8-2b）。从基线到模仿后，以正确顺序做出的目标行为次数的增长可以作为记忆的证据。MTL 损伤的患者在该任务中表现出操作上的障碍（McDonough，Mandler，McKee & Squire，1995），即使受伤发生在童年期并只局限于海马（Adlam，Vargha-Khadem，Mishkin，& de Haan，2005）。卡弗、鲍尔（Carver & Bauer，1999）及其同事发现，在延迟后，仅有约一半的 9 个月婴儿能够记住正确顺序中的某些行为，但他们能记住这个信息的时间不超过 4 周（Carver & Bauer，2001；Bauer et al.，2006）。到 10 个月时，婴儿在此任务上的表现会有一个持续的提高：几乎所有 10 个月的婴儿都能够回忆起一些信息（Bauer et al.，2006），而且保持至 6 个月以后（Carver & Bauer，

2001）。这种记忆能力上的突然提高归功于这段时间 MTL 的成熟。（Bauer，2008.）

然而，也有一些研究者对此观点持有疑义。最值得注意的是罗威-科利尔(Rovee-Collier & Cuevas，2009)提出的观点：①婴儿的记忆是单一的，而不是由发展速率不一致的多重系统组合在一起的；②记忆发展是一个连续的过程，在 9 个月～10 个月时并没有发生转变。关于后一观点的证据来自她利用移动共轭强化(mobile conjugate reinforcement)任务所做的研究。在该任务中，有一个学习阶段：将一根缎带把婴儿的脚踝和玩具拴在一起，当婴儿踢腿时玩具就会移动。在基线和记忆测试阶段，缎带没有与脚踝的玩具连接。测量婴儿是否记住(例如，玩具的特征或玩具所在的背景)的方法就是婴儿在踢腿反应上的变化：比基线更多的踢腿次数表明他们能够再认该玩具。利用该任务和一个修改过的在较大婴儿中使用的相似任务，罗威-科利尔发现，出生后 18 个月期间婴儿记住信息的时长是线性增长的，并没有证据表明，在 9 个月～10 个月时有突然的提高(Hartshorn et al.，1998)。多重系统观点的支持者对这个证据提出了反驳，他们认为移动共轭强化任务是一种运动技能，因此它是一种依赖于小脑和皮质下结构的内隐记忆任务(Nelson，1995)。据此，在这个任务上表现的连续发展并不奇怪，也并没有与多重系统观点冲突，因为内隐记忆功能在很早的时候就开始发展，并且是连续的。由于并没有直接的研究考察过移动共轭强化任务中婴儿记忆的神经基础，这个争论依然没有解决。(Rovee-Collier，1997；Rovee-Collier & Cuevas，2009.)

外显记忆在婴儿期之后继续发展。尤其是，情景记忆似乎呈现出一个持续的发展过程，这与 MTL 回路以及它与额叶连接的不断发育成熟有关。由于情景记忆被定义为是基于时空背景而进行编码的记忆，因此在研究中往往通过对人们能够记住其记忆"来源"（source）的细节的程度来考察。德鲁米和纽康（Drummey & Newcombe，2002）用一个曾用于成人的源记忆范式（source memory paradigm）考察了 4 岁、6 岁和 8 岁的儿童。在这个任务中，首先由一个实验者或一个木偶向儿童展示 10 个事实（针对不同的话题）。在一个星期的延迟之后，问儿童关于这些事实的一些问题（"项目记忆"），并要求儿童确定事实的来源（实验者、木偶、老师或家长；"源记忆"）。随着儿童年龄的增长，他们记忆事实的能力表现出稳定增长，但在 4 岁～6 岁，他们监控事实来源的能力表现出突然的提高。特别是 4 岁组儿童在确定事实来源的问题上会犯很多错误。然而，虽然 4 岁组儿童在回忆事实来源上比年长儿童较为落后，但是他们的表现依然高于随机水平（Sluzenski，Newcombe，& Ottinger，2004）。源记忆的提高可能与额叶以及其与 MTL连接的发育有关。有两组证据支持这个观点。首先，源记忆任务上的表现被发现与"额叶任务"（Drummey & Newcombe，2002；也可参见第 10 章）和"MTL 任务"（如线索回忆）（Sluzenski et al.，2004）均有关系，这表明了两个区域或是两个区域之间的连接对情景记忆发展的重要性。其次，运用 fMRI 考察儿童情景编码时的脑机制研究也表明，前额叶随着年龄的增长扮演了越来越重要的角色（Chiu，Schmithorst，Brown，Holland，& Dunn，2006；Menon，Boyett-Anderson，& Reiss，2005；Ofen et al.，2007）。

海马本身对情景记忆的发展也十分重要。来自婴儿或幼儿期双侧海马受损伤的一组特殊病人的研究清楚地证明了这一点。关于三个这种受损个案——琼、凯特和贝丝——的报告发现，尽管他们在即时记忆和记忆广度测试中表现正常，但他们很难在延迟一段时间后回忆起信息（见图 8-3，图的左边是他们对图形正常的临摹，右边则是与对照组相比他们在 40 分钟延迟后对图形的回忆情况）。虽然他们保持信息的时间不会超过一分钟，但这三个儿童在学业成就测试（除拼写）上的得分处于正常范围，而且在 IQ 中需要运用一般知识的分测验上的得分也均处于正常范围。换句话说，这些儿童有着相对完整的语义记忆和工作记忆，只有情景记忆选择性地受到损伤（参见第 10 章）。这种类型的记忆损伤伴随着选择性的、双侧海马容积的减少，为正常的 40%～60%，同时脑成像也发现，即使剩下一点海马组织也是不正常的。

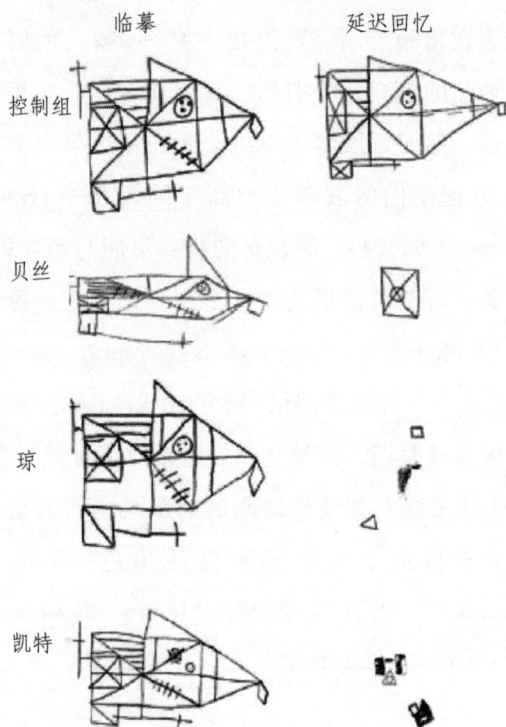

图 8-3 贝丝、琼、凯特在 Rey-Osterrieh 复杂图形上的记忆表现

从成熟的观点来看，这种损伤带来的后果是很容易解释的。海马通常调节着情景记忆，因此一旦儿童的海马受损，他们就不能够发展出情景记忆。然而，也有另一种解释，即由儿童海马损伤而带来的记忆后果是由于大脑记忆系统重组的结果。比较婴儿和成年猴子的研究表明，在婴儿中颞叶的连接是非常广泛的，并且随着年龄的增长逐渐精细，这为重组提供了可能的神经解剖学基础（Webster，Bachevalier，&Ungerleider，1995）。从交互式特异化的观点来看，海马的受损可能意味着这些额外的连接被保留下来，结果与正常的相比，保留下来的大脑记忆回路变得更加广泛而缺少特异化。支持这个观点的证据来自琼这个病人，当他使用他剩余的情景记忆能力时，他与对照组相比表现出更广泛的激活和异常的连接（Maguire，Vargha-Khadem，& Mish-kin，2001）。（延伸阅读：De Hann，Mishkin，Baldeweg，& Vargha-Khadem，2006。）

总的来说，成熟的观点在外显记忆发展的脑基础研究中占有主导地位。在当前的观点中，MTL 回路的组成部分，特别是海马，在出生后不久就在某种程度上发挥作用了，调节着外显记忆的最初形式。随后 MTL 及其与额叶的连接也开始发育，调节着外显记忆的进一步提高。然而，值得注意的是，迄今为止这个框架主要来自已有的猴子或成人的脑基础研究中所用的任务，而且假设婴儿或儿童在执行这些任务时所表现出来的发展性反映了这些结构的成熟。通过对个体发展中与记忆能力有关的脑活动模式的更为直接的研究可能会对这些观点进行修正。

内隐记忆

虽然在外显记忆的发展上研究者存在着很大的争论，但是对于内隐记忆的发展大家有着很多的共识。多数研究者同意内隐记忆在出生后一个月内就基本形成了，并且 3 岁之后很少有（如果有的话）进一步发展。而且我们还知道，存在着多种形式的内隐记忆，如知觉启动与动作顺序学习，它们也一直依赖于不同的神经机制。

一些研究者在同样的任务中对比了儿童内隐和外显记忆的发展，发现内隐记忆的发展要早于外显记忆。例如，德鲁米和纽康（1995）利用儿童在 3 个月前看过的儿童书上的动物图片，考察了 3 岁儿童的启动和再认记忆。虽然儿童没有表现出对于图片的外显再认，但是他们在指认模糊的动物图片时，比控制组儿童（没有看过这本书）要更快（知觉促进）。第二个实验发现，外显记忆在 3 岁～5 岁时有发展，但是启动并没有发现类似的结果。

通过不同种类的内隐记忆任务、序列反应时任务，一些研究也得到了相似的结果。在这个任务中，被试必须在显示屏上学习把一组反应键和与之相对应的一组方位联系起来，以便在出现方位线索时能够准确按键。被试并不知道方位线索实际上是以一个重复的顺序出现的。经典的结果是被试在任务中按键会越来越快，尽管他们并没有外显地意识到存在这个重复的模式。在儿童研究中发现，反应时上的这种变化在低年龄阶段就已经出现（4 岁～6 岁），而且并没有随着年龄的增长而变化（例如，Meulemans，Van der Linden，& Perruchet，1998；Thomas & Nelson，2001）。然而，儿童外显地报告出这个顺序的能力却随着年龄的增长而提高（Thomas & Nelson，2001）。

一项神经影像学的研究表明，在序列反应时任务中内隐记忆的神经联结可能随着年龄而变化。托马斯（Thomas）和他的同事发现，一个涉及皮质及皮质下结构的类似神经网络（包括纹状体）在成人和 7 岁～11 岁儿童中激活。在这两个年龄组中，与执行内隐记忆操作有关的右侧纹状体被激活。然而，这种激活在成人和儿童之间也存在着一些不同：儿童表现出更大的皮质下激活，而成人在皮质水平的激活更大。

虽然以上的研究表明，内隐记忆能力很大程度上在 3 岁时就已经具备，但是这些研究并没有深入了解过这种能力是如何达成的。在儿童研究中用来评价内隐记忆的一些任务，如系列反应时之类的任务，通常并不适合用于婴儿和学步儿童的研究。但是，研究者已经开始尝试一些方法来解决上述问题：采用适用年龄范围更广的任务，或者把用于年龄较大儿童的任务和那些适合婴儿的任务加以类比。另外一个挑战是，几乎没有任务可用于婴儿脑机制的研究中。在上面提到的一些外显记忆任务中，采用与猴子和成人中类似的行为任务考察婴儿，这可以让研究者对婴儿在相应操作中的神经基础进行推断。与之相比，对于内隐记忆，无论是动物、神经心理病人、还是脑功能成像研究，都没有与之相近的标记任务适用于婴儿。

一种例外的情况是条件反射性眨眼（conditioned eye blink）。在这个范式中，有一股无害的气流吹到婴儿眼睛上，或者在婴儿额头上轻轻拍一下，从而引起他们（或动物）眨眼。在一项条件反射程序中，一个无关的感官刺激（如听觉音调）用于预测额头的拍打或气流。人类婴儿在 10 天～30 天开始表现出条件反射性的眨眼反应，这可能与小脑的早期发展有关（Dziurawiec，1996；Lipsitt，1990）。

在其他的研究案例中，采用了任务间的类比。例如，在视觉期待任务（在第 5 章中讨论过）中，让 3 个月或更大的婴儿期待一个固定顺序中的下一个目标将出现的位置，这个任务类似于一些运动顺序学习任务，被认为与纹状体有关（诸如上面讨论过的序列反应时任务）。虽然几乎没有有关人类纹状体发育的证据，但从第 4 章中回顾过的证据来看，这个结构似乎从出生开始就开始发挥作用。然而，对婴儿视觉期望能力的发展来说，一个进一步的限制可能是额叶视区对于眼球运动的控制（参见第 5 章）。但通过听觉学习音调顺序的能力能够提供类似的证据。例如，萨弗兰等人（Saffran，Johnson，Aslin，& Newport，1999）考察了 8 个月的婴儿对于纯音调序列的反应，发现婴儿仅能基于音调在序列内的分布属性对它们进行分组。目前还不清楚这种能力是否在出生时就已经具备。（延伸阅读：Aslin & Hunt，2001.）

在婴儿中也已经开始利用事件相关电位技术研究启动效应。成人研究中，在一系列干扰项目之后重复呈现一个图像可以在刺激出现后 200 ms～600 ms 时引发启动效应（Henson，Rylands，Ross，Vuilleu-mier，& Rugg，2004；Webb & Nelson，2001）。韦伯（Webb）和纳尔逊（Nelson）发现，6 个月大的婴儿在一个相似的时间窗口中表现出启动效应，尽管与成人相比，这个成分的波形受到启动和它在头皮的位置的影响。重要的是，在婴儿中他们没有发现晚期慢波的启动效应，这与再认记忆有关联（Nelson，1995），并且被认为由颞叶产生（Reyn-olds & Richards，2005）。虽然还不清楚在这个任务中哪一个大脑回路调节了这个启动效应，但该启动任务中缺少慢波的调节与婴儿在这个任务中不能使用 MTL 回路的观点相一致。

概要与结论

新生儿具备某些外显记忆能力，这种能力在生命的第一年内会持续发展。当前，主流观点强调了 MTL 回路中各部位的成熟以及它与额叶的联系在记忆能力发展上的重要性。但是，由于这个观点倾向于把成人对于记忆系统的组织用于婴儿和年幼儿童上，这可能是不恰当的，因此考虑这个观点的局限性就十分必要。未来的研究可以利用神经成像技术对处于发展中的人类婴儿和儿童进行更为直接的研究，以获得更好更直接的对大脑记忆系统的描述。这样的研究有助于评价该观点的正确性，也能更好地探讨交互式特异化理论模型的作用。例如，在神经层面，记忆的发展涉及颞叶的很多区域，依赖于输入过程逐渐地与海马协调起来发挥作用，而且越来越特异化。

　　显然，几种不同类型的程序性记忆或习惯性记忆从出生时或出生后不久就开始出现，主要依赖于皮质下结构，如小脑和基底神经节。目前很少有标记任务能把来自认知神经科学的数据与发展研究结果进行直接的比较，但这在将来的研究中是一个有前景的领域。

　　从以上的讨论中可以看出，大多数记忆任务可能占用多重记忆系统，就像是眼球运动控制和注意转移中涉及的大脑通路是相对独立的那样。在一些记忆任务中，由于其他通路的补偿活动，某个或其他通路的不成熟情况可能会被掩盖。不同记忆通路之间的整合程度可能是出生后发育中最重要的变化。如果是这样的话，那只有当我们对大脑内不同记忆通路之间的关系有了一个更加整合的理解后，才能够使这些发展数据赋予意义。

讨论要点

- 儿童期失忆现象（大多数成人对 3 岁~4 岁以前的事情基本没有记忆的现象）是如何挑战记忆发展的神经生物学模型的？

- 如何利用现代神经影像学技术来检验，在个体发展的早期双侧海马的选择性损伤导致了皮质记忆网络普遍性（非局部）异常这个假设的？

- 既然在整个生命历程中我们都能够学习并且形成新的记忆，那么如何在大脑中界定一下成熟的大脑学习和记忆网络？

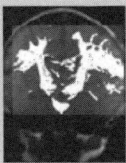

9

语 言
LANGUAGE

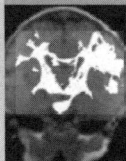

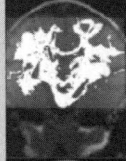

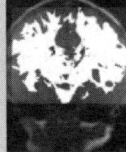

本章从语言是否具有"生物学上的特异性"这一问题开始，即人类婴儿的大脑为语言学习而预先做出准备的程度。本章概括了在这一问题上认知神经科学的研究取向。首先，早期脑损伤的研究表明，大脑皮质的不同区域有能力支持正常的语言获得。其次，先天性耳聋被试的 ERP 研究表明，支持口语的脑区通常也支持其他的功能。虽然这两类证据都表明，在皮质区域上不存在先天的语言表征，但功能成像的证据有力地证明，出生后不久左侧颞叶就能够对言语输入进行有效的加工。

越来越多的研究考察了语言经验是如何塑造大脑语言系统的发育的。把对感知本族语音、学习单个词汇的意义和阅读书面语言等的研究结合起来，可以发现的一致观点是，随着对语言的加工越来越有效和自动化，与语言有关的大脑活动变得越来越特异化，定位也越来越明确。

本章对正常语言获得阶段的相关神经机制进行了概括。在一些发展性障碍中，如威廉姆斯综合征，与其他认知领域相比，语言是相对熟练的。另一些障碍，如特殊语言缺陷（specific language impairment，SLI），语言有缺陷而其他领域却表现正常。尽管这一明显的分离有时被当作"先天语言模块"（innate language module）的证据，但也与交互式特异化观点相一致。

语言是一个与他人交流的系统，它通过利用声音、符号和单词来表达意思、观点或想法。一般来说，在成人皮质中存在着一个与语言功能有关的神经网络，图 9-1 描绘了与这一神经网络有关的每一区域的假定功能。语言既包括基本功能，如对输入言语的知觉与加工以及输出有意义的言语，又包括次级功能，如阅读和写作。基本语言功能通常随着儿童的发展产生，并不需要太多努力，然而次级语言功能的掌握需要深入地练习。在基本语言功能中，对言语知觉与语言加工之间做出区别是很重要的。前者涉及对正在输入的言语流进行辨别与分析，这是一个复杂感觉加工；而语言加工涉及各种不同的技能，包括理解词汇的意义以及运用语法规则等。绝大多数的理论家都相信这两种技能在发展中有关联：早期言语知觉能力为后续成功的语言加工的建构提供了基础（Kuhl，2000；Werker & Tees，1999）。

发展认知神经科学家研究语言获得时所面对的一个挑战是不可能采用动物模型来直接研究人类所特有的认知问题。但这并不是说来自动物的研究对我们理解语言活动没有贡献。例如，涉及语言听觉方面的研究，如南美栗鼠的语音知觉和鸟鸣（Marler，2002），还有在老鼠和其他物种中做的与语言有关的基因研究，例如，FOXP2（Fisher & Scharff，2009）。然而，我们对语言发展的脑机制的了解大部分来自人

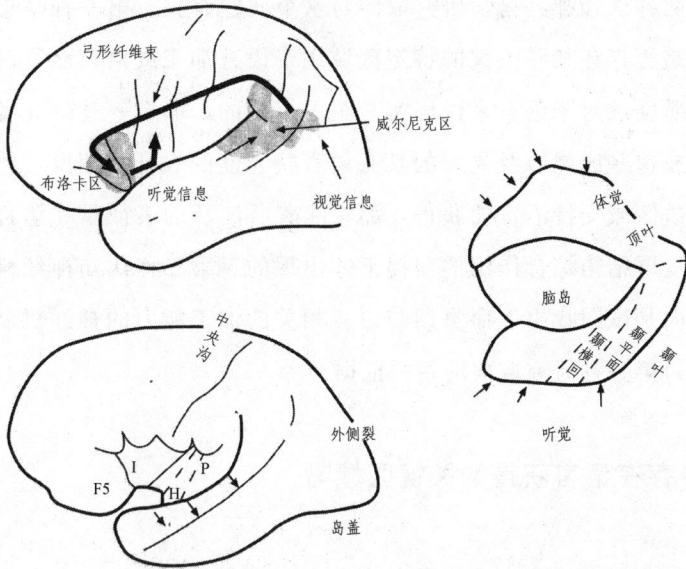

图 9-1　涉及语言加工的部分关键脑结构

左上方：信息按图示方向从后侧感觉区经下颞额环路传到额叶反
应区，阴影区表示该区受损会造成流利（威尔尼克区）和不流利（布洛卡
区）的失语症；这些脑区是从概念上进行划分的而不是从解剖学的角
度。左下方：大脑外侧裂沿箭头方向延伸，指向脑岛（I）和颞叶上方的
听觉皮质（H，P）；标记为 F5 的额叶岛盖包括猴脑中的镜像神经元
（mirror neurons）；这些神经元在模仿学习中起着重要作用。右侧：放
大的颞横回和颞平面。

类的研究，包括言语和语言加工过程中功能神经成像的研究、局部脑
损伤婴儿的研究、先天缺陷的研究、语言获得阶段和神经解剖上发育
之间的相关研究等。对从事这一领域的研究者来说，一个内在或外显
的动机是语言在多大程度上具有"生物学的特异性"，即人类儿童生来
就具备的学习语言的程度。如果将这一问题放到第一章所描述的框架
中，就是：大脑皮质中是否存在着某个区域用于语言的先天表征？或
者说，语言的表征是各种限制（包括大脑皮质的基本结构）的自然结果
吗？（延伸阅读：Marler，2002；Werker & Vouloumanos，2001。）

有两种认知神经科学研究取向与这个问题有关。第一种是想考察皮质中是否存在某些关键的特定区域用于语言加工或语言获得。如果这些皮质区域对于语言来说确实是至关重要的，那么一些研究者就认为这个或这些区域涉及先天的具有语言特异性的表征。相反，如果好几个皮质区域支持语言的获得，那意味着所涉及的表征是在语言输入和基本皮质结构综合作用的前提下才出现的。第二种认知神经科学的研究取向是试图找出生命早期与语言相关的加工能力的神经机制。我首先探讨第一种研究取向的相关证据。

皮质中存在语言获得的关键区域吗

语言获得已经成为一些研究的焦点，研究试图考察在多大程度上特定的皮质区预先被指定于支持特定的功能。现有两类可以相互补充的研究方向：一类研究探讨其他一些皮质区域在多大程度上支撑语言机能；另一类研究则涉及其他功能是否会"占用"通常用来服务于语言的区域。第一类研究想要解决的问题是：围产期遭受"语言区"损伤的儿童是否仍能习得语言。第二类研究是通过测试先天性耳聋的儿童，考察与正常语言（口语）领域相关的皮质区域所涉及的功能；同时也可以对流畅的手势语者遭受脑损伤后的手势语能力进行研究。

如果特定的皮质区是被预先设置来支持语言的，那么就有理由假设：这些区域早期损伤将会损害语言的获得。这一暗含的假说引发了大量的研究，但这些研究的结果仍存在争议。在一本很有影响的著作中，雷纳伯格（Lenneberg，1967）令人信服地提出：如果在生命早期左半球局部受损，它对随后的语言获得基本没有影响或影响很小。这与成年人或年长儿童出现类似损伤后产生的后果相反，与出现语言延迟或从未获得语言的几种先天性缺陷所产生的影响也是相反的（见第2

章)。雷纳伯格的观点在 20 世纪 70 年代失去了拥护者，对半球切除儿
童研究的累积证据表明，左半球切除总会导致语言上有选择的细微缺
陷，尤其是在句法和语音任务上(Dennis ＆ Whitaker，1976)。在由于
撞击而造成的早期局部脑损伤的儿童研究中，也报告了类似的结果
(Vargha-Khadem，Isaacs，＆ Muter，1994)。这些研究与正常婴儿的
研究都表明，从出生开始，人的左半球就存在加工语音和其他复杂声
音的优势(见下文)，这使得一些研究者得出以下结论：人类大脑语言
功能的不对称性在刚出生时就存在了，而且不能逆转。不幸的是，那
些对半球切除和/或儿童早期局部损伤的研究进行总结的二级证据并没
有注意到：与类似脑损伤成人表现出的明显的失语症相比，这些儿童
表现出来的缺陷很微不足道[参见针对该文章(Dennis ＆ Whitaker，
1976)的评论文章(Biship，1983)]。实际上，现有的研究均表明左半
球受损的大部分儿童都处在正常的范围内，在适龄的正常学校上学
(Stiles，Bates，Thal，Trauner，＆ Reilly，2002)，其表现远远好于
有相似损伤的成人。

目前大多数研究还在对遭受围产期损伤的儿童进行语言能力评价，
同时，有研究者们在过去的二十年里开展了语言和空间认知的前瞻性
研究(prospective studies)，研究中的儿童在出生前或出生后 6 个月内，
遭受了左半球或右半球单侧的损伤，并得到不止一种放射技术的证实
(Bates ＆ Roe，2001；Stiles ＆ Thal，1993；Stiles et al.，2002)。这
些研究中的儿童，在可测量的语言技能获得之前被挑选出来，然后进
行纵向的测试。现在这个研究小组已经研究了 20 多名年龄在 8 个月～
31 个月的个案，所有个体都有单侧脑的损伤，而且这些损伤发生在语
言开始发展之前。无论损伤的部位在何处，有局部脑损伤的婴儿都出
现了发展上的延迟，这表明早期脑损伤的影响是普遍的、非特异性的。
然而，对这些婴儿的前瞻性研究还得出了一些相当令人惊讶的结果。

以成人失语症研究文献为基础，研究者预测，遭受大脑左后部损伤的儿童，在词汇理解上的延滞是最严重的。与此预测相反，理解上的缺陷实际上更普遍地出现在右半球受损的婴儿身上。但几乎没有研究报告过右半球受损的成人有这种缺陷。这一结果和其他研究结果使这些作者认为，负责儿童第一语言学习的皮质区域并不必然负责成人语言的使用和保持。（延伸阅读：Bates & Roe，2001；Leonard，2003；Stiles et al.，2002。）

雷莉、贝茨和马奇曼（Reilly，Bates & Marchman，1998）对局部脑损伤婴儿语言产生的研究揭示了另一个复杂因素。这一研究所用的样本与上面讨论的出生前或围产期的被试相同。雷莉及其同事通过讲故事任务，从词汇、语法和语篇结构等不同方面考察了年龄在 3 岁～8 岁有局部脑损伤儿童以及正常发展的控制组儿童。在这一研究中（就像这个年龄范围的其他研究一样），左半球与右半球组在任一语言测量上都不存在显著差异。但是，与正常发展的控制组相比，局部损伤婴儿这一群体在词法、句法和叙述结构测量中的表现更差。对于每一个局部损伤儿童来说，这些劣势可以随着时间而消除，但当儿童每次转向更高的发展水平时（在语言获得方面），局部损伤儿童和正常儿童之间的差异就会再次出现。因此，功能恢复看起来并不是一次性的事情，而是会在语言获得的几个关键时期重新出现。

最近，研究者们利用功能神经影像技术探讨早期损伤后大脑语言系统是如何重组的。换句话说，如果通常服务于语言的脑区损伤了，大脑的哪些区域会替代语言功能？现在一些研究考察了因中风或癫痫导致的布洛卡区损伤的儿童在语言加工过程中大脑的激活情况，以此来解决该问题（Guzzeta et al.，2008；Liégeois et al.，2004）。研究报告中提到的一种重组模式发现，观察到的右半球某些区域的激活与那些在正常情况下左半球的激活是同源的。例如，古泽塔（Guzzetta）和他的同事考察了5个由于围产期中风导致的左半球布洛卡区受损的儿童。要求儿童根据一个线索词给出一个同韵词，同时测量大脑的激活。5个儿童在右侧半球区域表现出激活，这些激活与健康的控制组在左半球产生激活的区域同源。报告中的另外一种重组的模式是在左半球围绕布洛卡区周围的组织发现激活。例如，列格奥伊斯（Liégeois）和他的同事（2004）发现，在布洛卡区域或附近损伤的5例个案中，有4例语言的激活并没有发生在右侧半球，而是在左侧半球损伤区域的附近。迄今为止，研究还没有最终确定是什么因素决定了重组是在损伤的半球内还是在未受损伤的半球发生。最后这些研究记录到的一个有趣的现象，就是研究都表明，与健康的对照组相比，在病人中激活的分布可能更为广泛。例如，蒂勒玛（Tillema）及其同事发现，左半球损伤的儿童不仅在右半球同源的地方表现出与语言有关的激活，而且在前扣带回双边以及初级视皮质都表现出更多的激活。总的来说，这些研究证明了能够支持语言功能的是大脑区域，而不是传统的左半球"语言区"；由此也表明，在左半球损伤之后，语言加工在大脑中已经不再是局部化能代表的了。这个模式与交互式特异化的观点一致，最终大脑中与语言有关的区域由发育中大脑各区域之间的交互作用所决定，由此也导致大脑损伤后可以产生另一种模式。然而，就像交互式特异化模型所描述的那样，在损伤后，大脑对于认知过程的表征可能更为分散且较少限定于某些部位。

总之，早期局部损伤对语言获得的影响是很复杂的。然而，一般来说已有的证据支持以下的结论：

1. 在发展早期左半球受到损伤的大多数儿童，仍能够继续获得处于正常范围内的语言能力（尽管经常处于正常发展的较低端）。

2. 一般来说，如果对在发展早期左半球或右半球受到损伤的两组儿童进行直接的比较，不会发现两组儿童之间在语言上的显著差异。

3. 在正常的语言获得中，可能会涉及一些不同的皮质区域，这些皮质区域在成人语言使用过程中是很重要的。

4. 功能性补偿可能需要在语言获得的几个时间点重复出现，并不是一次性的事情。

5. 功能性补偿可能涉及半球内或跨半球神经的重组。

对于语言皮质区在多大程度上是预先设置好的这个问题，另一种研究取向是确定其他功能是否会占用通常支持语言的皮质区域。这些实验在逻辑上与第 4 章提到的神经生理学研究是类似的。在神经生理学研究中，处于发育中的皮质区域接受输入信息后会"重新连接"，这样源于新的感觉通道的表征就会产生。

内维尔和巴维利尔（Nevlle & Bavelier，2002）采用 ERPs 技术（第 2 章）研究了涉及感觉通道间竞争的皮质可塑性。通过视觉空间任务对耳聋被试进行研究后发现，对在缺乏听觉输入的环境中长大的（耳聋）个体来说，皮质的视觉加工是不同的。具体来说，与听觉正常的被试相比，先天性耳聋的被试对出现在边缘视野中的信息更为敏感。边缘视野受到刺激后，在耳聋被试的典型听觉区，如部分颞叶，记录到的 ERPs 比正常被试中记录到的大两倍或三倍。因此，缺乏听觉输入使得正常的听觉区至少部分具有视觉功能。（Neville & Bavelier，2002.）

因此，到目前为止已有的证据表明，皮质区域并不是被预先指定用于语言加工的，其他功能也可能会"夺取"通常情况下加工语言的区域。而且，在正常的功能性脑发育中，皮质基本结构上的细小变异仍足以把语言加工"引到"某些区域。

有关这一观点的证据来自耳聋手语者的研究，这些被试是获得性局部脑损伤者。通过回顾研究证据，贝鲁吉等人（Bellugi, Poizer, & Klima, 1989）发现，手势语和口语在大部分的基本属性上是相同的，即耳聋手语者在成年期遭受左半球损伤后，就会患手语失语症，而在几种视觉空间任务上却表现完好。但是，新近遭受右半球损伤的成年病人表现出了相反模式。对于后一组病人，虽然在描述房间里的东西时表现出了对空间的整体歪曲，但其手势语是流利的，在一定程度上能用手语流畅地表达房间里的东西。把这一证据与其他证据结合起来，使贝鲁吉及其同事假定，正是语言加工所必需的计算，而不是其感觉通道决定了皮质的定位。

新近的一项 fMRI 研究部分支持了这一结论。在该研究中，要求听力正常的被试和耳聋被试阅读英语或美式手语的句子（American Sign Language，ASL），同时对被试进行扫描（Neville et al., 1998; Neville & Bavelier, 2002）。图 9-2 的最上部表示听力正常的成人阅读英语时皮质的激活模式。与先前研究一样，左半球一些典型的语言区，如布洛卡区，有很强的激活，而右半球没有发现同样的激活。耳聋者看到一个美式手语者表达同样的句子时（见图下部），左半球大多数区域出现了激活，也是听力正常被试被激活的区域。虽然美式手语不是以声音为基础的，但确实具有语言的其他所有特征，包括复杂的语法（Klima & Bellugi, 1979）。这些数据表明，无论习得语言的通道和结构如何，一些调节语言的神经系统都在起作用。但是，听力正常被试和耳聋被试之间的激活也存在一些明显的差异：耳聋被试激活了右半球的一些类似区域。对此的一种解释是，这种激活是由手语本身的生

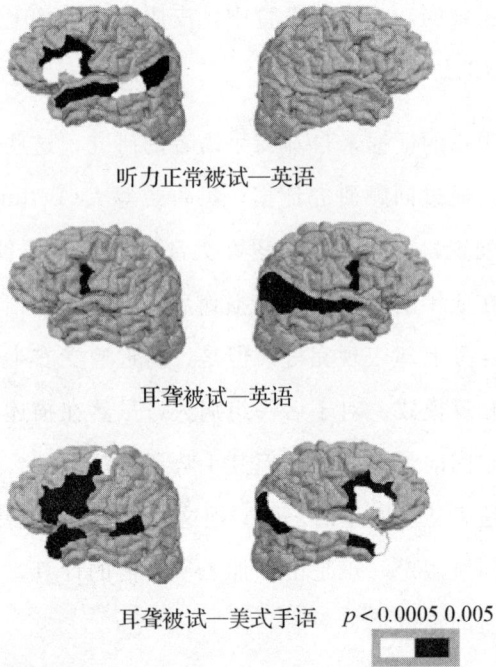

听力正常被试—英语

耳聋被试—英语

耳聋被试—美式手语　　$p < 0.0005\ 0.005$

图 9-2　fMRI 显示出皮质区域血氧水平的增加：不管是听力正常的被试阅读英语句子(最上方)，还是先天性耳聋手语者阅读英语句子(中间)，或是先天性耳聋手语者看本国手语表达的句子(美式手语)

物性运动引起的，而不是由口语造成。（MacSweeney，Capek，Campbell，& Woll，2008.）

婴儿言语加工的神经基础

在探究语言在多大程度上具有"生物学上的特异性"这个问题时，普遍所用的第二种研究方式是在年幼婴儿的脑中识别出与言语加工相关的过程。进一步的问题则涉及这些神经机制是否只与言语有关。其中的逻辑是：如果在生命早期就可以观察到与言语加工有关的特定的神经机制，就可以表明与语言有关的神经过程先于重要的经验而存在。

　　这一研究取向的一个例证是辨别语音的能力，如音位（phone-
mes）。行为实验已经表明，年幼婴儿对言语中所用的语音界限（pho-
netic boundaries；如/ba/和/pa/）的辨别力越来越强。即从/ba/到/pa/
的逐级语音转换（graded phonetic transition）被婴儿知觉为突然的分类
转换。这些观察最初被当作人类具有语音知觉的特异性觉察机制
（speech-perception-specific detection mechanism）的证据。然而，在过
去的十年，研究发现其他的物种（如南美栗鼠）也表现出了类似的声音
辨别能力，这就表明这一能力只是反映了哺乳动物听觉加工系统的一
般特征，而不是最初的口语特异性机制（spoken-language-specific
mechanism；Werker & Vouloumanos，2001）。但是，沃克和波尔卡
（Werker & Polka，1993）也报道，虽然年幼婴儿能够区分很大范围的
音位结构，包括那些母语中没有的结构（例如，日本婴儿能够区分"r"
和"l"这两个音，但是日本的成人却不能），但这一能力到约 10 个月大
时，开始局限于母语的语音结构。（延伸阅读：Aslin，Clayards，&
Bardhan，2008；Friederici，2008。）

　　如果能找出与这一过程有关的脑区，就有可能研究对特定语音的
敏感度有选择地退化的内在机制。正如在第 1 章中提到的，ERPs 的
优势在于能够以非侵入的方式研究正常婴儿认知过程的神经机制。
ERPs 具有很好的时间分辨率，其空间分辨率的不足可以通过使用高
密度的事件相关电位（HD-ERP）弥补。如果 ERP 的各成分在潜伏期
（事件出现后）和空间分辨率上都存在着差异，我们就可以确定不同的
神经环路被激活。这一研究取向的例子来自于使用 HD-ERP 对 3 个月
婴儿所进行的语音辨别的研究。

　　研究者（Dehaene-Lambertz & Dehaene，1994）向被试连续呈现 4
个相同的音节（标准音），跟随的第 5 个音节，在语音上与前 4 个要么

相同要么不同（差异音）。他们锁定音节出现时间并记录 ERP，发现在头部不同位置上出现两个波峰。第一个波峰出现在刺激呈现后的 220 ms，并没有因为重复呈现（除了刺激第一次呈现后）而习惯化，或因为新异音节而去习惯化。因此，这一波峰源可能位于颞叶的初级和次级听觉区，对细微的听觉差异似乎并不敏感；这种听觉差异要对语音信息进行编码。

第二个波峰在刺激呈现后约 390 ms 达到最大值，除了第一次呈现后，也不因相同音节的重复呈现而习惯化。但是，当差异音出现时，波峰至少会回升至原先的水平。因此第二个波峰的脑内源也是在颞叶，但可能在另一个不同的、更靠后的位置，对语音信息敏感。进一步的研究发现，在元音辨别中所发现的不匹配的反应甚至在新生儿中就存在了（Cheour-Luhtanen et al.，1995）。

最近，研究者使用了空间分辨率更高的两种方法来研究与早期言语知觉有关的神经机制。研究者（Hertz-Pannier；2002）研究了熟睡和醒着的 3 个月的健康婴儿，采用 fMRI 记录他们在听到母语（法语）的顺行和逆行言语（forwards speech and backwards speech）时脑的激活水平。作者假定，在与语言分解（segmental）和超语段（suprasegmental）加工有关的区域中，顺行言语会比逆行言语引发更强的激活，而两种刺激都将激活用于加工快速听觉转换的机制[见有关研究（Werker & Vouloumanos，2001）对适合于人类言语的控制刺激的讨论]。与静音相比，无论顺行言语还是逆行言语，都激活了左侧颞叶的大部分区域，比右侧一些区域的同等激活要大（颞平面）。这一激活模式与上面描述的 ERP 实验一致。但是顺行言语激活了一些逆行言语所没有激活的区域，包括左半球的角回和中央顶叶（楔前叶，precuneus）。作者认为，这些研究结果证实了左右半球之间早期功能的不对称性。但是他们也承认，这些结果还是不能区分这种现象是对言语知觉的早期偏好，还是左颞叶在加工快速时间变化的听觉刺激时具有更大的反应性(两者都始于子宫中的最后三个月)。另外，只有醒着的婴儿在听顺行言语时，右脑背外侧前额皮质才表现出更大的激活，见第 10 章的观察结果。

运用一种新的研究技术——近红外线光谱学(NIRS)(见第 2 章)获得的研究结果支持了以上研究的基本结论。在这一实验中，研究者们(Mehler，Pena et al.，2003)向正常婴儿播放正常(顺向)言语或以逆向方式呈现的同样语句，同时也检测了左右半球血红蛋白浓度的变化。他们观察到，与逆行言语或无声音相比，当婴儿接触正常的言语时，左侧颞叶表现出了更显著的激活。由此他们得出结论：新生儿一出生，就有言语加工的左半球偏向。

综上所述，上面描述的言语知觉实验或许是发展认知神经科学领域汇聚各种研究方法的最好例证。使用行为、ERP、fMRI 和 NIRS 等方法的实验得出了类似的结论，这确实是个令人振奋的消息。

经验对大脑语言加工的影响

无论在大脑中是否存在生物学上"特殊"的语言加工区域，语言输入在塑造大脑对语言的反应上必然扮演了一定的角色。儿童是听着其环境里的特定语言成长的，并发展成为那个语言的专家。

婴儿加工语音的研究(参见上文)已经证明了不仅在生命早期婴儿能够区分这些声音，而且他们在其环境里所听到的语言类型随后又塑造了婴儿如何感知语音。具体来说，行为实验表明，6 个月之前的婴儿就能够区分呈现的语音是否为他们的母语。但是到了大约 10 个月，他们区分非母语的能力相对下降了。ERP 的研究也发现了相似的结果。例如，里维拉-加西拉等人（Rivera-Gaxiola，Silva-Pereyra，& Kuhl，2005）发现，7 个月的美国婴儿既能够区分英语（母语）的辅音，也能区分西班牙语（非母语）的辅音，产生 N250 - 550 波；但是 11 个月的婴儿只能对母语的对比产生这种反应。而且，他们发现只有从 7 个月 11 个月，婴儿这种对于母语对比的反应是在增长的。这种早期的语言区分能力是与后续语言能力相关的。例如，ERP 研究发现，如果婴儿在 7 个半月时表现出了更大的 ERP 偏移，那么相比较于没有出现这种反应的婴儿，在 18 个月和 24 个月时的词汇量更大，在 14 个月～30 个月时会有更快的词汇增长，在 24 个月大时产生更为复杂的语句（Kuhl et al.，2008）。生命早期言语加工的这些 ERP 研究可能有益于在儿童早期筛查后续发展中是否会有语言障碍的风险（Benasich & Tallal，2002）。（延伸阅读：Kuhl & Rivera-Gaxiola，2008。）

词汇的学习是语言的另一个方面，它涉及来自儿童环境的输入。最初婴儿在学习单词时往往是相对缓慢的，但是在 18 个月～20 个月时，婴儿往往出现单词产出的快速增加，通常叫作"词汇飞跃"或"命名爆炸"（naming explosion）。一些研究者推测，这种突然增长的能力跟与语言相关的大脑区域组织的变化有关（Mills，Coffey-Corina，& Neville，1993）。一个使用 ERPs 的研究考察了在词汇飞跃之前和之后儿童对于熟悉和不熟悉词汇加工的神经联结。结果显示，在词汇飞跃前，对于熟悉词汇，ERPs 在 200 ms～400 ms 的振幅要大于不熟悉词汇。这些 ERP 的差异广泛分布在左右半球的前后脑区。相反，对于 20 个月大的婴儿，其词汇量已经超过 150 个单词，在 200 ms～400 ms 上 ERP 的差异更集中地分布在左半球的颞叶和顶叶区域。后续分析对年龄相同但词汇量不同的儿童进行了比较，发现这种大脑反应的变化与词汇量有关，而不是年龄。（延伸阅读：Mills & Conboy，2009。）

　　语言的另一方面还涉及学习阅读的经验。阅读涉及把视觉词汇形式与语言的声音结构联系起来，并解释其意义。与知觉和产生口头言语能力的发展相比，阅读的发展构成了一些不同的挑战。随着儿童的发展，言语知觉和产生口语的能力似乎并不需要特别的努力就能够展开；而阅读在人类历史进化中相对较晚出现的，是需要通过明确的教学和大量练习才能具备的能力。由此来说，研究阅读的获得提供了一个有趣的机会去考察经验是如何在发展的过程中影响大脑功能的。

　　在这个方面，有一个脑区已经被深入研究了，即"视觉词汇形成区"（visual word form area，VWFA）。它位于左侧枕颞皮质，以梭状回中部为中心，相比于其他复杂的视觉刺激，它表现出对视觉词汇优先的反应。VWFA 似乎涉及词汇识别中的知觉专家化，即有经验的阅读者更快且自动化地加工词汇。这与另一个涉及知觉专家化的梭状回区域——梭状回面孔区域相呼应（参见第 7 章）。对于儿童开始学习阅读时 VWFA 的激活已经经过多年的研究，并观察到一些重要的变化。功能 MRI 的研究已经发现，VWFA 在开始阅读的个体中通常是双侧激活的，随着年龄和阅读技术的增长才转变为左侧化的成熟模式（Schlaggar et al.，2002）。

　　ERP 技术也用于 VWFA 发展的研究中，因为这个区域被认为会被视觉词汇诱发出 N170 的 ERP 成分。在成年人中，视觉词汇诱发的 N170 是左侧化的，该反应的空间分布被认为是视觉词汇知觉中专家化的信号，不同于其他形式的知觉。幼儿对于词汇的 N170 会更慢，而且并没有表现出对词汇或字母的敏感性（Maurer，Brem，Bucher，& Brandeis，2005）；但是，在一年半的阅读指导之后，阅读流畅性与 N170 的相关程度表现出像成人反应的那样（Maurer et al.，2006）。总的来说，这些研究与以下观点一致：就识别视觉单词来说，知觉专家化是一个过程，涉及由单词诱发的大脑枕颞部激活变得越来越对单词特异化，并且更多地集中于左半球。（延伸阅读：Schlaggar & McCandliss，2007。）

总而言之，对于语言的神经基础来说，来自口头和书面词汇的语言输入是重要的输入。一般而言，上述这些发现与交互式特异化观点相一致：随着语言技能变得更加有效率和自动化，大脑活动潜在的语言功能会变得更加聚焦于经验。

阅读障碍

阅读障碍(dyslexia)是最早发现的发展性障碍之一，这一障碍与一种潜在的特定神经系统的异常有关。1907 年，欣谢尔伍德(Hinshelwood)推测，阅读障碍是一种发展性失读症(alexia，不能识别单词)，与皮质左侧角回的异常有关。阅读障碍的关键症状是学习阅读和拼读上的困难，有时伴随字母和数字的颠倒，以及一些奇怪的错误。这些相关缺陷(如在命名和言语短时记忆上)被认为是由于口语语音编码中的基本认知缺陷造成的。来自阅读障碍人群的脑结构和生理学的证据与欣谢尔伍德最初的推测是一致的：左半球发育异常是一个重要的原因。

结构上的证据来自于一项研究(Galaburda，Sherman，Rosen，Aboititz，& Geschwind，1985)，他们对几个阅读障碍者的大脑进行了尸检。他们观察到皮质颞叶的某一特定部位(颞平面)在左右半球之间的对称性(见图 9-1)。这一区域是威尔尼克区的一部分，负责语音加工。加拉布尔达及其同事也观察到这一区域中一组神经元有畸形，而在皮质的其他区域中的畸形程度较弱。在结构 MRI 或 CT 扫描中，细胞的异常并不明显，这表明，虽然在细胞或分子水平上发展异常，但在整体的脑结构上并不总是很明显。

近来研究者也在努力鉴定与阅读障碍有关的结构不对称性。在一项考察有语言障碍的儿童和成人的脑成像研究中，研究者发现（Leonard & Eckert，2008）发现了对应解剖学和阅读形式的两个模式。一个模式是以小的、对称的脑结构为特征，与一些书面和口头语言的缺陷有关。另一个模式是以较大的、非对称性的脑结构为特征，与阅读障碍中孤立的语音缺陷有关。

再看脑功能的研究，有研究者（Wood，Flowers，Buchsbaum，& Tallal，1991）描述了一些来自阅读障碍个体的研究，这些研究涉及血流量、PET和由反应诱发的头皮记录。他们得出的结论与尸检的研究结果一致，即在完成音位辨别和正词法任务时，阅读障碍者的左颞叶都表现出异常的加工。另有研究者（Paulesu et al.，1996）也得出了类似的结果。他们比较了阅读障碍组和控制组在押韵任务和短时记忆任务（以视觉的方式呈现字母）上的成绩。结果发现，当阅读障碍组个体完成这些任务时，只激活了正常组所激活皮质区域的一小部分。具体地说，与控制组不同，障碍组个体的布洛卡区和威尔尼克区从未同时得到激活，可能是因为两者之间并未通过脑岛在功能上产生联结。

塔拉尔及其同事的研究表明，快速地加工时间信息的能力是音位辨别所必需的（见前一章节），而且对于正常语言的获得也可能是很关键的（Tallal & Stark，1980；Merzenich et al.，2002）。特别是对于口语发展迟滞的儿童来说，他们经常（但并不总是）在知觉与辨别快速变化的声音信息方面有缺陷（Tallal，Stark，Clayton，& Mellits，1980）。不能辨别在时间上快速转换的音位，如/ba/和/da/，可能会导致对口语识别上的问题。塔拉尔、梅尔策尼希（Merzenich）及其同事获得的初步证据表明，不能对时间转换进行快速加工的语言迟滞儿童，能够通过适应性的言语训练得到矫正；在这种训练中，时间上的转换可以被人为地拉长（Merzenich et al.，2002；Tallal et al.，1996）。但目前还不清楚这种矫正是否可以成功地延伸到具有更广泛的语言和阅读障碍的群体中。然而，有一些报告指出，语言迟滞儿童经常会在发展过程中显示出某些与阅读障碍类型相似的症状。

研究者也考察了 VWFA（参见上文）在阅读障碍中扮演的角色。一些研究报告了语言障碍的成人或青少年 VMFA 激活的研究（Maurer et al.，2007）。最近一项研究考察了只有几年阅读经验的、年幼的阅读障碍儿童，想了解 VMFA 和其他视觉词汇区域沿着左侧枕颞皮质形成通路的过程（van der Mark et al.，2009）。该研究的结果发现，阅读障碍儿童与控制组一样激活了一些基本的大脑阅读网络。然而，在激活的特异性上存在着差异。他们发现，对于印刷体和假的字体，只有控制组儿童表现有差异的激活，对于印刷体，在前部区域有更大的激活，而对于假字体则在后侧有激活。此外，他们也发现了只有控制组儿童表现出了"正字法熟悉效应"（orthographic familiarity effect）——对于不熟悉字体会比熟悉字体在通路里引起更大的反应。以上这些结果表明，在阅读障碍儿童开始阅读后不久，VWFA 和相关的脑区就会出现功能紊乱或缺少特异化，尽管他们还不清楚这种功能在多大程度上是阅读困难的原因与结果。（延伸阅读：Eden & Flowers，2008；Merzenich et al.，2002。）

以上研究一致表明，音位辨别和阅读障碍与左侧颞叶有关。但是需要强调的是：对于阅读障碍中观察到的认知缺陷的实质，仍存在很大的争议（Pennington & Welsh，1995），而且有证据表明，在脑的其他区域也有异常（Livingstone，Rosen，Drislane，& Galaburda，

1991)。此外，这种障碍与左侧颞叶的关系并不能以因果渐成说的路径加以解释。这使得研究者推断：左侧颞叶中神经缺陷或异常造成了不能对音位辨别所必需的快速时间转换进行加工，而在某些情况下，这可能与阅读障碍的亚类型有关。但是，第 4 章中讨论过的皮质发展和可塑性方面的证据，以及近期的一项训练研究所获得的初步成功（Merzenich et al.，2002），都更加倾向于概率渐成说的观点。

笼统地说，这一观点认为，需要在时间上快速加工的一些输入使用了左侧颞叶的区域。这是由于有一种结构，它与该皮质中其他区域的基本结构有些细微的不同。就是由于这点不同，使这一区域有可能成为言语加工"有效的"部位，但并不是唯一的区域。如果这一区域受到损伤，皮质的其他部位也会支持这些表征，但可能不会像这一区域那么有效。这一区域在进行言语加工时，会通过第 4 章中所讨论的一些机制来影响其轴突和树突的微结构。通过与特定类型输入之间的交互作用，这一区域的特异性不断地提高，并且越来越不同于其他的区域。一定程度的可塑性会在发展过程中保留下来，以保证在接受特定训练后微结构能够重新整合。阅读障碍成人和控制组成人在这一区域神经结构上的差异可能反映了上述这种异常的发展模式，大部分是在出生后发生的。因此，最初一个细微的偏差，会在发展过程中得到增强，使得在解剖和功能上的特异性不断地加强。

正常和异常语言获得的神经机制

研究者们（Bates，Thal，& Janowsky，1992）回顾并确定了人类大脑皮质神经解剖的发育与语言获得中的重要事件之间的相关。但这些相关并不能确定神经活动与认知活动之间的确定联系。然而，这一方法有助于确认一些特定的假说，并用更直接的方法加以验证。

研究者(Bates et al.，1992)认为，以出生时左右半球在神经解剖学上存在某些差异为依据，可以假定神经计算上的差异使语言"偏爱"左半球。这一观点与本章已回顾过的研究结果一致。正如在第 2 章中讨论的，两半球间存在的差异可归因于发展时间进程上的差异，而不是某个特定结构的遗传编码。研究发现(Bates et al.，1992)，在婴儿出生后 8 个月～9 个月，其行为发展和神经发育都会出现一个峰值上的转变。他们对处于该年龄时远程联结的形成(尤其是源于额叶皮质)和成人式新陈代谢活动分布的出现[来自已有的 PET 研究(Chugani，1994)，评论见第 4 章]进行了论述，指出这些神经机制的发育促成了许多语言相关技能(如词汇理解)的发生，以及对非母语言语的抑制。

婴儿在 16 个月到 24 个月时，词汇和语法有一个突然的"爆发"。贝茨及其同事认为，这种现象与突触密度在许多相关皮质区的急剧增加有关。他们推测，正是因为突触密度的增加使得贮存和信息加工的容量增大。大多数正常儿童约在 4 岁时已获得了母语的基本形态和句法结构，因此达到了"语法爆发"(grammar burst)的终点。贝茨及其同事指出，语言的这种"稳定化"(stablilization)与大脑整体的新陈代谢及突触密度的下降相一致(正如第 4 章中提到的，虽然这两种测量指标的峰值实际上可能并不一致)。

与语言有关的发展性障碍也能为这些能力的神经发育机制提供信息。有些作者认为，在语言上有缺陷而其他领域没有问题的发展性障碍，为先天性语言模块的存在提供了证据。反之，语言完好而其他领域受损的个案也提供了有力的一致性证据。近年来，前一种类型引起了科学界和媒体的极大兴趣，比如，KE 家族的三代遗传和"FOXP2"基因的事例。就像在第 3 章中回顾到的，虽然最初的报告表明，这个不幸的家庭中大约有一半成员患有语法方面遗传性的特定损伤

(Gopnik，1990)。然而，此家族受害成员存在的缺陷不仅仅局限于语法方面，而是比语法更为广泛。这一发现削弱了"语法基因"的说法。瓦格哈-哈德姆(Varghha-Khadem)及其同事做了大量有关该家族的研究，发现有以下方面的缺陷：协调复杂的嘴部运动[口面部运动困难(orofacial dyspraxia)]，有节律动作运作的时序性，除语法之外的其他语言方面[如词汇决策(lexical decision)]，IQ 分数低于同一家族中未受害成员达 18 分～19 分(Vargha-Khadem et al.，1995)。此外，FOXP2 基因突变与发展性语言障碍之间并没有明确的联系。例如，对270 名语言功能较差的 4 岁儿童的研究发现，他们之中并没有发现FOXP2 基因突变(Meaburn，Dale，Craig，& Plomin，2002)。

尽管如此，这一家族相对简单的单基因基础及其与语言的关系，使得它具有进一步研究的价值(进一步讨论见 Marcus & Fisher，2003)。这其中一个运用 fMRI 的研究涉及动词的产生和重复任务(Liégeois et al.，2003)。该研究表明，家族中受害的成员在以下两个区域上明显地处于较低的激活水平：布洛卡区和壳核。然而，从图 9-3(见彩页)可以看到，与控制组相比，受害成员在许多其他的皮质区得到了更强的激活，这表明为了应对异常基因，皮质网络进行了大幅度的调整。

虽然研究并没有证实 KE 家族具有最初所假设的那些特定缺陷，但所谓"特定语言损伤"(specific language impairment，SLI)有利于语言缺陷具有特异性的类似说法。尽管有关这一家族的行为特异性或其他方面还存在大量的争论(Bishop，1997)，但大多数神经解剖学的研究仍然倾向于集中在一些特定的区域，这些区域被认为对语言很重要，正如上面所讨论的那样。由此，就很难知道在成人典型的语言区之外，是否还有一些区域也是异常的。但是，新近的一项研究开始使用 MRI

考察"SLI"被试的整个大脑（Herbert et al.，2003）。与控制组相比，这些儿童整个大脑皮质的白质有大幅度的增加（超过 10％）。在典型语言区，这一异常模式并不比大脑其他区域更为严重，这表明他们研究的群体出现了"普遍性的系统损伤"（generalized systems impairment），这种损伤在不同程度上影响了语言。

语言完好而其他领域受损的一个案例是威廉姆斯综合征（WS）。在威廉姆斯综合征患者（见第 2 章和第 7 章）中，语言可能特别熟练，但是在其他领域有严重缺陷。一些研究表明，WS 被试在语言和面孔加工技能上出奇的好，虽然他们智力低下（经常是 50 分～60 分），并且在视空间、数字、动作、计划和问题解决任务上存在严重缺陷（评论见 Karmiloff-Smith et al.，2008）。这些被试的语言能力并非只是表面性的（如重复先前听到的句子），而是具有一定的生成性，能够根据恰当的语法结构生成新的句子。这种深层的语言知识是目前争论的主题。在某些情况下，语言能力和其他能力之间的分离可能是非常明显的。例如，下面是一个 21 岁 WS 患者的自发言语（卡米洛夫-史密斯及其同事研究的被试），由标准化的空间认知任务[瑞文矩阵（Ravens Matrices）]评估的心理年龄只有 5 岁半：

[谈论她在医院帮助食品服务人员的工作]

嗯，我有时做有时不做。他们只告诉你在盘子上放多少杯子，在盘子上放多少沙司、（嗯）勺子、糖和乳酪，还有他们要把多少三明治给多少人吃。

[实验者：你自己数过有多少杯子吗？]

没有，他们数杯子，我只是把杯子放在盘子上。我在上面盖了食品薄膜，这样它们就不会弄湿了。

在此案例中，虽然被试没有能力数相当小的数字（连盘子上杯子的数目都不会数），但是她不但能够合乎语法地表达自己，并且词汇量还相当广泛。用先天语言表征来解释这些只有语言很熟练的案例，最初是很吸引人的；但第 4 章中有关皮质发育的证据使我们不能妄下结论。看待这些案例的较好方式是：偏离了正常的脑发育轨迹，导致了在某些结构上轻微的适应不良（Karmiloff-Smith，2008）。这种神经结构轻微的偏差对于某些加工领域的影响远远大于其他领域。一旦出生后，早期的发展偏离了正常的轨迹，那么与环境间异常的交互作用就有可能扩大这一偏差。

概要与结论

以语言和行为研究数据为基础，研究者对语言的获得在多大程度上具有"生物特异性"进行了激烈的争论。尽管认知神经科学方面的研究并没有解决这一争论，但它还是揭示了神经系统的一些限制与偏向，正是这些限制与偏向确保大多数成人来获得可用于语言产生与加工的特异化大脑网络。例如，来自几种认知神经科学研究方法的相似证据表明，从出生甚至更早开始，左侧颞叶与需要快速时间转换的听觉输入有关，并对这些听觉输入进行加工。这些区域可能是言语加工的理想"之地"。如果这些区域在生命早期受损，那么皮质的其他部位也会支持这一功能，尽管可能并不那么有效。与交互式特异化观点一致，在生命早期，这个区域对言语的加工，影响了此区域内轴突和树突的微结构，致使该区域变得越来越具有特异性，并不同于其他区域。在发展过程中，会保留一定程度的可塑性，使得经过特殊训练后这一区域的微环路重组。有趣的是，最近的研究把注意集中于大脑语言区域白质束的连接。例如，从布洛卡区产生去往更高级颞叶区的背侧通路在高级语言加工中似乎尤其重要，并且与非人类的哺乳动物相比，人类的这种连接更强，成人比儿童的这种连接也更强（Friederici，2009）。通过更好地了解这种通路，也可以为大脑重组的基础提供新的思路，因为交互式特异化的观点指出，在这个过程中大脑区域之间的交互是十分重要的。

在某些发展性障碍中，语言功能有选择地受到损伤，或者语言功能完好而其他领域存在缺陷，这种现象被当作"先天性语言模块"观点的例证。对这些案例的进一步研究揭示，最好把发展性障碍看作偏离了脑的正常发育轨迹，这一偏离对一些加工领域的影响大于其他领域。一旦出生后早期的发展偏离了正常的轨迹，那么与环境间异常的交互作用就有可能会扩大这一偏差。

语言获得和言语知觉是发展认知神经科学中最活跃的领域之一。这一领域的研究汇聚了不同的研究方法，并对正常发展与异常发展轨迹进行不断的比较，使得它最有可能成为未来十年可望取得重大突破的领域。

讨论要点

- 采用什么样的方法和途径最有可能成功地揭示基因对于语言获得的贡献？
- 梭状回面孔区（第 7 章）的功能特异性与视觉词汇形中的功能特异性之间在多大程度具有相似性？
- 言语知觉是如何促进语言获得的？

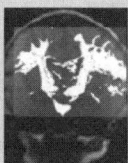

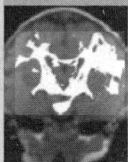

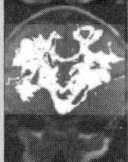

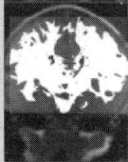

前额皮质、工作记忆和决策制定

PREFRONTAL CORTEX，WORKING MEMORY，AND DECISION-MAKING

在大脑的各个区域中，前额皮质经历着最为漫长的发育过程。本章列举了两种研究取向，以了解这个皮质区域在认知发展中的作用。第一种取向是成熟法，将特定认知功能的出现与前额皮质的结构发展联系起来。第一个实例是将背外侧前额叶的成熟与工作记忆的发展联系起来。依靠来自婴儿、幼猴和前额受损的成年猴的研究，把婴儿在完成"客体永久性"中持续重复的错误与背外侧额叶皮质的成熟联系起来；通过结构和功能神经成像数据，将儿童青少年的工作记忆容量与外侧前额叶的成熟联系起来。但最新的研究证据表明，有更加广泛的神经网络参与工作记忆，以及经验在这些神经网络形成中起到非常重要的作用，因此这个成熟观点将需要一些修正。第二个成熟法的实例是，随着青少年风险决策和心理疾病的增加，与其他皮质和皮质下脑区相比，这些个体的前额皮质具有不同的发展速率。神经成像学研究表明，相比于成人和儿童，青少年的前额控制系统有较少的激活。前额调控系统的成熟较慢，而情绪加工系统成熟较早，两者间发展的不匹配可以解释为什么青少年具有高风险决策和易患心理疾病。最新研究证据显示，前额控制系统和皮质下系统是两个独立的系统这一观点太过简单，因此上述成熟观也将需要一些修正。

有关前额叶在认知发展中作用的第二种观点涉及技能学习，即认为早期技能学习在大脑的组织过程中起着重要的作用。EEG 研究一致地表明，在认知发展中，前额区域在皮质表征的循环重组中发挥作用。本章将会列出这种研究取向的某些问题。总而言之，前额皮质功能的特异性可能源于最初的神经化学与神经联结偏向的结合，以及前额相对持久的可塑性。

正如在第 4 章讨论到的那样，与大脑的其他区域相比，前额皮质在出生后表现出更为漫长的发育过程，在灰质体积、白质体积和皮质厚度上可观测到的变化贯穿整个儿童期，并且一直持续到青少年期（Giedd et al.，1999；Gogtay et al.，2004；Shaw et al.，2008）。因此，额叶皮质是儿童时期大脑皮质中与认知能力发展最为密切的部分。

但关于额叶皮质的发展仍然有两个主要问题没有得到解决：

1. 额叶皮质的特异化计算（specialized computation）是归因于其独特的神经解剖学/神经化学，还是其他因素？

2. 如何把来自出生后 6 个月内前额皮质的功能性证据，与一直持续到青少年期的该区域的神经解剖发育证据联系起来？

我们将在本章结束的时候再回到这两个问题上来。首先，我们来探讨两种有关额叶皮质的结构发育和儿童认知发展之间关系的观点。第一种观点是前额叶皮质的结构发育出现在一个特定的年龄，促使其认知能力的相应发展。这种观点与第 1 章中提到的成熟理论相一致。这种观点有两个实例：一是前额皮质在客体永久性和工作记忆发展中的作用，另一个是前额皮质在青少年较高的风险行为和心理疾病中的作用。另一种观点则认为，前额叶的发育与生命早期技能与知识的学习有关，而且它也影响着皮质其他区域的组织过程（Thatcher，1992）。按照这个观点，前额叶在认知转变中具有重要的作用，因为任何新技能或知识的获得都涉及前额皮质。这个假设的一个推论是，前额叶参与某项特定任务或情景的程度随着学习经验的增加而逐渐减少。前额皮质发育的这种观点，得到了第 1 章中所提到的"功能性大脑发育的技能学习模型"的支持，而且来自此模型的许多预测与"交互式特异化的观点"是相似的。所以，在本章结束前，不再对这两种理论观点进行区分。

前额叶皮质、客体永久性和工作记忆

最容易理解认知变化与基本的脑发育之间关系的一个例子就是婴儿客体永久性的出现。有研究者特别指出（Diamond，1991；Diamond & Goldman-Rakic，1989；Goldman-Rakic，1987），在婴儿出生后半年到一年的时间里，前额叶的成熟既可以用来解释皮亚杰（1954）观察到的客体永久性，也可以用于解释在工作记忆和抑制优势反应（the inhibition of prepotent responses）任务中涉及的其他各种转变（Diamond et al.，1994）。

额叶位于大脑初级运动皮质和前运动皮质的前侧区域，通常称为前额皮质（prefrontal cortex），几乎占据了人脑皮质表面的三分之一（Brodmann，1909，1912），并且大多数研究者认为，前额皮质是许多高级认知能力的控制场所。对大量前额皮质受损个案的临床观察（Milner，1982）和实验研究证据，都支持前额叶在认知过程中具有重要作用的观点（Duncan，2001；Owen，1997）。尽管有关额叶皮质功能还没有一个被普遍认可的理论，但现有研究一致发现，某些特定的认知加工形式与成人前额皮质紧密相关，对系列动作的计划或执行、在短暂延迟后保持"即时"的信息以及抑制适于某一情境（而非另一情境）的一组反应的能力。

皮亚杰首先发现，经过短暂的延迟后，被隐藏的物体如果仍在原处，7 个月之前的婴儿能够成功地找回，但是如果物体的位置发生改变，他们就不能准确地找回这个被隐藏的物体了。特别是，这个年龄的婴儿会犯一种特定的错误，即婴儿往往会去这个物体最初被隐藏的地方寻找。这种典型的错误模式被称为"A 非 B"模式，这种错误被皮亚杰（1954）当作婴儿不能理解客体不在眼前时仍然存在或保持的证据。7.5 个月～9 个月的婴儿可以在 1 秒～5 秒的延迟时间后，成功地完成这个任务（Diamond，1985，2001）。但是他们的表现并不稳定：当藏和找之间的延迟时间随着婴儿年龄的增加而增加时，婴儿仍会犯"A 非 B"错误，直至到大概 12 个月大为止（Diamond，1985）。（延伸阅读：Bens，2001；Diamond，2001，2002。）

研究者（Diamond & Goldman-Rakic，1989）用皮亚杰的客体永久性任务对猴子进行了实验。在客体永久性任务中，向猴子呈现一个隐藏在位置 A 的物体，并让猴子去找它。在位置 A 连续成功几次后（一般为三次）后，将物体藏到位置 B。当藏与找的时间间隔达到 2 秒以上时，幼猴不能找到隐藏在位置 B 的物体。他们发现，顶叶皮质（与空间加工有密切联系的脑区）受损的动物不会出现这种操作性错误；海马结构（与记忆加工有关的脑区）受损也不会削弱猴子 A 非 B 模式的操作（Diamond，Zola-Morgan，& Squire，1989）。但是，如果是背外侧前额皮质受损的话，就会严重削弱成年猴在有延迟的藏与找任务中的表现，由此表明，这个区域对于需要在延迟时间内保持空间信息的反应任务具有关键性的作用。

把额叶皮质区的成熟与工作记忆的产生联系起来的发展性证据，来自于幼猴同前额受损的猴子一样都不能完成 A 非 B 任务（Diamond & Goldman-Rakic，1986，1989）。然而，1.5 个月～4 个月的幼猴与 7.5 个月～12 个月的婴儿表现出了类似进步，它们能够完成 A 非 B 任务，并且能够承受较长时间的延迟。当已获得 A 非 B 能力的幼猴的背外侧前额叶被损伤后，这项技能会随之消失，这一结果证实了该脑区在这项任务中的重要性。对于人类的研究则使用非侵入性的成像方法，将前额叶的成熟与婴儿在 A 非 B 任务中表现的变化联系起来。一系列研究都表明，婴儿前额脑电反应的增加与顺利完成较长时间间隔的延迟反应能力有关（Fox & Bell，1990；Bell，1992a，1992b；Bell & Fox，1992）。光学成像研究（NIRS）也显示，客体永久性的行为表现与前额皮质的血氧变化有关（Barid et al.，2002）。

按照戴蒙德（Diamond，1991）的观点，5 个月～12 个月背外侧前额皮质区的成熟使婴儿表现出具备了客体永久性知识的能力。戴蒙德假定，当个体必须同时保留空间延迟信息和抑制（先前强化过的）优势反应时，皮质的这个区域起到重要的作用。从这个角度我们简单地回顾一些研究结果。当藏与找之间设置有时间间隔时，不足 7.5 个月的婴儿不能找到隐藏的物体。在这一方面，人类婴儿的行为与前面讨论过的前额损伤的成年猴子和幼猴是一样的。这个年龄的婴儿在 A 非 B 任务（在一个地方重复藏了几次后把物体移到另一个地方）和物体搜寻任务（物体放置地方是随机安排的）中犯了相似的搜寻错误（Diamond & Doar，1989）。这意味着皮亚杰对客体永久性的观察，反映了客体永久性和搜寻任务所共有的一种或多种基本的神经机制的发展状态。要想成功完成这些任务，不仅需要记住最近所藏物体的位置，还要抑制对以往强化过的位置的反应，因此，其基本的神经机制必须同时参与这两种活动。大量的神经生物学研究证据表明，前额皮质与空间工作记忆能力有关，这个区域的损伤会使得个体抑制不恰当反应的能力受损。所以，黛蒙德和同事呈现了一个有力的案例，用来表明背外侧前额皮质发育的重要意义。

成熟观认为，前额皮质的发育一直持续到儿童晚期与青少年期。大量使用各种涉及前额皮质高级功能的行为任务的研究结果都表明，儿童的行为表现一直要到青少年期甚至以后才能达到成人水平（Fabiani & Wee，2001；Luciana，2003）。例如，对 3 岁～25 岁的被试进行剑桥神经心理学自动化测验组（Cambridge Neuropsychological Testing Automated Battery，CANTAB）测验，这是一套用于测试成年人和动物的编制完善并有效的测验（Fray，Robbins，& Sahakian，1996）。这套测验分别对工作记忆能力、自我引导的视觉搜索（self-guided visual search）和计划等项目进行测量。对发展研究特别重要的是，这套测验可以通过计算机触屏技术来实施，不需要任何言语的或复杂的手动反应。运用 CANTAB 测验，露西亚娜和纳尔逊（Luciana & Nelson，1998，2000；Luciana，2003）发现，那些依靠大脑后部区域的测验（像再认记忆），到 8 岁时就稳定了，而有关计划和工作记忆的测量一直到 12 岁时还没有达到成人水平。（延伸阅读：Olson & Luciana，2008。）

尽管这些行为测量作为标志任务是有效的，但是用功能成像技术来研究儿童完成这些任务时前额皮质的参与程度也许会更好。几项功能磁共振研究（Klingberg，2006）显示，儿童和成人的背外侧前额叶皮质（特别是额上沟）都参与工作记忆，同时发现神经网络中的顶内沟也有激活（见彩图 10-1）。这些研究都表明，工作记忆能力越好，顶—额叶神经网络的激活程度越强；同时神经网络的激活也随着年龄的增长而增强，这种变化独立于个体在任务中的表现水平（Klingberg，Forssberg，& Westerberg，2002）。连接额叶和顶叶的白质的成熟，与工作记忆(非阅读)表现有关，与额叶和顶叶灰质的活动程度有关(Olesen，Nagy，Westerberg，& Klingberg，2003)。细胞水平的计算模型显示，前额叶和顶叶区域间较强的突触连接，较慢的神经信号传递，脑区内较强的联结，都可以独立地解释观察到的与儿童工作记忆发展相关的脑活动的变化(Edin，Macoveanu，Olesen，Tegner，& Klingberg，2007)。(延伸阅读：Klingberg，2006，2008。)

虽然这些证据是令人信服的，但同时也表明前额叶的成熟观并不全面，还需要一些修正或者更加本质的原因阐述。下一步可能会对成熟观造成挑战的研究证据来源于，经验是如何影响工作记忆能力和前额叶活动的。传统意义上，成人的工作记忆能力被认为是一种固定不变的特质。而最近的研究则发现，工作记忆能力具有很强的可塑性。例如，有研究表明，使用工作记忆任务进行5个星期的训练后，成人的工作记忆能力有明显的提升，并且在顶－额神经网络中与工作记忆相关的脑区活动也有明显的增强(Olesen，Westerberg，& Klingberg，2004)。这些发现对于进一步理解工作记忆的发展具有重要的作用。成熟观认为是顶－额网络的成熟促进工作记忆能力的发展。但是，训练研究则提示了另一种观点：随着儿童的发展，工作记忆的经验和/或对工作记忆要求的增加，可能促使了负责这一功能的神经网络的成熟，这与交互式特异化和技能学习观比较一致。

另一些证据则表明，婴儿工作记忆的神经基础比最初认为的要广泛得多。例如，EEG研究显示，在物体消失和再出现前的表征保持阶段，6个月婴儿的右侧颞叶区域有高频脑电活动的爆发(Kaufman，Csibra，& Johnson，2003，2005；见第6章)。另一项脑电研究发现，婴儿期的工作记忆与全脑区域的EEG从基线到任务水平的强度变化密

切相关，而 4 岁儿童的工作记忆则仅与顶叶区域的 EEG 改变有关
(Bell & Wolfe，2007)。最近一项早产儿工作记忆发展的研究显示，
新生儿的海马体积与 2 岁时的工作记忆能力有关，但新生儿的皮质体
积甚至是背外侧前额叶区都与其工作记忆能力无关(Beauchamp et al.，
2008)。这些研究结果提示，婴儿工作记忆的神经网络可能比较弥散，
随着发展逐步局限于顶一额区(Kaldy & Sigala，2004)，这一模式与
交互式特异化的观点一致。

前额皮质、社会决策制定和青少年

前额皮质在决策制定中也起到非常重要的作用。最近研究者对前
额皮质的成熟如何影响青少年的社会决策制定表现出了极大的研究兴
趣。青少年期的智力和认知能力都有明显的增长，但这一阶段表现出
的激烈的情绪和冲动行为则反映不出个体的认知改善，同时这一时期
还充斥着很多的反社会和冒险行为、心理疾病，包括抑郁、焦虑、情
感障碍、饮食障碍和药物滥用。

一些研究者认为，这些特殊行为可以用前额皮质与其他脑区具有
不同的成熟速度来解释。其中一个具体的模型是社会信息加工网络
(Social Information Processing Network，SIPN)模型 (Nelson，
Leibenluft，Mc Clure，& Pine，2005)。在这个模型中，社会行为涉
及三个相互作用的"节点"(nodes)：①探测节点(detection node)，觉察
社会信息，主要包括枕颞皮质；②情绪节点(affective node)，加工社
会刺激的情绪意义，影响对社会刺激做出的行为和情绪反应，包括皮
质下结构和眶额皮质；③认知调控节点(cognitive regulatory node)，
对目标导向行为，冲动控制和心理理论非常重要，包括前额叶的大部
分。根据这一模型，三个节点的成熟速度不同，探测节点在生命早期

就已经成熟，情绪节点在青少年早期成熟，而认知调控节点则比其他两个节点成熟晚。这种节点间成熟上的不匹配导致了青少年的脆弱性，即当对社会刺激产生强烈的情绪反应时，不成熟的认知调控节点不能给予恰当的调节。这一弱点可以解释青少年风险决策行为增多的现象。

为了更加系统地研究决策制定，有研究者发明了一个艾奥瓦赌博任务（Iowa Gambling Task）（Bechara，Damasio，Damasio，& Anderson，1994）。这个任务用于测量我们日常生活中常见的，当同时面临具有短期和长期收益的两种不同选择时的决策行为。这个任务要求被试每次从 4 张卡片中选择 1 张，其中 2 张卡片能带来即刻的较大的奖励，另外 2 张会带来即刻的较小的奖励。这个游戏的关键点在于惩罚的方式。带有高奖励的 2 张卡片同时伴有较大的延迟惩罚，因而从长远来看，这一选择没有优势反而会导致净损失。相反，带有较小的即刻奖励的卡片则伴随有小的延迟惩罚，因而从长远来看，这一选择反而能够带来净收益。研究者不告诉被试这两类卡片间的差异，被试必须通过选择卡片和收到的奖励和惩罚情况自己去发现。健康的成人在任务过程中逐步学会选择有利的卡片，而前额叶受损的病人则总是选择不利的卡片，即那些带有短期奖励但从长远来看会导致净损失的卡片。因此，他们看起来更容易被即刻的奖励所影响，而不能考虑行为所导致的长远结果，以及不能对他们的选择做出调整（Bechara，Damasio，Tranel，& Damasio，1997）。这与青少年的行为表现是非常类似的，即他们经常不能看到自己行为所导致的后果。

使用类似的研究任务，有学者考察了儿童和青少年的决策制定行为，研究发现这一发展过程是非常漫长的，儿童直到 16 岁～18 岁才能学会做出有利的选择。脑成像研究也显示，这种行为模式与皮质下奖赏加工系统和额叶控制系统在青少年期的不平衡密切相关：青少年更多地被奖赏系统所驱动，从而在社会决策制定任务中做出不利的选择(Crone & Westenberg，2009)。(延伸阅读：Crone & van der Molen，2008；Crone & Westenberg，2009.)

虽然存在这些强有力的研究证据，但成熟观可能仍有待改进。一个原因是有些证据表明，奖赏加工也在皮质水平进行，控制系统同时也依赖于皮质下区域(Phillips，Drevets，Rauch，& Lane，2003)。因而，决策制定的加工有更加广泛的基础，行为水平的发展可能不仅仅归于某个特定成分的成熟。最近一个个案研究显示，围产期前额叶损伤的婴儿在出生后第一个月就会表现出情绪调节和注意接触(attention engagement)困难(Anderson et al.，2007)，这表明前额叶系统可能在个体出生后很早就已经参与行为的调控。

前额皮质、技能学习和交互式特异化

为了了解前额皮质在认知发展中的作用，一些研究者提出了另一种研究取向，他们认为，前额皮质在新信息和新任务获得中起着关键的作用。从这个观点出发，婴儿大脑在学习获取物体时面临的挑战，与成人大脑面临复杂动作技能(如学习开车)时所涉及的情形相类似。这一观点包括三个相关内容：①对于特定任务来说，起关键作用的皮质区域会随着任务的不同获得阶段而发生变化；②组织皮质内信息或在皮质区域间分配信息时，前额皮质起着重要的作用；③发展过程涉及分等级的控制结构(hierarchical control structure)的建立，但前额皮质维持当前的最高控制水平。以下三方面最新的研究结果不仅表明婴儿早期前额皮质激活的重要意义，也进一步证实了上述观点：fMRI和PET的研究，心理物理学的研究，围产期前额皮质损伤的长期效应。

当有些前额皮质的功能活动无法通过成人研究直接预测的时候，仅有的一些婴儿 fMRI 和 PET 研究则常常能揭示一些惊人的发现。例如，在一项 3 个月婴儿言语知觉的 fMRI 研究中，研究者（Dehaene-Lambertzet al.，2002）观察到，清醒的婴儿在辨别（顺行的）言语活动时，右侧背外侧前额皮质有激活，而睡着的婴儿则没有表现出类似的激活（见彩图 10-2 和第 9 章）。在对同年龄婴儿的面孔反应中，也发现了类似的 DLPFC 的激活（Tzourio-Mazoyer et al.，2002）。尽管这个结果成为前额皮质的某些区域在出生后几个月就有激活的证据，但这些激活也可能是被动的，它对于引导婴儿的行为没有任何作用。然而，最近两项研究却表明并非如此。

运用 ERP 的发展研究经常记录到婴儿前额电极上的电活动变化，而且一些最近的实验表明，这种电活动对于行为的输出有重要的影响。这些实验考察了在一个眼睛快速扫视（眼跳）开始之前的激活模式（见第5 章）。其中的一个例子是西伯拉和同事（Csibra et al.，1998，2001）观察到前眼跳电位：在成人中，往往在头皮的后部位置上记录到这个电位，而在 6 个月的婴儿中却出现在前额电极上。这些电位与某个行为的开始时间同步，由此推测，它们是计划或执行这些行为的神经加工的产物。

关于围产期前额皮质损伤所带来的长期且广泛影响的研究，为婴儿早期前额皮质发育的重要性提供了进一步的证据。在前面几章中我们已经看到，围产期对特定脑区的选择性损伤对婴儿的影响，即使在最坏的情况下也只会带来轻微的损伤，随后这些功能几乎可以完全恢复。与此相比，围产期额叶和前额叶皮质区域的损伤，经常会导致长期的障碍，并且随着发展会越来越明显。来自不同领域的研究一致表明，前额皮质从出生后很早开始就起着重要的建构和促进的作用。关于功能性的前额皮质发育理论观点的一个实例，是由撒切尔（Thatcher，1992）和凯斯（Case，1992）提出的（其他相关理论见 Stuss，1992）。

撒切尔（1992）和同事分析了一批由大量被试参与的 EEG 数据，被试的年龄在 2 个月到 18 岁的各个不同阶段。在 EEG 记录过程中，被试只需尽量保持安静地坐着，不对任何刺激做反应。16 个电极均匀地安置在头皮上，记录自发产生的 EEG 节律，通过复杂的分析来确定每个电极的记录在多大程度上与其他电极的记录能"形成整体"（cohered；简单来讲，就是各电极记录到的电位活动彼此相关）。基于大量的原始数据，对每个年龄组的主要因素（哪些电极是紧密相关的）进行主要因素分析，并且能够计算那些电极关联性的增长速度在年龄上的"峰值"。随后撒切尔又对这些数据补充了两点假设：头皮电极记录能够作为相关皮质活动的反映指标，皮质区域（电极）活动之间的相关程度反映了皮质间神经连接的强度。这就是额叶调控的周期性皮质重组假说。

图 10-3 以撒切尔对其中某组数据的复杂分析为基础，用图示说明了他提出的假设。图中点与点之间的连线表明，在某个特定年龄，相关联的电极显示出最大的增长率。撒切尔认为，存在着皮质重组的周期性，始于左侧半球内短程联结（short-range connections）重组的微循环。此后，前额的长程联结（longer-range connections）重组变得越来重要，先出现在左侧，逐渐转向双侧。在完成右半球内的短程联结重组后，一个周期就完成了。根据撒切尔的观点，这种完整的周期需要花费约四年的时间，但子循环（subcycles）和微循环（microcycles）为较短期的稳定和过渡提供了基础。由于长程联结与前额皮质有关，所以撒切尔认为，前额皮质在整个皮质重组中发挥了整合的作用。凯斯（1992）试图利用这些 EEG 的研究结果，把大脑的重组与认知改变发展联系起来，并提出两个观点：①认知改变发展具有相似的"递归"（recursive)特征；②认知成就经常会受到像上述的许多局限性工作记忆这些与额叶皮质密切相关的功能的限制。与一些功能有关，如工作记忆，这些功能普遍地与前额皮质相联系。用来说明的一个例子是：在相同的年龄，既出现了一对特定电极（额叶和顶叶）之间在 EEG 上相关联的变化率，也出现了工作记忆广度上的增长率；这表明神经与认知变化发展可能涉及同一个基本的过程（见图 10-4）。尽管乍看之下这两个变量的增长率变化看起来是非常一致的，但目前仍然可能存在着很多原因使这种观点仅能被认为是一种推测，使其在目前只能被认为是启发性的。原因之一是，可供挑选的电极毕竟有 56 对，没有理由单挑选某对特定电极，而且针对某些处于发展中的认知功能而言，看起来总是只有少数电极在类似的年龄上出现了增长的峰值。

即使在认知能力增长率上的峰值与相关联的 EEG 峰值之间获得了密切的无懈可击的相关，但脑与认知之间的这种联系仍然是仅以时间上的相关为基础，因而单独依靠增长率峰值间的相关这种形式的证据，单独来看是没有说服力的。在将来的研究中，不仅要关注 EEG 关联性显著增加的阶段，同时要考虑 EEG 关联性显著降低阶段与行为表现水

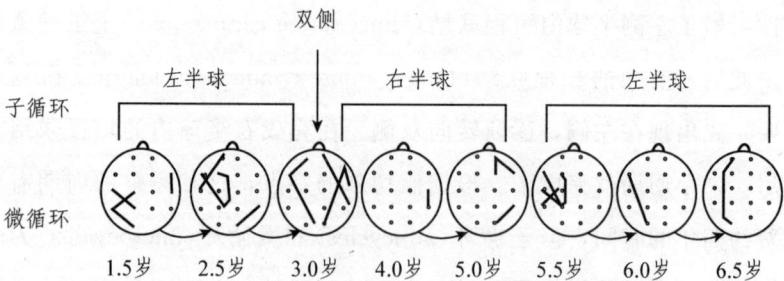

图 10-3　撒切尔（1992）报告的相关模式的序列与解剖学分布总结
连接电极位置之间的线条是指关联很强的指标。"微循环"是指一种发展的序列，涉及一个外侧—中间的循环，这种从左半球经双侧到右半球的循环需要近四年的时间。注意：前额皮质被认为参与了"双侧"子循环。

(a)

(b)

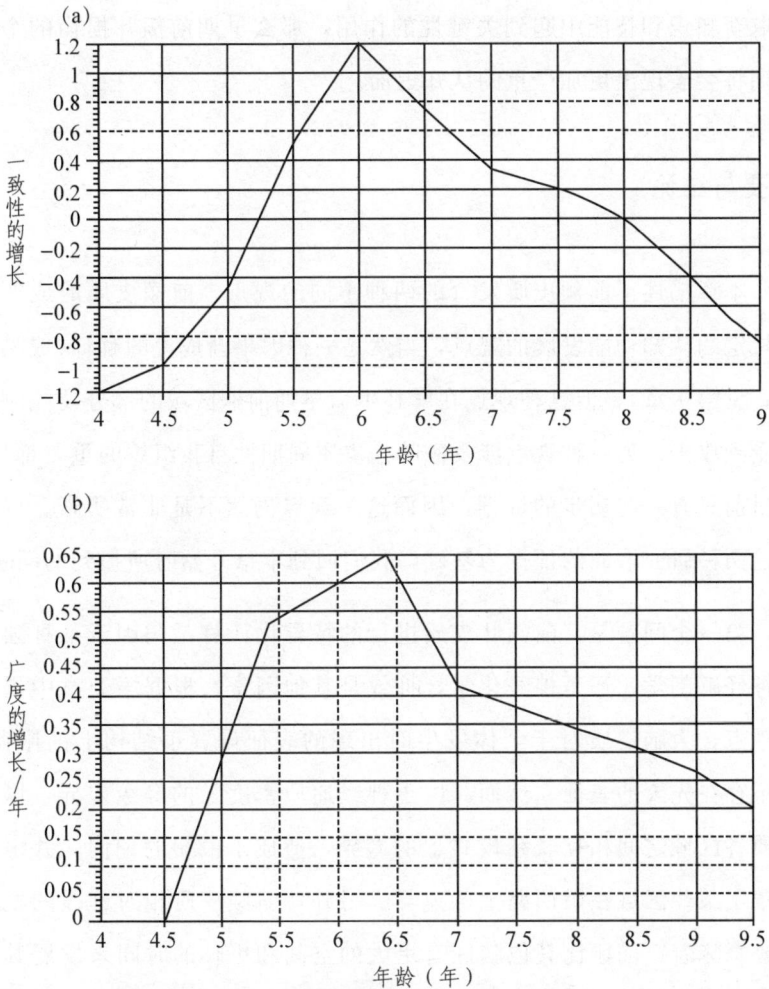

图 10-4　（a）儿童中期在大脑前额与后部脑叶间相关联的 EEG 的增长率（F7－P3）（Thatcher，1992）（b）在相同年龄范围内工作记忆（数字广度和空间广度）上的增长率

平降低间的关系，从动态的角度而不仅是以阶段为基础来解释认知发展将更有意义。

技能学习观会受到的另一种可能的质疑源于对早期前额叶损伤个体的研究。许多研究报告都显示，这些个案存在长期的社会和认知障碍，但其智力能力发展正常（Anderson et al.，2007）。如果前额叶在获取新知识和技能中起到关键性的作用，那么早期前额叶损伤的个体预期将会表现出更加严重的认知迟滞。

概要与结论

本章描述了前额皮质发育的两种不同的观点。前额皮质的成熟促进特定的认知功能发展的观点，当然是一种因果渐成说的解释（成熟理论，见第 1 章），但这种观点在解释生命早期前额区域的部分功能时常会受到攻击。另一种观点涉及额叶是皮质周期性自我组织的重要部位，但目前只有一些初步的证据，因而这一观点仍然不是非常明晰。以来自这两种研究取向的证据为基础，我们回到本章开始时所提到的问题。

第一个问题是，前额叶皮质进行的特异化计算是归因于某种独特的神经解剖学，还是神经化学，抑或是其他因素？根据第 2 章中提出的观点，大脑皮质对于个体发生时出现的表征设置了结构上的限制，并不存在先天的表征。然而，由于神经递质密度上的等级差异，以及皮质各区域之间相互联结模式上的差异，造成了最初的偏向，并由此导致了某些区域在微回路上的差异。另外，前额皮质相对延缓的发育轨迹意味着：前额比其他脑区有更大的空间和更长的时间来发展其表征，这些表征记录了外部世界结果的恒定性，并与外部环境进行相互作用。换句话说，前额比其他脑区有更大的时间和空间范围来整合信息。因此，微小的内在偏向和相对延缓的发育，造成了前额皮质独特的信息加工特性。前额皮质在其他脑区的特异化中是否起着协调作用（就如撒切尔所述），将是未来研究中一个激动人心的主题。

第二个悬而未决的问题涉及如何协调以下两方面的证据：一方面有证据显示，有关于前额皮质神经解剖的发育一直持续到青少年期；

另一方面则有证据表明，来自出生后头几个月里前额皮质就已经开始发挥功能。前额皮质在早期发挥功能的证据，可能是对成熟理论观的最大挑战。一种可能的解释是，出现在前额皮质的表征最初非常微弱，仅能控制维持某些类型的输出，如眼跳，但不能进行另一些类型的输出，如伸手去拿东西（Munakata，McClelland，Johnson，& Siegler，et al.，1994）。另一种可能的解释来自黛蒙德（1991）的假设：前额叶皮质的不同区域在发育过程中延迟的程度有别；撒切尔（1992）也认为，前额皮质在其他脑区的周期性重组中持续发挥作用。无论这些假设是否正确，他们都为前额皮质从出生后的头几周，甚至更早就已经具有某种程度的重要功能提供了一个很好的理由（Fulford，et al.，2003；Hykin et al.，1999；Moore et al.，2001）：形成和保持目标，尽管时间很短，但这种能力对于努力做出某些行为（如伸手去拿东西）也是至关重要的。虽然早期经常会失败，但尝试执行某些动作行为能够为随后的发展提供必需的基本经验。

讨论要点

- “成熟”这一概念在解释前额皮质的发展中具有怎样的作用，功能或结构的成熟可以使用什么样的客观标准来衡量？

- 为什么一些不同的发展性障碍都包括前额功能异常的症状表现？

- 最近有研究表明，成人和儿童都可以通过训练来提升工作记忆能力，那么与行为绩效提高相伴随会产生哪些类型的脑改变？

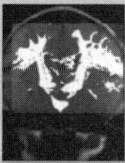

脑的单侧化

CEREBRAL LATERALIZATION

　　人脑功能的一个主要特征是两个大脑半球特异化中的差异。大脑半球功能特异化的三个发展模型是："偏侧基因"模型（biased gene model），"偏侧脑"模型（biased brain model），以及"偏侧头/子宫"模型（biased head/uterus model）。其中，一些模型关注手的单侧化（manual lateralization）和与认知功能有关的脑半球特异化之间的关系。针对用手习惯（handedness）和单侧化，提出了许多基因模型。尽管这些模型越来越复杂，但仍没有一个模型得到广泛的认同，主要是在用手习惯的遗传性（heritability）上还存在争议。偏侧脑模型想解释来自新生儿脑半球特异性的神经解剖学证据。然而，对于两个脑半球是否存在预先设定的计算特征，目前并无明确的结论。偏侧头模型则强调，新生儿中的动作偏向，如仰躺着的时候倾向于把头转向右边，使得一些视觉输入信息偏向一侧视野。这种动作的单侧化可能间接地引起了大脑半球的特异化。

　　在生命的第一年里，大脑半球的特异化主要表现在某些认知功能上，如语言和面孔加工。一些作者认为，这些功能特异化并不是因为预先设定的计算（先天表征），而是在发育的时间进程上两个脑半球之间一些最初的差异。这种发育状态中的最初差异可能会导致某个半球更容易加工某些类型的输入。两半球之间后来出现的动态抑制会增强这种功能的单侧化，以至于在一侧半球受到损伤时，对此种类输入的加工不能再由对侧的脑半球来替代。因此，大脑半球之间在发育时间进程上的细微差异可能造成一侧半球的神经结构只能更适合于加工某种输入信息。而加工这些信息又增强了这些神经环路的特异化，以至于在某种程度上其他的皮质区域将无法替代其功能。

生物有机体的一个主要特征是围绕一个中轴的对称性(例如,我们有两只手、两只眼睛、两个肺)。从一般的形态学来看,大脑的两个半球是非常相似的,一开始就表现出对称的特点。然而,在成人认知的许多领域,两半球在加工上是有差异的,如面孔认知、语言和空间认知。在发展神经心理学中,争论就由此而产生:脑半球的这种特异性是预先设置好的(一般情况下出生时就已具备),还是在发育的不同时间进程中出现的产物。有关出生后发展中脑半球功能和结构特异化的实证研究,有时得出一些明显矛盾的结果,使这一争论变得更为复杂。例如,在发展的某些时期,左半球更为成熟一些,但另一些时期是右半球更为成熟(Thatcher,Walker,& Giudice,1987,Soreen et al.,1995)。与认知功能相关的脑半球特异化和动作功能的单侧化(用手习惯)之间的相互关系(假如存在的话)又给这个问题增添了更多的困难。

现在研究者普遍认同的是,人类婴儿出生后不久,在神经解剖学上就存在着某种程度的脑半球单侧化。然而,对于这种单侧化如何出现,以及它与后来成人脑的特异性之间的关系,还存在着不同的观点。霍普金斯和罗恩维斯特(Hopkins & Rönnqvist,1998)对用手习惯和脑单侧化起源的许多假设进行了讨论。他们把这些理论分成若干种,包括"偏侧基因"模型、"偏侧脑"模型和"偏侧头/子宫"模型。

　　"偏侧基因"模型从基因的角度来解释单侧化。这类模型中最有代表性的是阿纳特（Annet，1985）的"右偏移理论"（right shift theory）以及麦克马纳斯和布莱登（McManus & Bryden，1993）的模型。简言之，"右偏移理论"认为，大多数个体继承了一种基因，使左侧脑半球掌管言语，成为右利手的副产品。少数个体没有这种"右偏移基因"，他们的单侧化由环境因素决定。具体地说，这一模型解释了父母皆为左利手，但是子女绝大多数是右利手的现象。麦克马纳斯和布莱登（1993）指出右偏移理论存在的许多问题，并且提出了一个更为复杂的理论，把另一个与性别相关的"修饰基因"（modifier gene）的影响整合到模型中。这个修饰基因可以解释观察到的某些性别差异（男性中左利手更为常见，而且左利手母亲的后代出现左利手的比例要高于左利手父亲的）。这些越来越复杂的与单侧化有关的基因模型，反映了这样一个事实：在用手习惯的遗传性问题上仍然存在着很大争议，研究报告的遗传效应又很小，并且与其他因素相互作用，如性别和早期经验。进一步的问题是，仍然不清楚用手习惯与认知单侧化之间的关系（见下文）。因而，在明确这些假定的基因在个体发展中的作用之前，行为遗传学方法的解释力必然是有限的。最后，我们不需要考虑这些假定的基因对中枢神经系统的影响。相反，他们可能通过其他因素间接地影响大脑的发育。

　　"偏侧脑"模型考虑了出生时大脑两半球中观察到的神经解剖学上的差异。大量神经解剖学的研究已经证实，成人中左右大脑皮质之间存在着差异。例如，葛斯温德和列维茨基（Geschwind & Levitsky，1968）曾报告，研究中，65％成人的左侧颞平面（与语言有关的一个区域，见第9章）比右侧颞平面大。很多研究团队在婴儿大脑中找到了与之相似的差异。希、谷林和吉尔斯（Chi，Gooling，& Gilles，1997）考察了胎儿脑回和脑沟发育的时间进程。在一些个案中，这些沟和回在右半球的发育要早于左半球。尤其在被认为对语言的编码和理解至关重要的一个颞叶区域——颞横回(Heschl's gyrus)，其在右侧半球的发育要略早于左侧半球。但另外几个研究则发现与此相矛盾的结果：早至妊娠 29 周的胎儿，在左半球的左侧颞平面常常比右侧的大(Teszner，Tzavaras，Gruner，& Hecaen，1972；Witelson & Pallie，1973；Wada，Clark，& Hamm，1975)。然而需要注意的是，这些测量只是简单地涉及了皮质上皱褶的程度。就如第 4 章中所述的，大脑皮质刚开始是很薄很扁平的一层组织，随着它在头骨里面的生长，逐渐起皱褶且变得越来越复杂。因此，对沟和回的测量只能告诉我们在某一区域内皮质组织的数量(大致说，组织越多，皱褶也越多)，并不能用来说明结构是否被预先设定。而后者只能够通过检查特定区域内复杂的细胞结构才能知道。目前，除非用新生儿的尸检组织进行研究，出生时左右半球是否具有不同的计算特征这个问题不可能有明确的结论。

　　尽管"偏侧脑"假设已经获得了一些经验证据的支持，但是导致这种偏向的原因还不清楚。葛斯温德、贝安和加拉布尔达的模型(GBG；Geschiwind，Behan，1982；Geschiwind & Galaburda，1987)提出了一种因果解释，来阐明这些神经解剖学上的差异是如何产生的，及其对儿童后期生活的影响。简言之，这些作者认为，子宫的激素水平和脑的优势化之间是一个因果关系，而子宫激素水平与免疫系统之间又存在进一步的关系。详细地说，他们指出，**子宫**中睾丸激素水平的高低会降低或加速胚胎神经元从神经嵴向皮质区域的迁移。较高的睾丸激素水平(男性中更为普遍)，尤其会延缓左半球中神经元的迁移，造成"异常优势"(anomalous dominance)，即所观察到的半球特异化程度被削弱了。图 11-1 描绘了 GBG 假设的特点，方框之间箭头表示直接的因果联系(McManus & Bryden，1991)。

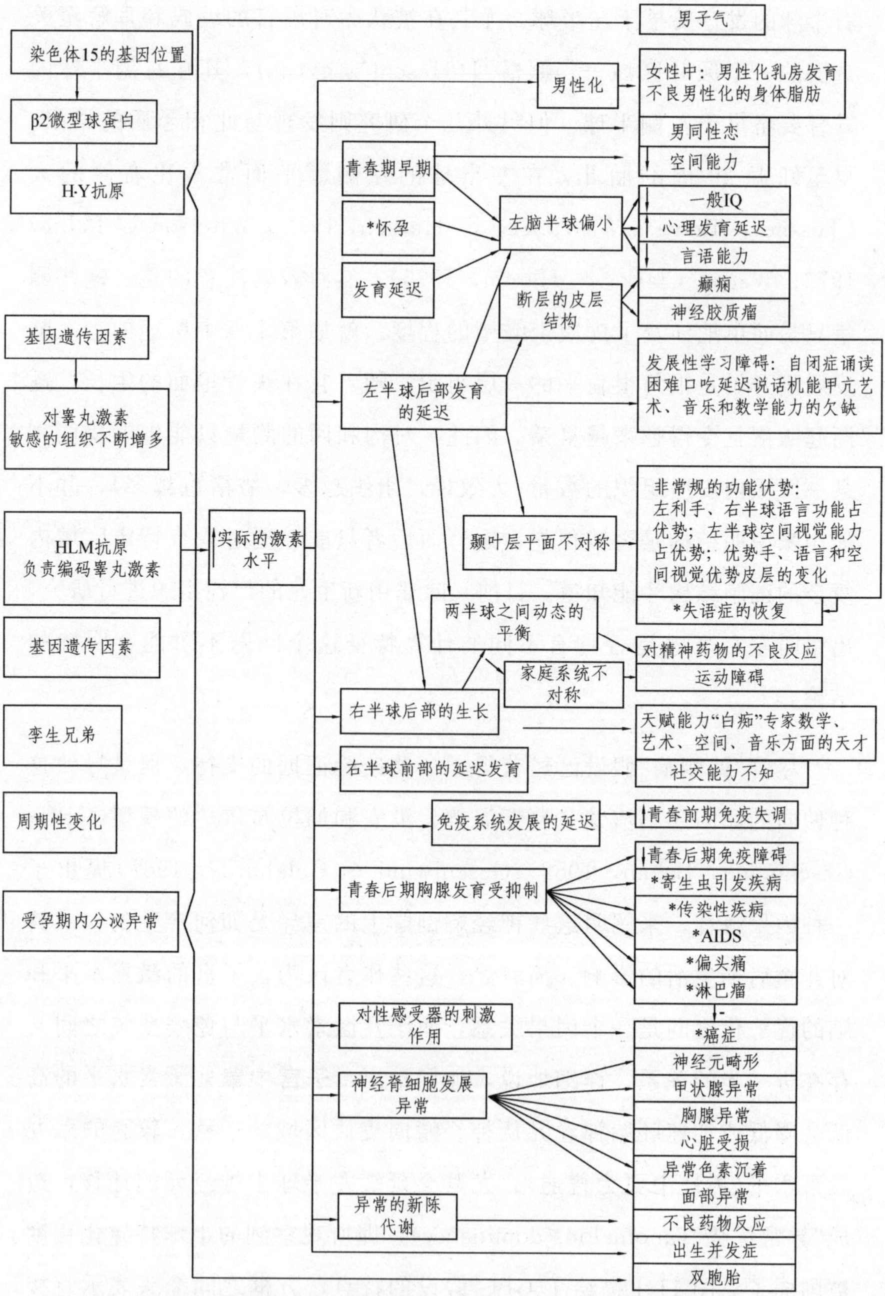

男子气

染色体15的基因位置

β2微型球蛋白

H·Y抗原

男性化

女性中：男性化乳房发育不良男性化的身体脂肪

男同性恋

↓空间能力

青春期早期

*怀孕

发育延迟

左脑半球偏小

断层的皮层结构

一般IQ

心理发育延迟

言语能力

癫痫

神经胶质瘤

基因遗传因素

对睾丸激素敏感的组织不断增多

左半球后部发育的延迟

发展性学习障碍：自闭症诵读困难口吃延误说话机能甲亢艺术、音乐和数学能力的欠缺

HLM抗原负责编码睾丸激素

实际的激素水平

颞叶层平面不对称

非常规的功能优势：左利手、右半球语言功能占优势；左半球空间视觉能力占优势；优势手、语言和空间视觉优势皮层的变化

两半球之间动态的平衡

家庭系统不对称

*失语症的恢复

对精神药物的不良反应

运动障碍

基因遗传因素

孪生兄弟

周期性变化

受孕期内分泌异常

右半球后部的生长

右半球前部的延迟发育

天赋能力"白痴"专家数学、艺术、空间、音乐方面的天才

社交能力不知

免疫系统发展的延迟

青春前期免疫失调

青春后期胸腺发育受抑制

青春后期免疫障碍

*寄生虫引发疾病

*传染性疾病

*AIDS

*偏头痛

*淋巴瘤

对性感受器的刺激作用

*癌症

神经脊细胞发展异常

神经元畸形

甲状腺异常

胸腺异常

心脏受损

异常色素沉着

面部异常

异常的新陈代谢

不良药物反应

出生并发症

双胞胎

图 11-1　葛斯温德、贝安和加拉布尔达假设的模型示意图

针对该模型出现的许多理论与实证问题，麦克马纳斯和布莱登（McManus ＆ Bryden，1993）以及普瑞维克（Previc，1994）进行了评述。他们指出，这一模型涉及的一个较为严重问题在于：它假定那些非右利手的人属于"异常优势"总体中的一部分。如此过度包含的分类在临床上不可能有什么价值。另一个问题是，这个模型并没有区分许多可能结果之间的差异，例如，为什么升高的睾丸激素水平有时会导致自闭症，有时却导致阅读障碍？尽管这一模型存在这些问题，近来的研究证据却重新唤起人们对 GBG 模型一般性假设的兴趣。

一组研究结果表明，胎儿时测得的睾丸激素水平（在羊水中测得）和学步时期儿童的社会——认知评价结果之间存在很强的相关。例如，胎儿时的睾丸激素水平与出生后 12 个月和 24 个月时婴儿眼睛接触次数（自闭症的一个风险性指标）与 18 个月和 24 个月时儿童的词汇量存在较高的负相关（Lutchmaya，Barin-Cohen，＆ Raggatt，2002a，2002b）。这些研究表明，胎儿时的睾丸激素水平与一些典型的社会——认知发展方面存在着一种前瞻性的关系。这一研究结果与下面的理论观点是一致的，即出生前睾丸激素水平影响着大脑的"男性化"（masculinization），也是自闭症形成的一个原因（以男性大脑这个极端形式为特征；Baron-Cohen，Lutchmaya，＆ Knickmeyer，2004）。然而，研究者企图通过对儿童时期 ERP 的测量来确定出生前睾丸激素水平与大脑单侧化之间的关系，但还未能够揭示其间的正相关。（Baron-Cohen et al.，2004；Berenbaum et al.，2003；Cameron，2001.）

第三类模型是霍普金斯和罗恩维斯特（1998）提出的"偏侧头"或子宫模型。这些模型有一个共同假设，即单侧化以及可能出现的大脑半球特异化，是由于年幼婴儿有一种强烈的把头转向一边的倾向。许多研究者都注意到，当新生婴儿仰卧时，总是把头偏向右侧（当然也有很少数婴儿的头是偏向左侧的）。这种现象既可以在自主行为状态下观察到，也可以把婴儿的头保持在中线位置一段时间后看到（Turkewitz & Kenny，1982）。头的这种偏向可能是在子宫时最常见的位置，因为子宫的限制，头和手的运动只能转向一侧（Michel，1981）。这种限制是由于子宫形状的不对称导致的。这种把头转向一侧的偏向所导致的结果就是：在仰卧时，经常会看到其中的一只手（通常是右手），于是到后来，儿童就偏爱用此手来引导自己的视觉行为。又或者，头的偏向和左/右手的用手习惯有着共同的神经基础。虽然足月的新生儿就已经表现出爱将头转向右侧，且保持这种偏向（Hopkins，Lems，Janssen，& Butterworth，1987），但一项从妊娠 12 周到足月的纵向研究表明，直到 36 周～38 周胎儿才会有比较明显的头偏向行为（Verver，de Vries，van Geijn，& Hopkins，1994）。因此，头偏向行为的获得是在人类胎儿妊娠后期才出现的事件，但是这种行为一直持续到出生后的 2 个月～3 个月（Hopkins et al.，1990）。

不管上述单侧化模型哪个最为正确，有一点是很明确，即出生几个月内，婴儿开始表现出一些行为迹象，显露了与认知功能相关的大脑半球特异化。例如，对于成人来说，脑的右半球在某些面孔加工任务上表现出更多的优势。德斯霍耐和麦斯维特（De Schonen & Mathivet，1989）对大量研究进行了综述后指出，到 4 个月或 5 个月时，人类婴儿已经表现出大脑右半球（左侧视野）在面孔认知上的优势。这些结果的其中一种充分解释就是脑的右半球生来具有面孔加工的先天表征。但德斯霍耐及其同事（de Schonen & Mathivet，1989；de Schonen & Mancini，1995）认为，这种自然出现的右半球对于面孔加工的特异化现象是右半球在具体构造上与左半球有细微差异的结果，因为在加工其他（抽象）图案时，两半球在参与程度上也有差异。这些作者强调构造上的差异是由于两半球在发育的时间进程上有一些细小的区别，即右侧颞叶的发育略早于左侧颞叶。这种有差异的发育进程造成了右侧颞叶可以加工低空间频率的输入信息，而面孔识别中负载着绝大部分此类信息。因此，按照这种观点，在婴儿早期，两个半球之间在发育的时间进程上的差异足以解释其在加工特定类型信息上的偏向。

对于大脑半球语言加工上的特异化，也有类似的观点（见第 7 章）。例如，针对维特森（Witelson，1987）的观点，布洛克、雷德曼和托多维克（Bullock，Liederman，& Todorvic，1987）提出了质疑。维特森认为，脑的左半球在遗传上就预先设定好是来加工语言的，在左半球早期受到特殊的损伤后，右半球支撑语言的能力可归因于由特定损伤引发的可塑性机制（specialized trauma-induced plasticity mechanisms）。但布洛克等人认为，应该是发育时间进程上的差异才导致了左半球在语言加工上的最初偏向。最初的这种偏向，与两个半球之间动态的抑制（dynamic inhibition）结合起来，加速了发展过程中认知功能单侧化的趋势。按照这个观点，大脑右半球在"敏感期"内可以补偿左脑带来的损伤，但"敏感期"的结束取决于左脑受损前语言功能特异化的程度。

概要与结论

在本章中介绍的三种有关脑单侧化的理论，与以前章节中介绍过的功能性脑发育的三种观点很难进行直接的联系。必须承认的是，婴儿功能成像的主要贡献之一是，已经证实出生几个月内的婴儿就表现出功能上令人惊讶的单侧化程度（见第 9 章）。功能（言语和语言知觉）的发挥表明学习在子宫中就发生了。出生 1 个月左右在视觉加工中出现的单侧化模式似乎没有太大的个体间差异（Lloyd-Fox et al.，2009），符合自然出现的特异化模式（de Haan et al.，2002）。大脑半球脑功能特异化的动态概率渐成说也可以解释个体早期一侧半球受损后，其功能还可以恢复这一研究结果（见第 9 章）。目前正在研究的一个令人感兴趣的问题是：在某个个体内，右半球功能（如梭状回面孔区，第 7 章）的特异化程度能否预测左半球相似区域（如视觉词形区，第 9 章）的特异化程度，或是否相互有关联。如果发现了相互间的关系，就可以认为两半球间抑制性连接促进了两半球内有差异的功能特异化。对面孔与词的知觉进行比较的价值在于，这两者在一些典型的心理特质上的系统差异，如空间频率成分（Mercure，Dick，Halit，Kaufman，& Johnson，2008）。在尽可能对等地匹配的条件下，研究表明，在个别儿童中，加工面孔一侧区域产生的 ERP 与加工词汇一侧区域产生 ERP 之间存在很高的正相关（Mercure et al.，2009）。换句话说，至今为止的研究证据支持个体内普遍的单侧化偏向，典型例子就是，左右半球分别偏向于加工面孔和词汇。当然需要进一步的 fMRI 研究来进一步证实这个问题。确实，下一个令人振奋的十年将会是：对单侧化的功能成像研究将会与行为、激素以及遗传学等研究进行整合。

讨论要点

· 葛斯温德、贝安和加拉布尔达模型的优点与缺点是什么？

· 在大脑半球单侧化研究中，左右手用手习惯这种间接研究方法在多大程度上是有效的？

· 研究发现，一些发展性异常的个体在大脑单侧化上存在相对的不足，原因是什么？

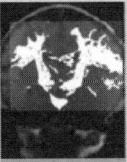

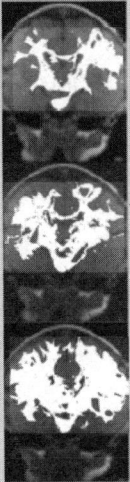

交互式特异化

INTERACTIVE SPECIALIZATION

在这一章我们将回顾在第1章中提出的有关人类功能性脑发育的三个观点。有人认为，交互式特异化观点能最好地解释目前大部分的研究数据。交互式特异化观点从发展变化的角度解释认知神经科学中的两个主要问题：定位（localization；在一个特定任务情景下皮质的激活程度）和特异化（specialization；一个特定皮质区域的功能如何精细地调整）。本章将对交互式特异化机制进行评述，某些功能性的影响将在此进行详细的探讨。在此，本章中将简单地介绍自然选择论的多种观点，这些理论持有的一个共同观点是：在出生后的发展过程中，突触和神经回路的减少增强了神经与认知功能的特异性。突触与回路的减少还涉及一种发展机制，即所谓"区域化"（parcellation）。区域化是神经回路逐渐封闭的过程（信息的隔离）。这个过程被认为在神经计算上具有重要的意义，如减少神经系统之间的干扰以及信息的交换。至今为止，对于皮质特定区域中功能的形成与发育，大多数研究都进行了考察。下个十年的最大挑战将是，揭示在出生后的发展过程中，脑各个区域之间相互作用的网络是如何出现的。在本章中我们回顾了探讨发展中功能性大脑网络出现的一些初步研究。

人类功能性脑发育的三个观点

在第 1 章我们讨论了人类功能性脑发育的三个不同观点：成熟的观点、技能学习的观点以及交互式特异化观点。后来几章的许多主题都是出自我们对认知发展相关领域的评述。在第 4 章中，我们对来自皮质发育的证据进行了评述，得出的结论是：大脑皮质的大范围区域都显示出基因表现型的分级特异性模式，认知神经学家感兴趣的小范围功能区域要依赖于活动过程才能形成特异性。换句话说，大部分皮质的区域性分区来自于内在的空间和时间因素与外部输入的整合。然而，皮质层状的结构、特定的联结以及一般性区域的神经化学性质在构造上限制了这些区域内可能出现的表征。

在其他几章中，来自人类婴儿和儿童的研究证据与上述的一般观点是一致的。大部分证据都表明，认知功能的皮质表征于出生后才产生，而且部分地受输入信息结构的影响，有关这一点还存有异议。有证据表明，在某些情景下，新生儿有关世界的特定信息，如对面孔模式的偏爱反应（第 7 章），皮质下回路在控制行为上起着非常重要的作用。由于目前所有的证据都还不足以形成明确的结论，因此，功能性脑发育的三个观点中，笔者认为，交互式特异化观点与大部分数据所表明的结果最为一致。

表 12-1 列出了三种观点的要点。成熟观点的显著特征是提出了决定论的渐成说；即特定区域的基因表现型影响着区域内联结的变化，并由此产生新的功能。在成熟观点中，一个被普遍接受的假设是脑、皮质区域与特定认知功能之间存在着一一对应关系，因此，特定的神经计算随着相应皮质区域回路的成熟而"即时地"发生。在细胞水平上，

这个观点在某些方面类似于"镶嵌"发展（"mosaic"development），即低等生物体［如秀丽隐杆线虫（C. elegans）］是通过大部分相互独立的细胞的衍生而构建起来的（Elman et al.，1996）。同样，不同的皮质区域被认为具有不同的成熟时间表，这就造成了新的认知功能在不同的年龄产生。

表 12-1　有关人类功能性脑发育的三种观点

	脑—认知对应关系	变化的主要地点	可塑性	因果关系
成熟观点	一一对应关系在发展过程中是不变的	区域内部联结的成熟	由中风或损伤而引发特异性机制	大脑的变化是认知发展的原因
技能学习观点	在技能获得过程中是变化的		生命全程；没有明显的敏感期	
交互式特异化观点	神经网络/神经系统 在发展过程中动态变化	区域之间的联结改变并形成区域内的联结	一种与生俱来的特性——处于还没有特异化的状态 敏感期由特异化的状态而决定	结构与功能之间的关系是双向的

与成熟观点相比，交互式特异化观点（Johnson，2001，2002）提出了一些不同的假设。具体地说，概率渐成说认为，认知功能是脑的不同区域之间相互作用而出现的结果。对于这些假设，交互式特异化观点关注到了成人功能性神经成像的最新趋势。例如，弗里斯顿和普赖斯（Friston & Price，2001）指出，特定功能定位于某个特定皮质区域的观点可能是错误的。相反，他们认为，某一区域与其他区域的联结模式以及目前的活动状态决定了该区域的反应特性。根据这个观点，"支撑某个简单功能的皮质的基本结构可能涉及许多特异化的区域，这些区域的联合通过区域间功能的整合来实现"（Friston & Price，2001，p. 276）。同样，在讨论成人 fMRI 研究的设计与解释时，卡彭特及其

同事认为：

> 与皮质区域与认知运算之间一一对应的定位假设相比，另一
> 个观点是皮质上大规模的神经网络服务于认知任务的完成，而这
> 些神经网络是由在空间上独立的神经计算成分所组成的。每个神
> 经计算成分具有一套与自身相关的特异化功能，它们之间相互进
> 行广泛协作以完成认知功能(Carpenter et al.，2001，p.360)。

交互式特异化观点把这些假设延伸到发展中，强调皮质各区域之
间连接的变化，而不是区域内回路的成熟。明确地说，区域之间的连
接影响着区域内的联结，包括更小范围区域的形成。如果把成熟观点
类比为镶嵌细胞(mosaic cellular)的发展，那么交互式特异化观点就与
"调节"发展("regulatory" development)相对应，即在高等有机体中，
细胞－细胞之间的相互作用是决定发展命运的关键。尽管镶嵌发展可
能快于调节发展，但调节发展具有更多的优势。即调节发展更为灵活，
而且对损伤的反应也更合理，更重要的是，它在遗传编码上更为有效。
在调节发展中，基因只需对细胞水平上的相互作用加以组织便可产生
更复杂的结构(Elman et al.，1996)。

至于在某一年龄时结构与功能之间的对应关系，我们也应考虑这
种对应关系在发展过程中是如何变化的。在讨论发展性障碍的功能成
像时，许多研究者都假定，脑结构与认知功能之间的关系在发展过程
中是不变的。尤其是成熟观点，强调在新的结构出现过程中，现存的
(已经成熟的)区域仍然维持着以前发展阶段中相同的功能。"静态假
设"(static assumption)在成人发展性障碍研究中被接纳和运用，后来
又被外推到早期的发展中。与此观点相比，交互式特异化观点认为，
获得一个新的神经计算或技能后，不同脑结构与区域之间的相互作用

进行了重新组织(Johnson，2001)。这种重新组织的过程甚至可能改变先前已经获得的认知功能在大脑中的表征方式。这样，处于发展过程中的不同年龄时期，相同的行为有可能由不同的神经机制来维持。

描述"结构—功能"关系随着发展而改变是很容易的，但是除了一般性预测外，还缺乏论证。所幸的是，有一个观点认为，在发展中存在着区域之间有竞争的特异化；这一观点引发了对"结构—功能"关系中变化类型的思考。特别是，因为婴儿时期大脑区域在反应特性上变得越来越有选择性，所以在行为任务上的皮质激活模式比成人的更广，并且会有不同的激活模式。

技能学习观点的基本假设是：从出生到成年，神经回路的连续性是技能获得的基础。这个神经回路可能与某个结构网络(一种固定的脑—认知对应关系)有关，该结构网络在发展的不同时期都保持着相同的功能。然而，脑的其他区域会对训练做出响应，这种训练会带来功能上的动态变化，类似于交互式特异化观点中所假设的那样。技能学习观点有别于其他观点的另一方面是有关"可塑性"的概念。

脑发育中的可塑性是具有广泛争议的一个现象，涉及许多不同的概念与界定(Thomas & Johnson，2008)。我们所讨论的三种观点对于可塑性问题也提出了不同的看法。根据成熟观点，可塑性是一种伴随大脑损伤而引发的特殊机制。从交互式特异化观点出发，可塑性仅仅是一种状态，在此状态下某个区域的功能还没有完全特异化。因此仍然保留着使反应越来越精确的发展余地。这个定义与发展生物学家有关发展的观点完全对应，即发展越来越受"命运的限制"(restriction of fate)。最后，根据技能学习的假设，可塑性是特定神经回路造成的，这些神经回路在生命全程中都保持在适当状态。与交互式特异化不同，这个假设并不认为可塑性在发展过程中会必然减弱。

交互式特异化

交互式特异化明确地提出了在认知神经科学中最基本的两个问题：**定位与特异化**。在此背景下，定位是指一个特定的神经计算功能与某个皮质区域相联系的程度。具体地说，在一个特定任务或知觉刺激呈现时，皮质激活的程度在个体发展中是会变化的。特异化是指一个特定皮质区域的功能的特殊性程度。皮质的功能是可以进行细微调节的，譬如，某个区域只在有限种类的视觉对象出现时或处在一个非常狭窄的任务情景下才被激活；皮质功能也可以在很大范围内进行调节，以至于在很广泛的情景下被激活。根据交互式特异化的观点，定位与特异化的问题就像一个硬币的两面，是处于一个相同的普遍机制下的两个结果。这些机制将在本章的后面部分探讨。

现在我以交互式特异化观点为基础进行概述。在出生后的早期发展中，大脑许多区域最初的功能并没有很好地确定，因此可以被大量的多种感觉输入和任务部分地激活。在个体发展中，以活动为基础，皮质区域之间的相互作用导致了区域内联结的修正，并使某个特定区域的活动开始变得只限于一些范围更狭窄的情景。由于调节越来越精细，小范围的功能区域与周围皮质组织的区别就越来越明显；随着功能成像研究中定位功能的增强，这一点将会越来越明显。

下面简要地回顾与此观点相一致的证据。在面孔加工发展中（第7章），我们讨论了来自 ERP 和行为证据与加工面孔的皮质不断精确化的观点，发现证据与观点之间是一致的（参见 Nelson，2003，"越来越狭窄的知觉"）。例如，这种狭窄化过程使年幼婴儿能够对非人类面孔进行更好的识别（Pascalis et al.，2002）。随着特异化中的这些变化，

fMRI 研究显示，在面孔匹配任务中，与儿童相比，成人面孔加工的定位越来越明确。在第 9 章的语言获得中也有相似的报告。例如，施拉格和麦克凯德勒斯（Schlagger & McCandliss，2007）在整理了来自神经成像及其他研究技术的证据后指出，由阅读词汇而激活的皮质区域（左半球视觉词形区）产生自不断增强的特异化与定位，这是一个交互式特异化的过程，与儿童学习阅读密切有关。另一个例子是在第 5 章中，我们探讨了视觉定位能力变化的证据：fMRI 观测揭示，这是多个位置的变化，遍及与眼球控制有关的不同通路的神经网络，而不只是一个或两个"新"功能区域的激活。此证据表明，为了适应新的功能，调节过程遍及多区域组成的整个网络。在由于遗传失调而导致的异常发展中，结构与功能成像经常揭示出分布广泛的异常激活模式，以及在白质容积上的变化程度（Johnson，Halit，Grice，& Karmiloff-Smith，2002）。这些最新的结果与交互式特异化过程一致，即在对早期的偏差或缺陷进行补偿的过程中，出现歪曲或有缺陷的特异化。

总的来说，根据交互式特异化观点，由于多种因素的综合作用，少量的皮质区域变得越来越限定于某种功能。这些因素包括：①大范围区域内的偏差是否适宜（例如，递质类型和水平、突触密度等）；②感觉输入中的信息（有时部分地由大脑其他系统所决定）；③与相邻区域有竞争的相互作用（以至于功能不会完全相同）。在下面部分，我们将更详细地探讨交互式特异化的神经计算机制。

有选择的修剪

在第 4 章我们讨论过出生后大脑皮质内突触联结的明显减少。这个已被普遍观察到的现象使得研究者对这种选择性减少过程的功能性后果进行了猜测（Changeux，1985；Changeux，Courrege，&

Danchin，1973；Edelman，1987；Ebbesson，1980；Gazzaniga，1983）。其中最著名的是由尚热（Changeux）及其同事提出的"自然选择论"的解释。他们认为，各类细胞之间的联结已预先设定好的，但在最初是易变化的。处于易变化状态的突触要么变得更为稳定，要么倒退，这依赖于后突触细胞（post-synaptic cell）的全部活动；而后突触细胞的活动又依赖于输入。最初，这种输入可能是网络中自发活动的结果，但迅速地输入刺激引发了此神经回路。这里的关键概念是**选择性稳定**（selective stabilization）。简言之，尚热及其同事假定"学习是为了剪除"，这与学习的发生源于教学或新的发育的观点相反。

尚热和迪昂（Changeux & Dehaene，1989）延伸并概括了对早期选择性丧失（selective loss）的神经计算的解释。他们认为，在大脑中存在着明显不同的生物水平（分子、回路和认知），而自然选择论在这些水平之间架起桥梁。他们引用了"达尔文"的自然选择主义。根据他们的观点，"达尔文主义"的变化有两个阶段。第一个阶段是一个能够产生多种可用选项的建构过程（constructive process），而第二个阶段则是在这些可用选项中做出选择的机制。在神经水平上，当某个特定遗传层面内的神经联结丰富时，这两个阶段被执行，接着就是选择一些特定的突触，或一组突触；被选择的既可能是神经联结内部自发活动模式的结果，也可能由感觉输入的信息结构所造成。然后，尚热和迪昂（1989）又描述了类似的机制如何在认知水平上发挥作用。他们认为，第一步是"前表征"（prerepresentation）的出现引发了选项的产生。前表征即在神经回路中短暂的、动态的、"有特权的"自发活动状态。特定的前表征产生于某种感觉输入带来的一组有效的"共振"，而后选择过程就通过这个前表征而实现。这个过程可能发生在几秒或更短的时间内，而在神经水平上的加工损耗则需要更长的时间。

对大脑功能性发育的机制，自然选择论的各种观点在许多维度上是不同的。其中之一涉及所选择的单位。例如，埃德尔曼（Edelman，1987）提出了一个与上述相似的观点，但强调选择的单位是特定"神经元组"（neuronal groups），而不是单个的突触。也有研究认为，这种神经元组可能由 200～1000 个神经元组成，或是一个"小型圆柱"（Crick，1989）。而尚热和迪昂（1989）假定，认知水平上的选择是根据特定任务要求，在大规模神经回路或路径的动态选择上实现的。选择最有可能发生在不同的层面和时间进程上。

自然选择理论另一个差异很大的维度是：选择性丧失在多大程度上取决于感觉输入，而不只是内在因素。在尚热及其同事的模型中，感觉输入或自发的神经活动既决定了修剪的模式又决定了其时间进程。艾比森（Ebbesson，1988）曾讨论过联结丧失的模式与时间进程对活动经验不敏感的一些例子，就像它在出生前发生的那样。也就是说，不仅最初的联结数量是由遗传决定的，而且联结修剪的程度与模式也是由遗传决定的。在有关选择机制上，尚热和艾比森之间的这种差异对于解释正处于发展的神经系统的可塑性如何终止具有重要的意义。对于尚热来说，这个过程是自我终止，即只有那些活跃的联结才能保存下来。对于艾比森来说，可塑性的终止更为机械：通过某个特定的发展阶段，无论经历如何，一定比例的联结**必须**剪除。另一个"综合"的自然选择论观点吸取了尚热和艾比森观点中的优势之处，对出生后神经元的发展进行了解释（Johnson & Karmiloff-Smith，1992）。该观点强调了突触修剪过程中**时间进程**与**模式化**之间的差异。他们认为，如果联结或神经元剪除的时间进程和程度是有机体内在相互作用（天生的，见第 1 章）的结果，那么剪除的特异化或特定模式则部分地取决于与外部环境的相互作用。根据这个观点，选择性剪除阶段的终止是由有机体内部决定的，而在"敏感期"修剪的模式可能取决于经验驱动的神经活动。要考察这些差异是否存在需要对自然发展的神经系统进行系统的研究，并通过神经网络模型对神经计算水平上产生的不同效应进行评价。

正如前面几个部分中讨论过的，许多模型的提出者探讨了不同类型联结丧失的功能性后果（Barto，Sutton，& Anderson，1983；Kerszberg，Dehaene，& Changeux，1992；Jacobs，2002），包括在"营养"因素（"trophic"factors）层面上依赖于活动的联结丧失与整体上网络减少之间的相互作用。然而，需要注意到的是，选择性丧失只是出生后神经发展中的一个方面（Sanes，Reh，& Harris，2006），自然选择论不可能对神经认知发展做出全面的解释。

在一篇有影响的文章中，夸兹和谢诺沃斯基（Quartz & Sejnowski，1997）对自然选择论进行了批评，并提出神经联结特异化是定向性树突生长的结果。他们认为，通过生长的结构化过程而不是突触的修剪，使发展变得更为灵活。舒尔茨（Shultz，2003）就认知发展的计算模型提出了相似的假设。夸兹和谢诺沃斯基有关定向性树突生长的机制是赫布联想学习的变式，即一小部分的神经组织通过被动的扩张（可能是氧化氮）招致树突的生长，并没有突触联结。尽管有关定向性树突生长的计算机制这个观点看似合理，但目前仍没有有力的神经生物学证据来证实。而且对于神经联结特异化的机制来说，定向性树突生长应该被认为是另一个附加的观点，而不是取代现有的观点。尤其是，在大脑发育过程中突触（联结）的修剪是突触形成中动态过程的一个部分，在新突触产生的同时，原有的突触正在以几乎相同的比率消失。（延伸阅读：Bourgeois，2001；Greenough et al.，2002；Sanes et al.，2006；Thomas & Johnson，2008。）

区域化和自然产生的模块化

正如上面所讨论的，交互式特异化观点预测，在个体发展中皮质区域的功能越来越特异化。这种特异化的另一侧面可能是某一特定区域内的加工过程与相邻区域的越来越不同，这个过程被称为"区域化"（parcellation）。

以各种生物及其神经系统的证据为基础，艾比森（1984）认为，在种系发生与个体发生过程中，由于突触与树突有选择的剪除，大脑不断分化成相对分离的加工部分与结构。这种区域化导致的结果是产生了封闭的信息加工部分与结构。在认知水平上，这种系统可对应于成人心理/大脑中的"模块"（Fodor，1983）。当有些作者认为区域化相对不受经验的影响时（Ebbesson，1984），另一些人认为这个过程至少部分地依赖于经验（O'Leary，1989；Killackey，1990）。约翰逊和维瑟拉（Johnson & Vecera，1996）假定，某些行为与认知的变化可能与神经水平上越来越多信息流的分化（区域化）直接有关。显然，神经区域化发生于许多不同的水平上，既可能在皮质区域内部，也可以在区域之间。然而，约翰逊和维瑟拉强调，在所有这些情况下，在神经元水平上由选择性丧失而造成的分化引发了越来越多模块化的信息加工。（这里的模块常用来指相互间独立的信息加工系统）具体地说，他们认为在皮质模块化程度上，下面所描述的发展性结果与目前的证据是一致的：

- 大脑系统之间信息的交换随着发展越来越少；

- 大脑系统之间的干扰随着发展越来越少；

- 感觉觉察上越来越特异化。

区域化的一个例子是在第 5 章中讨论过的眼优势柱的出现。眼优势柱专门接受一只眼的输入，大部分出现在第 4 层细胞（初级视觉皮质），接受来自双眼的传入神经。区域化过程使我们期待：传入神经有选择的剪除将导致网络的各个部分越来越封闭，与其他部分更为分离。赫尔德及其同事（Held，1993）利用曾在前面描述过的实验检验了这个观点。他们证明，在 4 个月前的婴儿身上可以观察到双眼间的整合形式，但在更大的婴儿上看不到这种形式。大一点的婴儿没有表现出这种整合形式的原因是：到了这个年龄，初级视皮质中第 4 层的神经元只接受来自某只眼的输入。

眼优势柱形成的例子也证明：某一加工水平上的区域化（或分离）进程，会促进另一加工水平的重新组合，使其更具适应性，或者更为精确。这样，当区域化导致系统之间失去某种整合水平时（例如，眼优势柱情景中的双眼总和），可能伴随着获得一种新的整合水平（例如，上述例子中的双眼视觉）。

随着发展而不断分离的一个较新的例子是，成年灵长类动物中颜色和运动加工通道的分离（Dobkins & Anderson，2002）。详细地说，在成年时，对客体运动方向进行编码的大脑通路并不加工颜色（Merigan & Maunsell，1993）。这种加工的分离意味着在心理物理学实验中，成人不能很好地觉察红和绿条状光栅的运动方向（通过直接测量合适的眼动来确定）。与此相反，2、3 和 4 个月的婴儿却比成人觉察得更好。这表明运动过程中颜色的输入在未成熟的视觉系统中更为发达。因而，与年龄较大的婴儿相比，年幼婴儿在这种整合上表现得更好，由此表明，这些信息成分越来越分化的动态过程（Dobkins & Anderson，2002）。

约翰逊和维瑟拉（Johnson & Vecera，1996）描述了区域化的另一个领域：跨通道整合(Maurer，1993)。如果说眼优势柱的例子说明了某个感觉投射(sensory projection)内部不断的分化，那么相似的过程也可能发生在感觉通道之间。在生命的早期，许多哺乳类中不同感觉皮质之间的联结似乎是暂时的。例如，德海等人(Dehay，Bullier，& Kennedy，1984；Dehay et al.，1988)曾报告小猫的视觉、听觉、躯体感觉和运动皮质之间的暂时联结。他们假定，在初级感觉表征水平上，通过区域化而失去联结是导致感觉通道之间"对话"(cross-talk)减少的原因。约翰逊和维瑟拉提出感觉通道之间区域化过程的两个意义：①在区域化之前，感觉输入将在皮质区域之间提供更为广泛的激活模式；②在区域化之前感觉通道之间"对话"更多。

关于第一点的证据，沃尔夫等人(Wolff，Matsumiya，Abroms，Van Velzar & Lombroso，1974)曾考察了出生三四天的婴儿由躯体感觉和听觉刺激引发的皮质反应。他们的结果表明，在这些新生的婴儿中听觉输入(白噪音)对由躯体感觉引发的反应有调节作用。然而，当相似的实验在成人中进行时，并没有发现听觉输入对躯体感觉反应的影响。对这些结果的一种解释是：听觉和躯体感觉通道之间区域化的结果使成人在此水平上感觉之间的整合减少。

至于第二点证据，应该注意到感觉通道之间可能存在多重水平的信息交换。这个事实意味着婴儿可能经历了一系列的发展阶段，在这些阶段中婴儿不断地对跨通道间特定类型的信息进行整合。基于此，来自区域化的预测是：在经历了一系列的发展时期后，婴儿表现出在特定跨通道任务中感觉之间整合的明显减少。随后，特定类型的通道之间进行进一步的再整合，在某些情景下致使发展变化呈现出明显的U 形模式。

在回顾人类婴儿跨通道感觉功能的发展时，莱科维兹(Lewkowicz，1991)认为，一些有力的证据表明存在生命早期非特异的跨通道影响。例如，莱科维茨和特克维茨（Lewkowicz & Turkewitz，1981)确定，新生婴儿对明亮或暗淡刺激的视觉偏爱受先前所经历的听觉刺激的影响。在无声的条件下，婴儿对中等强度的光线注视时间更长，相反处于音调听觉条件时，婴儿在最暗的光线下注视时间最长。

与婴儿有关的其他跨通道实验涉及更为复杂的刺激类型，如数字数量的匹配（Starkey & Cooper，1980；Starkey，Spelke，& Gelman，1983，1990)。婴儿在很小的时候就能成功地通过这些任务。对于这一点，可以从两个角度做出解释。一种解释是婴儿"聪明"地把一种感觉通道的输入与另一种感觉通道的输入进行匹配。另一种解释是婴儿不能够辨别输入的感觉通道，而只是对刺激的某些非具体特征进行反应，如强度或量。在第一种情况下，婴儿被认为具备了视觉和听觉输入的独立表征，随后主动地抽取出其中的相似之处。在第二种情况下，来自两种感觉通道的表征在皮质内是混合的，这样婴儿在它们之间不能进行辨别。而他们只是知觉到某种刺激的强度。区域化的猜测假定，处于一个最初状态，初级感觉表征之间存在着非特异的联结；这些联结以后将被剪除，导致跨通道间影响的明显丧失，结果出现了更为特异的跨通道匹配。这一跨通道效应发展的假设产生了违反直觉的预测：早期跨通道影响将随着发展而下降。实际上，有一些证据支持这一令人惊讶的预测。

斯崔利（Streri，1987)以及斯崔利和佩舍（Streri & Pecheux，1986)研究了在2个月～5个月婴儿中是否存在形状上从触觉到视觉（或相反)的跨通道迁移。让婴儿从视觉或触觉（手）上熟悉一个物体直至对其习惯化。然后，以其他通道的形式向婴儿呈现相同形状，记录婴儿注视或抓握的持续时间。如果婴儿在跨通道间出现习惯化，那么他们应该保留对形状的习惯化，对其表现出较少的兴趣。斯崔利发现，在 5 个月的婴儿中没有发现从触觉到视觉的跨通道迁移的证据，但有证据显示，2 个月～3 个月婴儿中出现了这种迁移。还需要更大一点的婴儿参与这个实验来进一步验证。

梅尔佐夫和波顿（Meltzoff ＆ Borton，1979）就 1 个月婴儿的跨通道"匹配"实验进行了总结。这些研究者报道了在婴儿中进行的跨通道匹配研究：让婴儿吸吮块状的或平滑的奶头 90 秒，然后看婴儿是否对并排呈现的块状或平滑奶头的图片注视更久。毛雷尔（Maurer）和施塔格（Stager）也发现，1 个月婴儿表现出的跨通道效应，在 3 个月婴儿身上却没有发现（由毛雷尔在 1993 年报道）。这种丧失的模式与皮质感觉输入不断的区域化是一致的。

约翰逊和维瑟拉（1996）也猜测，尽管发展异常可能是皮质区域化过程的失败或不正常的模式，但可能会出现不合适的跨通道整合症状。他们注意到自闭症成人中的联觉（synaesthesia）或多通道感觉经历（multi-channel sensory experiences）的报道（Cesaroni ＆ Garber，1991）。语言获得的某些方面是区域化另一个应用的领域。约翰逊和卡米洛夫-史密斯（Johnson ＆ Karmiloff-Simth，1992）从卡米洛夫-史密斯早期的研究中讨论了语言获得的某些例子，如在发展过程中语言系统中的某些成分开始出现模块化，这意味着其他信息加工成分不再能触及这部分的内容。其中的一个例子是有关故事叙述中语言修复意识（awareness of linguistic repairs）的研究。年轻的参与者（11 岁）比成人更能觉察到一种语言修复——"话语合成"（discourse cohesion）修复。话语合成修复是根据"主题参与者限制"（thematic participant constraint），以故事中的表述是指向主要角色还是附属角色为基础，要求把名词短语改为代词（例如，then the girl/then she），或者把代词改为名词短语（例如，he's got/the man's got）(Karmiloff-Simth，1985)。结果表明，所有年龄的被试都能够成功地觉察到所有类型的修复，能够轻易地对词汇的和指示的修复做出解释，但在对话语合成修复进行元语言解释时做得相当差。尽管在 7 岁～11 岁时正确反应有些增长，但到成年期就又下降。卡米洛夫-史密斯及其同事认为，话语合成规则是在发展的某些时期获得并增进，到成年期开始丧失。话语合成系统开始不断地变得越来越模块化，而且在认知上越来越无法渗透，开始变得自动地执行，因此更加侧重于叙述的内容（Karmiloff-Simth，1985)。

相信神经区域化与认知的封装（encapsulation）之间的联系会是未来进一步研究中富有成果的一个方面，但仍然有许多限制及复杂的因素需要考虑。首先，神经联结的精细化在结构上也可能发生在皮质下水平，如上丘（Stein，1984）以及海马（Duffy & Rakic，1983）。皮质下水平的区域化也会对行为有重要意义，而且在这些结构中的区域化似乎是在出生前发生的。其次，约翰逊和维瑟拉（1996）认为，行为发展的某些方面不仅与皮质水平区域化有关，也可能是由于从皮质下加工转变为皮质加工的结果。例如，在跨通道整合研究中，我们已经知道上丘拥有许多多重感觉的神经元，在注意和趋向性反应中起着重要的作用（Stein，1984）。尽管我们还不清楚上丘是否支持在人类婴儿中所观察到的跨通道能力，但并不能排除这种可能性的存在。再次，大部分与认知封装有关的引人注目的证据来自个体发展过程中操作水平的明显下降。然而，有争议的是，发展并不涉及这些过程，除非这些过程使有机体受益于某些可能的神经计算过程。大致上，一个部分模块化的大脑在某种情况下更有利于行为的产生。最后，大脑内神经系统不断增进的封装化进程也与某个系统内联结的加强有直接的关系，或者涉及类似于夸兹和谢诺沃斯基（1997）提出的树突生长机制。

　　交互式特异化的潜在机制也可以通过计算神经网络模型进行研究。例如，一些研究小组运用简单的"皮质矩阵"(cortical matrix)模型考察了与皮质特异化有关的因素与机制(Kerszberg et al.，1992；Shrager & Johnson，1995；Oliver，Johnson，Karmiloff-Smith，& Pennington，2000)。在这些人工神经网络中，根据赫布学习过程中的变化，节点(nodes)之间的联结被修剪：节点间的联结通常由于共同的激活而加强，同时这种联结也可以由于缺少共同激活而变弱，并被剪除。在这些模型中，学习过程中的联结修剪程度大致上与人类大脑发展进程中所观察到的进程进行匹配。在接受典型刺激期间(大致相当于感觉的刺激作用)，节点在反应性质上开始变得更为有选择性，而且在某些条件下，反应性质上相似的节点簇自然而然地出现。这样，在这些计算模型中，选择性修剪在节点簇的出现(定位)过程中起着重要的作用，节点簇具备共同的特异性反应性质(特异化)(见图 12-1)。

神经网络的出现

　　至今为止，有关人类大脑皮质中特异化功能出现的大部分研究集中在一些特定的区域。然而，交互式特异化观点清楚地指明了下一步的研究，即探讨不同区域且涉及不同特异化的神经网络如何出现？换句话说，我们已经开始了解个别皮质区域水平上功能性的脑发育，但还是不清楚大规模皮质功能如何以区域性的神经网络形式加以发展(Johnson & Munakata，2005)。在这一节中我们将提出一些初步的证据和猜测来解决这个耐人寻味的问题。

　　在考虑实验证据之前，我们需要思考：造成一个具有功能性节点的神经网络或多或少成功的原因是什么？一个称为"图形理论"(graph theory)的数学分支关注了不同类型神经网络的相对有效性问题(见图

时间=0

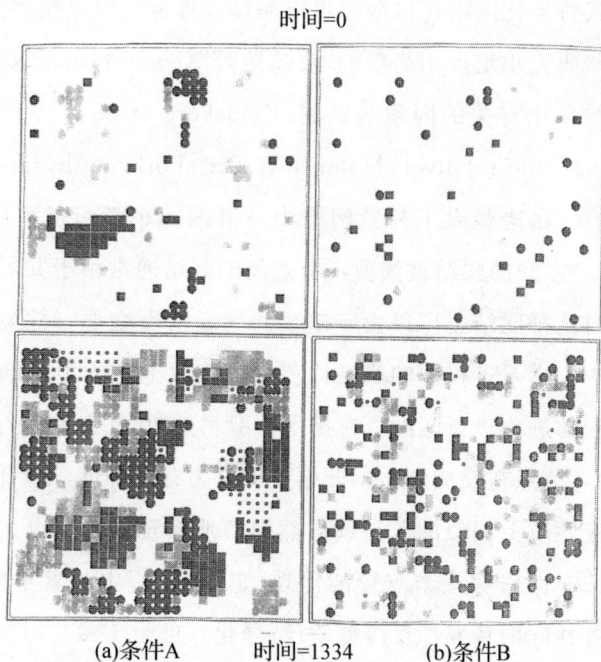

(a)条件A   时间=1334   (b)条件B

图 12-1   两种不同构造条件下皮质矩阵模型中表征的形成

左上图显示开始状态，而左下图则显示最终状态。在最终状态，"结构化"的表征出现在具有共同特征的刺激聚集在一起（在空间上排列）的位置。随着网络构造中细小的变化（改变内在兴奋与抑制联结的相对平均长度：右图），网络中的节点没有形成结构化聚集的表征。

12-2）。尽管对于一个神经网络来说，开始时一个最好的设计是一种格栅模式，带有对局部网络联结方式的形式化分析以及从一个节点到另一个节点的平均路径长度，被称为"小世界"网络（"small world" networks），这是一种最为有效的运行方式。在许多美国城市中可以发现格栅状的街道，与此相比，小世界网络更像是某个小村庄里一组小街，通过高速公路与另一些类似的村庄相连。尽管小地方的街道与高速公路之间的整体平衡各不相同，但最为生态的系统（即使是全球网络）仍是小世界网络。一些研究已经表明，成人大脑中区域之间的相互联结

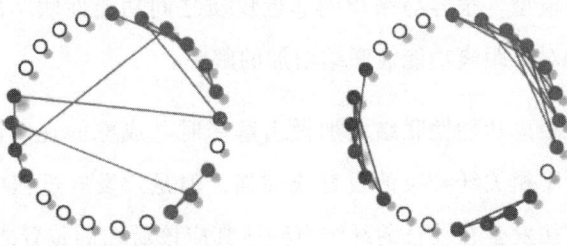

图 12-2　不同类型脑联结的示意图

右图显示密集的局部联结，但没有长距离的联结。而左图表示一种更好的优化布置，使局部联结与一些长距离联结（某个"小世界"网络）达到平衡。

就是一种高效的小世界网络，问题是这种有效的网络是如何出现的呢？

这个拼图的第一块来自费尔等人（Fair et al.，2007，2009）的研究工作。他们运用 fMRI 中的功能性联结分析研究了小学儿童与成人处于静息态时的"控制"网络（"control" networks）。根据分析，他们对 39 个不同皮质区域之间功能性联结的性质与强度进行了推测。他们发现，与某个神经网络有关的脑区在发育中既有**分离**（segregation；短距离联结的减少），也需要**整合**（intergration；长距离联结的增加）。在一个相似的研究中，研究者进一步证实了从局部联结到更大、更强的长距离网络联结的普遍性的发展变化（Supekar et al.，2009）。该研究所运用的方法稍有不同，但涉及了 90 个不同的皮质与皮质下区域。

根据交互式特异化观点，区域内短距离功能联结的减少是很容易解释的。当皮质组织的邻近区域由于不同的功能而开始变得越来越特异化（例如，用于加工客体与加工面孔），这些区域就越来越少地被共同激活。这个过程中也会涉及突触的剪除以及如我们前一节所看到的，激活了某种皮质的神经网络模型；在这个神经网络模型中反应性质相同的节点在空间上聚集在一起，远离那些反应性质不同的节点簇（Oliver，Johnson，& Shrager，1996）。因此，通过交互式特异化观点来建立相关的模型，很容易来预测邻近皮质之间功能性联结的减少。更大的挑战是对长距离功能性联结增加的解释。

在对长距离功能性联结增加做出解释时，成熟的观点认为，这种增加可归因于相关纤维束的发育或加强。但是，发展过程中功能性联结的增加往往发生在较长的纤维束到达其应该所在的位置之后（Fair et al.，2009；Supekar et al.，2009）。不断增进的髓鞘化可能是其中的一个影响因素：①髓鞘化本身可能就是联结运用/活动的结果（Markham & Greenough，2004）；②髓鞘脂普遍地增加其本身并不能解释区域之间活动的特异性，乃至支持特定神经计算的功能网络（Nagy，Westerberg，& Klingberg，2004）。由此，长距离脑联结的加强与维持可能也依赖于脑发育过程中的活动。由此出现的一个问题是：在解剖上有一定距离的脑区域如何以及为什么在某个功能网络中变得越来越协作？

回答这个问题的关键在于把赫布学习的基本机制加以扩展。赫布学习规则是"共同激活的细胞捆绑在一起"，而我们看到的则是，不同脑区在某个特定任务的背景下共同激活由此加强或维系它们之间的神经通路。虽然某个脑区各自的特定功能变得越来越特异化，但这种区域内的变化也会受其所处的神经网络中共同激活的结构的调节与影响。例如，在一个需要视觉引导行为的任务中，多个视觉与动作脑区会随着多通道整合区的激活而共同激活。如果有效地重复执行该任务，那么共同激活的那些模型将会被加强，而且处于这个整体激活模式的背景中，个别脑区的特异化仍在继续。

发育中人类大脑共同激活的第二个来源常常被忽视——在静息态（没有任务要求）期间的自发活动。研究者对于成人处于静息状态或"默认网络"（default network）时的神经活动有极大的兴趣，但极少通过

fMRI 来研究儿童(尽管如第 2 章中提到的静息态下儿童 EEG 的研究有一段历史了)。我们已经知道(第 4 章),在出生前的发育中自发神经活动对于皮质结构与功能形成的重要性。大脑振荡性静息活动可能在剪除与加强长距离联结的基本构造中起关键的作用。而大脑处于振荡性静息活动的时间要远远大于有任务的时间。

在解剖上相距一定距离的区域维系联结且加强的第三个原因可能与下面的事实有关:由费尔等人(2007)的研究发现,大多数长距离功能联结都会通向前额叶皮质的一些区域。就如前面(第 10 章)提到过的,一般认为这部分皮质在儿童时期的发展中有特殊的作用,而且对于成人技能的获得也是至关重要的(Gilbert & Sigman,2007;Thatcher,1992)。在前面几章中我们回顾了许多研究,这些研究都一致认为,在发展中前额叶(PFC)的作用在于协调其他皮质区域有组织地发挥其功能。尽管在成人研究中已经建立了一些有关 PFC 功能的神经网络模型(O'Reilly,2006),但与发展有关的几乎没有。然而,有一个模拟发展情形的模型不仅可能与 PFC 有关,也表明特定区域的神经网络如何协同各自的活动来支持认知功能的发挥。基于知识的层级相关(Knowledge-based cascade correlation,KBCC)(Shultz,Rivest,Egri,Thivierge, & Dandurand,2007)涉及学习过程中需要的算法与建构,这种算法与建构可以征募先前已习得的功能性网络。在神经计算上,这种动态的神经网络构造具有其他学习系统所没有的优势。简言之,它可以迅速地学习许多任务,或者学习其他网络所不能学习的任务,因为当它需要时,它可以征募其他独自网络(self-contained networks)的"知识"(神经计算能力)。在某种意义上,为了解决眼前的学习问题,它从可用的神经计算系统库中做出选择,并"策划"出最佳组合。尽管这类模型并不打算用于大脑回路的详细模型(Shultz & Rivest,2001;Shultz et al.,2007),但它已经用于描述前额系统的特征

(Thivierge，Titone，& Schultz，2005)的特征，而且可以在抽象水平上捕捉 PFC 与其他皮质区域之间出现的相互作用中的一些重要成分。此外，这类模型最初也提出了一些引人注目的解释：①获得新技能时为何需要 PFC？②PFC 的活动从发展的早期就开始了，但为何表现出延迟的发展变化？③早期 PFC 损伤为何会造成许多不同领域的广泛性后果？

尽管还需要很多的研究才能够清楚地了解导致长距离网络出现的原因，但图形理论分析对于学龄期儿童发展变化提供了一些重要的视野。正如前面描述过的，在达成短距离与长距离联结的平衡上，儿童与成人存在着差异，但值得注意的是，儿童大脑的网络组织在有效性上与成人是一样的。换句话说，尽管儿童的大脑网络不同于成人（见彩页中图 12-3），但它们仍然能够最佳地处理信息，使之快速且高保真地传递。但我们仍然不知道的是，在婴儿与儿童早期是否也存在相似的情形。

除了从局部到长距离联结的转变外，层级结构是运用图形理论分析所观察到的发展中的另一个网络结构的变化。成人神经网络中有更多的层级结构，这些结构以最佳的方式相互连接，去支撑网络中某个部分与另一部分之间的自上而下联系（Supekar et al.，2009）。尽管层级网络有许多神经计算上的优势（以下将会讨论），但其可塑性较差，而且处于最高层中的特定节点更易受损伤或出现噪音。因此，在面临异常的感觉输入或环境背景时，儿童神经网络的排列更为灵活和可塑。此外，通过这些有差异的网络结构，可以更清楚地理解对局部脑损伤的反应，特别是前额叶损伤（第 10 章）。

层级网络的其中一个特征是：对于某个区域，能够把已经高度加工过的感觉或动作输入反馈回早期的加工阶段。这非常像我们提出过的假设,即一侧区域间的相互作用有助于塑造这些区域的内在联结,由此导致功能的特殊化;如果区域之间的相互作用是由于反馈或前馈(feed-forward)联结导致的,同样也有助于塑造所涉及区域的特异化。在成人的大脑中,自上而下效应(top-down effects)在感觉信息的加工中起着重要的作用(Siegel, Körding, & König, 2000)。例如,在知觉加工过程中,输入信息在视觉加工层级中,从初级感觉区域传送到更为高级的皮质区域,而反馈联结则以相反的路径传递信息。在成人的视觉加工中,斯普拉特林和约翰逊(Spratling & Johnson, 2004)用大脑反馈的神经计算模型表明,与视觉注意、图形/面的分割以及背景线索有关的许多不同的现象,都可以通过基于皮质反馈的普遍机制来解释。把这些想法延伸到发展中,对于将来的研究来说,反馈有两个重要意义。第一,探讨在发展过程中由自上而下反馈塑造的早期感觉区域是如何特异化的,或者反过来。第二,考察在未成熟皮质中较差的或弥散的皮质反馈的可能后果。例如,婴儿时期不能成功地进行客体加工(第6章)可能是由于缺乏足够的自上而下反馈造成的。

来自PFC的自上而下反馈对于塑造后部皮质区功能性反应的特征也有直接的作用。在成人和动物的细胞记录研究中,累积的证据表明,在诸如梭状回皮质等区域神经元反应的选择性会随着某种刺激的出现实时地增加。例如,麦卡锡及其同事以成人为被试(McCarthy, Puce, Allison, & McCarthy, 1999),在外侧梭状回的面孔选择皮质区域测量了局部场地位,结果发现,在刺激呈现200 ms左右,面对可选择面孔这些神经元出现了反应,而且在稍后的时间窗口出现面孔识别或情绪选择。这一结果表明,自上而下的皮质反馈路径除了在注意和客体加工中的作用外(Spratling & Johnson, 2004, 2006),也可能会在个体发展的过程中实时地增进特异化与定位的程度。由此可见,在面孔选择区域看到的功能性特异化和定位上某些变化,可能反映了某个区域与其他区域协调过程中越来越多的相互影响，包括 PFC。

从儿童的大脑网络向成人转变过程中的最后一个方面就是，在较小的年龄中皮质与子皮质结构之间的联结更多（Supekar et al.，2009）。这个观察结果对于我们理解社会脑（第 7 章）和记忆系统（第 8章）的出现是很重要的，其意义比在某些皮质区域的特异化中某些结构（如杏仁核和海马）最初给予的影响更大。正如我们在成年期的研究探讨的，越来越多的神经网络开始变成皮质区域所固有的，并建构起一个更为复杂的，更多地受 PFC 支配的层级结构。

概要与结论

在这一章中，我们集中讨论了人类功能性脑发育中交互式特异化的观点。从发展变化的角度，交互式特异化观点对认知神经科学中两个主要问题提出了解释：定位（在特定任务情景下皮质被激活的程度）与特异化（某个特定皮质区域的功能如何有针对性地发挥作用）。我们回顾了交互式特异化中有选择的剪除机制，并详细地探讨了其功能性后果。突触联结与回路的减少也涉及区域化（神经回路不断地包裹）。这个过程被认为具有许多神经计算上的意义，如神经系统之间干扰及信息交换的减少。这些原则现在正用于解释人类大脑中各区域功能性神经网络的出现。来自神经网络结构的形式分析证据表明，在儿童中期以后的发展中，皮质神经网络从更为局部的联结转向更长距离的联结，但与皮质下区域的相互联结越来越少，而且形成了层级更复杂的结构。但是，至少在学龄时期，其大脑神经网络在加工与传递信息时的有效性与成人是相同的。我们对于大脑神经网络如何随着早期的发展而出现这个问题仍然不清楚，或许对于发展认知神经科学来说，这个问题就是未来十年的最大挑战。

讨论要点

· 在人脑功能发育中，对于大脑区域中整合的功能性神经网络的出现，三种不同的观点是如何解释的？

· 选择前面几章中介绍的两部分内容来讨论皮质分区过程的证据。

· 图形理论分析如何来解释发展性障碍？

13

一个整合的发展认知神经科学的取向

TOWARD AN INTEGRATED DEVELOPMENTAL COGNITIVE NEUROSCIENCE

　　这最后一章，将把书中的几个主题联系起来，提出一些未来的趋势。我要讨论的第一个问题是，认知发展的分子遗传分析的价值。笔者认为，基因在功能发展中的作用只能在发展认知神经科学的研究中得以很好地解释。接着，详细说明以神经和认知数据为基础建立神经网络模型的价值。笔者认为，这个研究取向也要延伸到发展性障碍中，在神经调节器水平上评价发展变化的效应。同时，也提出在该领域内有关发展的一般性指导原则以及发展认知神经科学的应用对于社会和教育的重要性。最后，强调运用多种方法来研究认知转变的重要性以及训练出下一代发展认知神经科学家的必要性。

在本书的前面几章，已经介绍了最新出现的发展认知神经科学的领域（至少从个人的观点来说）。毋庸置疑，在发展的认知神经科学成为有内在联系与完善整合的研究领域之前，还有很长的路要走。不过从前面所涉及的不同信息来看，对它的前程应持乐观的态度。这最后一章，将提出推动该领域进一步发展的某些结论和建议。

基因与认知发展

第一个问题是关于基因与认知关系的。在第 3 章，我们回顾了分子生物学技术将如何在我们理解基因对认知变化的作用上产生巨大的影响。然而，重要的是，要记住在任何直接意义上并没有构成认知功能的基因"代码"。我们不可能发现某种"语言基因"，就像不存在大脚趾的基因一样。无论是语言还是大脚趾，都是许多基因、基因产物与多种水平的环境之间复杂的相互作用的结果。同样，对于大脑结构来说，大部分相关的基因对某些或所有的脑区，通常还有其他器官（如心脏）产生普遍的影响。尽管这一说法看起来很吸引人，但基因的表现模式并不只是定位于大脑皮质的小范围区域。由于大脑结构在基因中没有直接"代码"，而是复杂的自组织的相互作用过程的结果，只用基因的作用来说明认知变化的因果关系显然是不合适的。而且特定基因的表达必须定位在发展认知神经科学框架内，此框架包括一些分子、细胞和有机体－环境水平上的相互作用。毕竟发展是由基因型转向表现型的过程，在没有对这种对应关系做出解释的情况下，不可能把认知"功能"归因于单个基因。换句话说，企图通过基因表达来"解释"某种认知发展的变化将遗漏许多发展的认知神经科学家应该关注的核心内容。

发展中脑结构与功能的关系

在前面几章中已经浮现的另一个问题是，结构与功能发展之间的明显差异。例如，对于前额叶皮质来说，有证据表明，神经解剖学上的变化一直要持续到青少年期，但即使是 6 个月的婴儿，似乎也能通过标记前额皮质功能的某些行为指标任务（behavioral marker task），在功能成像实验中出现激活。然而，这些结果对于发展的因果渐成论（成熟）观点（第 1 章）来说是一个问题，因为它把因果看成从脑发育到认知变化的单向过程。从概率渐成论的观点出发，大脑与认知发展之间是双向的相互作用，因此这个问题就可以解决了。实际上，两种观点在许多方面是一致的。首先，借助表征的阶段性发展，随着时间的不断延伸，信息输入有助于把某个网络的结构调整得更为精细（第 10章）。另一个方面是由撒切尔（Thatcher，1992）及其他人提出的皮质区域之间在联结上动态变化的观点；这种动态变化导致发展的不同时期上表征的重新组织。最后，交互式特异化观点预测，在出生后的发展过程中复杂的结构改变是由于脑功能越来越专门化的结果。

本书中我运用联结主义者的神经网络模型进行了比较。运用这些模式并不一定强制人们认同有关发展的经验主义（行为主义）观点，正如已经提出了一些批评一样。相反，就像我们在此书中看到的，对于探讨表征出现过程中内在与外部信息的相互作用，以及解释部分表征或弱表征的功能性后果，这些模型是非常好的研究工具。当有关大脑结构的信息可以被具体确定到网络结构时，神经网络模型将有潜力成为神经生物学与认知心理学之间的一座理论桥梁。（延伸阅读：Elman et al.，1996；Mareschal et al.，2007。）

把联结主义模型的两方面应用结合进来，我们可以设计一个模型，去模拟出生后发育神经解剖学的各个方面，如突触的选择性剪除，以及去研究不同变量之间的交互作用。以我的观点，如果要让这些模型有用的话，需要在一个恰当的抽象水平上进行修正，以便符合神经的和认知的数据。这样的模型才刚刚开始建构。同样，神经发育的有些网络模型建立在一个复杂的细胞水平上，这样就不可能做与认知表征有关的推论。为了研究神经结构发育中潜在的功能性结果，我们需要的模型应该是兼顾两方面的数据。其他类型的非线性模型，如来自动态系统理论的那些模型（Thelen & Smith，1994），可能在某些背景下是有用的，如动作的发展。然而，尽管这些模型试图对特定任务或行为中发展变化的形态给予很好的描述，但它们没有提出表征变化这一基本问题（笔者的观点）（Karmiloff-Smith & Johnson，1994）。结果，在研究发展中某些类型的认知转变时，这些模型只能发挥有限的效用（Spencer，Thomas，& McClelland，2009）。

遍及本书的一个基本假设是：要了解个体发生过程中认知的变化，最好是在神经计算水平上。在这个水平上观察认知变化的机制并不意味着只着眼于成熟主义、经验主义或简约主义的观点。但确实需要有一种信念，即越接近神经机制的解释水平越有益。虽然这个信念并没有得到检验，但其合理性正如那些被广泛接受的假设一样，即所谓认知模型，不受神经学证据的制约，能为行为变化提供最好的解释。

神经建构主义

在前面几章中，我指出有关人类功能性脑发育的交互式特异化研究取向可能会比成熟观或技能学习观更有收益。交互式特异化是脑与认知发展广泛研究取向中的一个特殊例子，有时被称为神经建构主义（neuroconstructivism）（Mareschal et al.，2007）。神经建构主义在以下几个方面上不同于传统的行为与认知发展研究中单一学科的研究取向。一个差异是有关有机体与现有外部环境之间的相互作用。采用这一认知发展中更为"习性学"（ethological）的观点，从两方面改变了我们在认知发展模型中所考虑的表征类型。首先，它使研究者更多地去考虑从输入到输出整个神经认知的途径。这样做的原因是，输入表征的性质以及对某些输出所必需的表征的性质严格地限制了中间可能的表征。换句话说，需要有一些模型，尽管不精细，但可以记录某个特定领域内几个大脑系统的功能。其次，习性学研究取向上的不同之处是考虑到了有机体发展的外部环境的结构，这意味着心理表征中包含的信息可能相对少些，但具有适应性。换句话说，在某个特定背景中，表征中的信息只需要产生适应性行为就足够了。例如，第 7 章中描述了新生儿具有的面孔表征只是该面孔的原始"素描"（sketch）（大约就像对应于眼睛与嘴巴的三个小圆圈）的观点（Johnson & Morton，1991）。然而，这个有点贫乏的表征对适应性行为来说已经足够了，只要面孔使用这个表征，而且婴儿早期环境保证有面孔出现。几乎没有自然产生的刺激（除了发展心理学家为了实验去构造外）会使用相同的表征。

神经建构主义对于发展性障碍也是有意义的。本书中讨论的发展性障碍是指那些大多数研究企图考察的认知与神经缺陷之间联系的案例（见第 2 章）。然而，即使是在这些案例中，从神经到认知的对应关系仍然不清晰。在某些情景下，尽管有明显的局部性认知缺陷，但涉及好几个大脑的区域。笔者认为，有许多因素可以归因于这种对应关系的复杂性：

第一，在大脑发育过程中，如果一个较早发育的区域异常，那么对后来区域的发展就可能产生与此相关的后果。例如，如果从丘脑到皮质的投射出现异常，那么皮质后来区域化中所形成的各个区域将会受到干扰。此外，认知障碍可能是由于初级和次级神经异常的综合影响。确实，初级的认知障碍可以由次级神经效应造成。

第二，发展中最严重的大脑损伤形式就是那种损伤影响到了某个主要的大脑系统，而不是某个特定的皮质区。处于基因异常或妊娠早期受伤害的许多情景下，产生的神经损伤后果是广泛的。受干扰的很可能是整个大脑系统，而不会像生命后期某个区域上的损伤那样。在灵长类动物的婴儿中，固定区域的损伤通常在神经和认知水平上会出现补偿。

第三，许多不同类型的脑损伤确实可能导致相同的认知问题。这可能是由于最终受到影响的大脑系统是相同的，或者/还可能是由于大脑发育中自我组织与适应性的特性把偏离的发展轨迹导向了少量适应性结果之一。这个考虑强调了在发展性障碍研究中采用"自然发生的"而非"静态的"研究取向的重要性（见第 1 章）。发展性障碍不可能采用像成人获得性脑损伤那种类型的神经心理学分析（Karmiloff-Smith，1998）。

假如传统的"静态"神经心理学分析最多只能为发展性障碍的神经基础提供粗浅的分析，那么建构主义的研究取向又能提供什么？目前有关发展轨迹的神经计算模型仍然很少（Thomas & Karmiloff-Smith，2003）。为了对皮质中结构化表征的"正常"形成过程进行尝试性研究，奥利弗等人（Oliver et al.，2000）建立了一个简单的皮质矩阵的模拟模型（见第 12 章），在这个模型中故意改变了一个或其他重要的参数。这种模拟的一个结果见 12-1 的图例（见第 12 章）。在这种情景下，我们操纵网络中内在结构的某个方面以及兴奋与抑制联结的相对长度，我们就整个地扰乱了结构化表征的形成。在其他模拟中，表征可能产生，但相对于"正常"情景，在许多方面都出现了歪曲。通过结构化表征建构中可能出现的各类错误类别，我们期待能够使发展性障碍清楚明白地显现出来。

在相同的一般性建构主义观点下，我们也可以根据沃丁顿发展轨迹形成的直观概念，从个体发生的角度考虑发展性障碍（见第 1 章；图 1-3）。从个体发生的视角，早期发展（可能对应于出生前）轨迹被搅乱将会导致完全不同的发展途径。然而，各种不同的搅扰源可能产生相同的路径，因而导致相同的行为表现。对应的一个事实就是自闭症可能出自不同的搅扰源。但沃丁顿的分析能够预测这些搅扰发生在大致相同的发展阶段。如果发展轨迹在有机体围产期或出生后不久被搅乱，则可以通过自我调节（适应）过程来补偿，以保证相同的行为表现型的产生。笔者认为，这个过程与围产期或出生后不久产生的皮质损伤是相似的。正如我们看到的，如果围产期损伤只限于皮质的某些区域，就会出现一定程度的功能补偿，这在成年期与较大的儿童中不可能发生。例如，婴儿早期左颞叶损伤不会对语言的获得有严重的影响（第 9 章）。这种效应是很微小的，但也会影响认知的其他领域。如此，在这些案例中，受损伤的大脑改变自己以保持正常发展应有的一些特异性模式。显然，一些重要的搅乱，如大部分皮质的失去、长时间生活于黑暗中或社会性剥夺，可能促使儿童产生不同的行为表现类型。

对发展认知神经科学的批评

发展认知神经科学本身是作为一个交叉学科而发展起来的，现在已进入评价与质疑其方向的时期，而这正是我们现在要做的。针对这个新兴领域的最常见的批评之一是：该学科的发展是由脑结构与功能成像技术（以及用于遗传分析的一些新技术）在婴儿与儿童中的有效运用而驱使，而非对于研究来说更为重要的理论驱动，如与其相近的另一个研究领域——认知发展。一些学生也提出了相似的问题（尽管并不是直接的），他们质疑我们所获得的与人类功能脑发育相关的数据就像不完整的岛屿。他们能在哪个重要的理论或框架内来清楚地理解这些不同的观察（结果）？在认知科学中有时也会提出一些相关的问题，如在发展认知神经科学中所提出的一些假设是属于还原论（reductionist）的，或者从另一个角度，就是这些假设对婴儿或儿童行为的认知解释是乏力的。换句话说，这种批评是指在这个领域中提出的假设和理论是不合适的，并不能对发展中行为的变化提供令人满意的解释。

针对发展认知神经科学中缺乏相关理论这个批评，我们不得不承认，至少与认知发展这个母系学科相比，发展认知神经科学的研究确实普遍倾向于缺少理论的驱动（对于这个普遍的现象有几个令人注目的例外）。为何会出现这种情况？笔者认为，大部分的解释是由于新的研究方法的有效运用突然产生了大量的数据，而且这些数据是多样性的。当我们试着去解释与某些行为任务有关的神经科学数据时，那些成功地解释儿童发展中许多行为观察结果的理论遇到了困境。第一个问题是，当你需要去解释超过双倍的**数据总量**（quantity of data）时，许多先前成功的理论不再能够提供令人满意的解释，一个简单的原因就是看到相互矛盾的证据的机会大大增加。把一个有效的新方法带进一个学科领域就好比在进化过程中出现了一个灾难性的环境变化——绝大部分物种(理论上)只是由于不能适应而死亡。需要花几代的时间才可能出现那些适应良好的物种。

第二个问题是,对于**新类型数据**(new types of data)的适应。当你直接开始研究脑功能时,你遇到的第一件事情就是所涉及过程的复杂性。例如,神经科学证据表明,大脑中至少有三条部分独立的通路与执行眼动有关(第 5 章)。尽管这些通路可能会有略微不同的属性,计算的重复和(明显)冗余似乎是大脑如何去处理事件的基本特性。因此,简单的单通路认知模型似乎不太合理。与感觉驱动的信息相互作用的反馈通路的复杂性(第 12 章),加上时间同步的重要性,让许多已有的认知发展理论开始显得无可救药的简单化了。当然,对此的普遍反应是认知发展的理论并非企图去解释神经科学的数据——这只是一个实施的问题。然而,这种争论意味着你并不对认知神经科学感兴趣,而要对发展做出令人满意的解释必须在两个领域的观察(数据或结果)之间架起一个桥梁(第 1 章)。

这导致我们面临发展科学中有关理论的第二个普遍性的批评。这个批评是关于这些解释人类行为发展的理论属于一种错误的类型。一般来说,研究者认为,发展认知神经科学中的理论是属于还原论的,因此不能为认知变化提供很好的解释。根据马尔(Marr,1982)的观点,认知所属的解释水平独立于基础的神经科学。一个简单的类比是,计算机软件在理论上可以在各种不同的硬件上运行。与此相反,神经科学中的新方向却是在真实的复杂生物系统(如大脑)中,各种水平之间在很大程度上是相互依赖的。由此导致的一个假设是:我们找寻的理论应该是对各种不同水平的解释是**一致**的(Mareschal et al.,2007,对此进行了详细的讨论)。最终,与只是局限于一个观察水平相比,既与行为研究证据一致，又与脑发育研究证据一致的理论将有更大的解释力。

考虑到以上的这些问题，在发展认知神经科学中目前还缺乏合理的理论也不令人吃惊。毕竟，生物科学（与某些物理科学相比）中的新领域往往会经历一个以基本数据收集为优先的"自然历史"阶段（"natural history"phase）。但是，这里要共享的一个观点是，我们需要努力地把更为充分与合适的理论带进这个领域，为此提出三个积极的建议，作为构建发展认知神经科学中一个好的理论的标志。

1. 一个好的理论应该能够真正地把神经观察与行为观察联系起来，而且能够同等地接受神经水平或行为水平上的观察检验。尽管笔者不能肯定是否会产生各种不同类型的理论以实现这个桥梁作用，但它们不可能像现有的许多认知发展理论那样。以纯粹的行为数据为基础而建立起来的理论不可能自然地适合于脑成像数据，而且在寻找验证性数据时也有风险。理想的情况下，我们需要建立功能脑发育的理论，而这些理论同等地适合于脑和行为观察。

2. 发展科学中的理论应该涉及变化的机制。这并不是一个新的建议（Mareschal& Thomas，2007），令人震惊的是，我们可以普遍地看到那些解释发展变化之前以及之后一些发展状态的理论，但那些理论没能详细地说明转变本身的机制（除了使用"成熟"或"学习"的术语外）。发展理论需要聚集于变化。

3. 基于发展认知神经科学中的理论是用来解释各种不同的观察水平的，而且这些理论也需要明确地兼容神经加工中复杂且动态的特点，所以我们需要发现一些能够阐明与表述那些理论的方式，以便使它们既容易理解又容易澄清。这就是一个正式的计算模型的吸引力与重要性，它是象征性的、联结主义的或混合的（Mareschal et al.，2007）。由于理论最初建立时是一些非正式的想法，最后我们的目标应该是建立计算模型。

最后是对于过于规范性的一个警告。从长期看，对于发展认知神经科学来说，各种不同类型理论的混杂是好事，让数据与时间来选择最适合现实的（结果）。毕竟，尽管恐龙长时间地统治过地球，但它们并没有继承地球。

发展认知神经科学的应用

发展认知神经科学已经被一些国家和国际资助机构列为在所有神经科学中成长最显著的领域之一，部分原因是对人类功能性脑发展的了解对于社会、教育、临床政策和策略具有重要的意义。在本书的几个章节中，我们已经介绍了一些发展性障碍的主要特征是出生后脑发育偏离了正常的轨迹（Karmiloff-Smith，1998）。例如，根据交互式特异化观点，婴儿早期在注意与加工上的偏差受到不同经验模式的加强，由此导致在成人中所观察到的特异化的模式。也正由于此，皮质功能特异化的一些成人模式无疑是正常发展中各种因素相互作用的结果（Johnson，2001）。对此的一个推论是：这些影响因素中的一个或几个出现问题可导致无法建立起皮质特异化的正常模式或出现程度上的差异。此外，最初的一些细小偏差，以母—婴相互作用为例，当其他人改变他们的自然行为时，可能会导致越来越复杂的偏差模式。然而，从交互式特异化观点看异常发展的积极一面是，补救策略可能会有效地缓解某些症状，只要在生命的早期，至少是某些案例上是有效的，但必须是在那些症状变得更为复杂之前。因此，未来十年的议程将会是：在某些障碍(如自闭症)的主要症状开始变得复杂之前，对发展进程进行干预。

在许多情况下，发展性障碍源于遗传学上的异常，但早期环境的异常也会导致不良的后果。从多种来源的证据表明，处于低收入(低的社会经济地位)家庭背景的儿童，特别是婴儿，与后来由 IQ 测量的认知能力低下以及学校成就有很强的相关。尽管还有其他多种的相关因素，如饮食、父母滥用药物和生活压力等，但生活在穷困家庭本身与语言、工作记忆、空间认知和注意等许多认知上的差异有相关关系。尤其是，研究已经一致地证明低的语言能力与前额叶中的特定差异以及执行功能之间的关系(Hackman & Farah，2009)。政府已经认识到生命早期的认知发展水平对于以后教育与生活是如何的重要。由此，许多试点性干预计划得到资助，其中的一些涉及由训练有素的教师进行每周的家访以及额外的学校(教育)时间，持续 1 年～3 年。根据需要好处或坐牢的下降人数，这些计划中的大部分证明早期干预是有经济效益的(Heckman，2007)。然而，至今为止，这些计划中还没有一个是以认知发展与脑发育的现有知识为基础来设计的。由于大部分的计划是相对普及性的(例如，既有认知的目标，也有非认知的目的，如获得更好的卫生保健)，而且在不同年龄测量不同的结果，因此很难对这些结果进行对照性的分析，对于导致成功或失败的干预因素也很难评估。尽管如此，未来十年发展认知神经科学在应用上的挑战将是以理论与研究证据为基础，建立贫困儿童的早期干扰(计划)。

发展认知神经科学的另一个潜在应用领域是学校教育，也是近来最大兴趣所在。教育为认知科学提出了重大的挑战，因为它涉及学习其他人已经学会的，而大多数神经科学领域所涉及的是，学习者通过

与其自身环境的相互作用来发现什么。同样，神经科学也对教育学科
提出了挑战：利用现有研究已经知道的神经和遗传因素去影响学习的
有效性。直到现在，这两个学科还是处于几乎没有合作的平行状态。
这两个学科之间的真空状态经常由商用产品来填补，这些商用产品基
于一种民间对大脑及其过程的理解。然而，这两个学科上的进展使得
对一些基础性问题的了解更为精确，由此也创造了一个新学科领域的
可能性，有时被称为"教育神经科学"(educational neuroscience)。这个
新生研究方向的一个例子来自最近研究者对数字和数字系统学习的基
本机制的兴趣(第 7 章)。对于未来十年来说，我们需要一些通过发展
认知神经科学实验室来解决教育需求问题的例子，然后把所揭示的原
理与加工过程用于课堂教育实际中。

总结评论

在过去十年中，发展认知神经科学已经从新生儿向幼儿迈进。接
下来需要依靠发展神经学家、认知发展学家以及计算机建模者之间的
成功合作。采用新的方法和新的理论取向都是非常重要的。就长远而
言，我们将依靠下一代研究者，他们要对所有这些领域都有所知，并
由此成为发展认知神经学家。

讨论要点

• 神经科学研究取向对于教育的前景是什么？进展过程中需要克服的
主要障碍有哪些？

• 发展认知神经科学研究中，哪些认知领域还没有得到探讨？为何这
些领域会被忽视？

- 对于发展认知神经科学未来的进展来说，哪些新的（或老的）研究方法是最为有用的？为什么？

术语缩写

Abbreviations

ADHD	注意缺陷多动障碍
ASL	美式手语
CANTAB	剑桥神经心理学测验自动化组
DLPFC	背外侧前额叶皮质
DNMS	延迟的非匹配样本
EEG	脑电
ERP	事件相关电位
FEF	额叶视区
FFA	梭状回面部区
fMRI	功能性核磁共振
GABA	γ-氨基丁酸
HD-ERP	高密度事件相关电位
IMHV	上纹状体腹侧的中间和内侧
IS	交互式特异化理论
ISI	刺激时间间隔
LGN	外侧膝状体
MGN	内侧膝状体
MRI	磁共振成像
Nc	负成分
NIRS	近红外光谱学
PET	正电子发射断层扫描
PKU	苯丙酮酸尿症

PN	投射神经元
SLI	特定语言损伤
SOA	刺激间隔时间
SP	峰形电位
STS	颞上沟
WS	威廉姆斯综合征

参考文献
REFERENCES

Acerra, F. , Burnod, Y. , & de Schonen, S. (2002). Modelling aspects of face processing in early infancy. *Developmental Science*, 5 (1), 98—117.

Adlam, A. L. , Vargha-Khadem, F. , Mishkin, M. , & de Haan, M. (2005). Deferred imitation of action sequences in developmental amnesia. *Journal of Cognitive Neuroscience*, *17*, 240—248.

Adolphs, R. (2003). Cognitive neuroscience of human social behaviour. *Nature Reviews Neuroscience*, 4 (3), 165—178.

Akhtar, N. , & Enns, J. T. (1989). Relations between covert orienting and filtering in the development of visual attention. *Journal of Experimental Child Psychology*, *48* (2), 315—334.

Akshoomoff, N. -A. , & Courchesne, E. (1994). ERP evidence for a shifting attention deficit in patients with damage to the cerebellum. *Journal of Cognitive Neuroscience*, 6(4), 388—399.

Alexander, G. E. , DeLong, M. R. , & Strick, P. L. (1986). Parallel organization of functionally segregated circuits linking basal ganglia and cortex. *Annual Review of Neuroscience*, *9*, 357—382.

Andersen, R. A. , Batista, A. P. , Snyder, L. H. , Buneo, C. A. , & Cohen, Y. E. (2000). Programming to look and reach in the posterior parietal cortex. In M. S. Gazzaniga (Ed.), *The new cognitive neurosciences* (2nd ed. , pp. 515—

524). Cambridge, MA: MIT Press.

Andersen, R. A. , & Zipser, D. (1988). The role ofthc posterior parietal cortex in coordinate transformations for visual-motor integration. *Canadian Journal of Physionloyg & Pharmacology*, *66*, 488—501.

Anderson, S. W. , Aksan, N. , Kochanska, G. , Damasio, H. , Wisnowski, J. , & Afifi, A. (2007). The earliest behavioral expression of focal damage to human prefrontal cortex. *Cortex*, *43*, 806—816.

Annett, M. (1985). *Left, right, hand and brain: The right shift theory*. London: Lawrence Erlbaum.

Ansari, D. (2008). Effects of development and enculturation on number representation in the brain. *Nature Reviews Neuroscience*, *9*, 278—291.

Ansari, D. , & Karmiloff-Smith, A. (2002). Atypical trajectories of number development. *Trends in Cognitive Sciences*, *6*(12), 511—516.

Aslin, R. N. (1981). Development of smooth pursuit in human infants. In D. F. Fisher, R. A. Monty, & J. W. Senders (Eds.), *Eye movements: Cognition and visual perception*(pp. 31—51). Hillsdale, NJ: Erlbaum.

Aslin, R. N. (2007). What's in a look? *Developmental Science*, *10*, 48—53.

Aslin, R. N. , Clayards, M. A. , & Bardhan, N. P. (2008). Mechanisms of auditory reorganization during development from sounds to words. In C. A. Nelson & M. Luciana (Eds.), *Handbook of developmental cognitive neuroscience* (2nd ed. , pp. 97—116), Cambridge, MA: MIT Press.

Aslin, R. N. , & Hunt, R. H. (2001). Development, plasticity and learning in the auditory system. In C. A. Nelson & M. Luciana (Eds.), *Handbook of developmental cognitive neuroscience* (pp. 205 — 220). Cambridge, MA: MIT Press.

Atkinson, J. (1984). Human visual development over the first six months of life: A review and a hypothesis. *Human Neurobiology*, *3*, 61—74.

Atkinson, J. (1998). The "where and what" or "who and how" of visual developmem. In F. Simion & G. Butterworth (Eds.), *The development of sensory, mottor and cognitivecapacities in early infancy: From perception to cognition* (pp. 3—20). Hove: Psychology Press.

Atkinson, J. , & Braddick, O. (2003). Neurobiological models of normal and abnormal visual development. In M. de Haan & M. H. Johnson (Eds.), *The cognitive neuroscience of development* (pp. 43 — 71). Hove: Psychology Press.

Avidan, G., Hasson, U., Malach, R., & Behrmann, M. (2005). Detailed exploration of face related processing in congenital prosopagnosia: Functional neuroimaging findings. *Journal of Cognitive Neuroscience*, 17, 1150—1167.

Bachevalier, J. (2008). Nonhuman primate models of memory development. In C. A. Nelson & M. Luciana (Eds.), *Handbook of developmental cognitive neuroscience* (2nd ed, pp. 499—508). Cambridge, MA: MIT Press.

Bachevalier, J., & Mishkin, M. (1984). An early and a late developing system for learning and retention in infant monkeys. *Behavioral Neuroscience*, 98, 770—778.

Bachevalier, J., & Vargha-Khadem, F. (2005). The primate hippocampus: ontogeny, early insult and memory. *Current Opinion in Nenrobiology*, 15, 168 —174.

Baillargeon, R. (1993). The object concept revisited: New directions in the investigattion of infants' physical knowledge, In C. E. Granrud (Ed.), *Visual perception and cognition in infancy* (pp. 265 — 315). Hillsdale, NJ: Lawrence Erlbaum.

Baird, A. A., Kagan, J., Gaudette, T., Walz, K. A., Hershlag, N., & Boas, D. A. (2002). Frontal lobe activation during object permanence: Data from near-infrared spectroscopy. *NeuroImage*, 16, 1120—1126.

Balaban, C. D., & Weinstein, J. M. (1985). The human pre-saccadic spike potential: Influences of a visual target, saccade direction, electrode laterality and instruction to perform saccades. *Brain Research*, 347, 49—57.

Banks, M. S., & Shannon, E. (1993). Spatial and chromatic visual efficiency in human neonates. In C. E. Granrud (Ed.), *Visual perception and cognition in infancy* (pp. 1—46). Hillsdale, NJ: Lawrence Erlbaum.

Baron-Cohen, S. (1995). *Mindblindness: An essay on autism and theory of mind*. Cambridge, MA: MIT Press.

Baron-Cohen, S., Leslie, A. M., & Frith, U. (1985). Does the autistic child have a "theory of mind"? *Cognition*, 21, 37—46.

Baron-Cohen, S., Leslie, A. M., & Frith, U. (1986). Mechanical, behavioural and intentional understanding of picture stories in autistic children. *British Journal of Developmental Psychology*, 4, 113—125.

Baron-Cohen, S. , Lutchmaya, S. , & Knickmeyer, R. (2004). *Prenatal testosterone in mind: Amniotic fluid studies.* Cambridge, MA: MIT Press.

Barth, H. , Kanwisher, N. , & Spelke, E. (2003). The construction of large number representations in adults. *Cognition*, *86*(3), 201—221.

Barto, A. G. , Sutton, R. S. , & Anderson, C. W. (1983). Neuronlike adaptive elements that can solve difficult learning control problems. *Institute of Electrical Engineers Transactions on System, Man and Cybernetics*, *15*, 835—846.

Bates, E. A, & Rue, K. (2001). Language development in children with unilateral brain injury. In C. A. Nelson & M. Luciana (Eds.), *Handbook of developmental cognitive neuroscience* (pp. 281—307). Cambridge: MA: MIT Press.

Bates, E. , Thai, D. , & Janowsky, J. S. (1992). Early language development and its neural correlates. In I. Rapin & S. Segalowitz (Eds.), *Handbook of neuropsychology* (Vol. 7). Amsterdam: Elsevier.

Bateson, P. , & Horn, G. (1994). Imprinting and recognition memory: A neural net model. *Animal Behaviour*, *48*, 695—715.

Batki, A. , Baron-Cohen, S. , Wheelwright, S. , Connellan, J. , & Ahluwalia, J. (2001). How important are the eyes in neonatal face perception? *Infant Behavior and Development*, *23*, 223—229.

Bauer, P. J. (2006). Constructing a past in infancy: A neuro-developmental account. *Trends in Cognitive Sciences*, *10*, 175—181.

Bauer, P. J. (2008). Toward a neuro-developmental account of the development of declarative memory. *Developmental Psychobiology*, *50*, 19—31.

Bauer, P. J. , Wiebe, S, A. , Carver, L. J. , Lukowski, A. F. , Haight, J. C. , Waters, J. M. , & Nelson, C. A. (2006). Electrophysiological indexes of encoding and behavioural indexes of recall: Examining relations and developmental change late in the first year of life. *Developmental Neuropsychology*, *29*, 293—320.

Bauman, M. D. , & Amaral, D. G. (2008). Neurodevelopment of social cognition. In C. A. Nelson & M. Luciana (Eds.), *Handbook of developmental cognitive neuroscience* (2nd ed. , pp. 161—185). Cambridge, MA: MIT Press.

Beauchamp, M. H. , Thompson, D. K. , Howard, K. , Doyle, L. W. , Egan, G. F. , Inder, T. E. et al. (2008). Preterm infant hippocampal volumes correlate with later working memory deficits. *Brain*, *131*, 2986−2994.

Bear, M. F. , & Singer, W. (1986). Modulation of visual cortical plasticity by acetycholine and noradrenaline. *Nature*, *320*, 172−176.

Bechara, A. , Damasio, A. R. , Damasio, H. , & Anderson, S. W. (1994). Insensitivity to future consequences following damage to human prefrontal cortex. *Cognition*, *50*, 7−15.

Bechara, A. , Damasio, H. , Tranel, D. , & Damasio, A. R. (1997). Deciding advantageously before knowing the advantageous strategy. *Science*, *275*, 1293 −1295.

Becker, L. E. , Armstrong, D. L. , Chan, F. , & Wood, M. M. (1984). Dendritic development on human occipital cortex neurones. *Brain Research*, *315*, 117−124.

Bednar, J. A. , & Miikkulainen, R. (2003). Learning innate face preferences. *Neural Computation*, *15*, 1525−1557.

Behrmann, M. , & Avidan, G. (2005). Congenital prosopagnosia: Face blind from birth. *Trends in Cognitive Sciences*, *9*, 180−187.

Bell, M. A. (1992a). *A not B task performance is related to frontal EEG asymmetry regardless of locomotor experience.* Paper presented at the Proceedings of the Eighth International Conference on Infant Studies, Miami Beach, FL.

Bell, M. A. (1992b). *Electrophysiological correlates of object search performance during infancy.* Paper presented at the Proceedings of the Eighth International Conference on Infant Studies, Miami Beach, FL.

Bell, M. A. , & Fox, N. A. (1992). The relations between frontal hrain electrical activity and cognitive development during infancy. *Child Development*, *63* (5), 1142−1163.

Bell, M. A. , & Wolfe, C. D. (2007). Brain reorganizalicm h'om intimcy Io early childhood: Evidence from EEG power and coherence during working memory tasks. *Developmental Neuropsychology*, *31*, 21−38.

Bellugi, U. , Bihrle, A. , Neville, H. , lernigan, T. , & Doherty, S. (1992). Language, cognition and brain organization in a neurodevelopmental disorder. In M. Gunnar & C. Nelson (Eds.), *Developmental behavioral neuroscience* (pp.

201—232). Hillsdale, NJ: Lawrence Erlbaum.

Bellugi, U. , Poizner, H. , & Klima, E. S. (1989). Language, modality and the brain. *Trends in the Neurosciences*, *12*, 380—388.

Benasich, A. A. , & Tallal, P. (2002). Infant discrimination of rapid auditory cues predicts later language impairment. *Behavioral and Brain Research*, *136*, 31—49.

Benes, F. M. (1994). Development of the corticolimbic system. In G. Dawson & K. W. Fischer (Eds.), *Human behavior and the developing brain* (pp. 176—206). New York: Guilford Press.

Benes, F. M. (2001). The development of prefrontal cortex: The maturation of neurotransmitter systems and their interactions. In C. A. Nelson & M. Luciana (Eds.), *Handbook of developmental cognitive neuroscience* (pp. 79—92). Cambridge, MA: MIT Press.

Berenbaum, S. A. , Moffat, S. , Wisniewski, A. , & Resnick, S. (2003). Neuroendocrinology: Cognhive effects of sex hormones. In M. de Hann & M. H. Johnson (Eds.), *The cognitive neuroscience of development* (pp. 207—236). Hove: Psychology Press.

Berman, S. , & Friedman, D. (1995). The development of selective attention as reflected by event-related brain potentials. *Journal of Experimental Child Psychology*, *59*, 1—31.

Bishop, D. V. M. (1983). Linguistic impairment after hemidecortication for infantile hemiplegia? A reappraisal. *Quarterly Journal of Experimental Psychology*, *35A*, 199—207.

Bishop, D. V. M. (1997). *Uncommon understanding: Development and disorders of language comprehension in children*. Hove: Psychology Press.

Bishop, D. V. M. , Canning, E. , Elgar, K. , Morris, E. , Jacobs, P. , & Skuse, D. (2000). Distinctive patterns of memory function in subgroups of females with Turner syndrome: Evidence for imprinted loci on the X-chromosome affecting neurodevelopment. *Neuropsychologica*, *38*, 712—721.

Blakemore, S. -J. , & Choudhury, S. (2006). Development of the adolescent brain: Implications for executive function and social cognition. *Journal of Child Psychiatry and Psychology*, *47*, 296—312.

Blakemore, S. -J, , den Ouden, H. , Choudhury, S. , & Frith, C. (2007). Adolescent development of the neural circuitry for thinking about intentions. *Social Cognitive and Affective Neuroscience*, *2*, 130—139.

Blass, E. (1992). Linking developmental and psychobiological research. *Society for Research in Child Development Newsletter*, January, pp. 3—10.

Bloom, F. , Nelson, C. A. , & Lazerson, A. (2001). *Brain, mind, and behavior* (3rd ed.). New York: Worth Publishers.

Bolhuis, J. J. (1991). Mechanisms of avian imprinting: A review. *Biological Reviews*, *66*, 303—345.

Bolhuis, J. J. , McCabe, B. J. , & Horn, G. (1986). Androgens and imprinting: Differential effects of testosterone on filial preferences in the domestic chick. *Behavioral Neuroscience*, *100*, 51—56.

Born, P. , Rostrup, E. , Leth, H. , Peitersen, B. , & Lou, H. C. (1996). Change of visually induced cortical activation patterns during development. *Lancet*, *347* (9000), 543.

Born, A. P. , Rostrup, E. , Miranda, M. J. , Larsson, H. B. W. , & Lou, H. C. (2002). Visual cortex reactivity in sedated children examined with perfusion MRI (FAIR). *Magnetic Resonance Imaging*, *20* (2), 199—205.

Bourgeois, J. P. (2001). Synaptogenesis in the necortex of the newborn: The ultimate frontier for individuation? In C. A. Nelson & M. Luciana (Eds.), *Handbook of developmental cognitive neuroscience* (pp. 23 — 34). Cambridge, MA: MIT Press.

Braddick, O. J. , Atkinson, J. , Hood, B. , Harkness, W. , Jackson, G. , & Vargha-Khadem, F. (1992). Possible blindsight in infants lacking one cerebral hemisphere. *Nature*, *360*, 461—463.

Brannon, E. M. , & Terrace, H. S. (2000). Representation of numerosities 1—9 by rhesus maceques (Macaca mulatta). *Journal of Experimental Psychology — Animal Behaviour Processes*, *26*, 31—49.

Brodal, A. (1981). *Neurological anatomy in relation to clinical medicine.* Oxford: Oxford University Press.

Brodeur, D. A. , & Boden, C. (2000). The effects of spatial uncertainty and cue predictability on visual orienting in children. *Cognitive Development*, *15*, 367 —382.

Brodmann，K.（1909）. *Vergleichende Lokalisationslehre der Grosshirnrinde in ihren Prinzipien dargestellt auf Grund des Zellenbaues*. Leipzig：Barth.

Brodmann，K.（1912）. Neue Ergebnisse über die vergleichende histologische Lokalisation der Grosshirnrinde mit besonderer Berficksichtigung des Stirnhirns. *Anatomischer Anzeiger（Suppl.）*，*41*，157—216.

Bronson，G. W.（1974）. The postnatal growth of visual capacity. *Child Development*，*45*，873—890.

Bronson，G. W.（1982）. *The scanning patterns of human infants：Implications for visual learning*. Norwood，NJ：Ablex.

Brooksbank，B. W. L.，Atkinson，D. J.，& Balasz，R.（1981）. Biochemical development of the human brain：II . Some parameters of the GABA-ergic system. *Developmental Neuroscience*，*1*，267—284.

Brown，T. T.，Lugar，H. M.，Coalson，R. S.，Miezin，F. M.，Petersen，S. E.，& Schlaggar，B. L.（2005）. Maturational changes in human cerebral functional organization for word generation. *Cerebral Cortex*，*15*，275—290.

Bruinink，A.，Lichtensteinger，W.，& Schlumpf，M.（1983）. Pre- and postnatal ontogeny and characterization of dopaminergic D2，serotonergic S2，and spirodecan one binding sites in rat forebrain. *Journal of Neurochemistry*，*40*，1227—1237.

Bruyer，R.，Laterre，C.，Serron，X.，Feyereisn，P.，Strypstein，E.，Pierrand，E. et al.（1983）. A case of prosopagnosia with some preserved covert remembrance of familiar faces. *Brain and Cognition*，*2*，157—281.

Bullock，D.，Liederman，J.，& Todorovic，D.（1987）. Reconciling stable asymmetry with recovery of function：An adaptive systems perspective on functional plasticity. *Child Development*，*58*，689—697.

如需查阅更多参考文献，请扫描下方二维码，关注公众号，后台回复"从自然到使然"，获取下载连接。

译者后记

　　我非常荣幸再次承接《发展认知神经科学》一书的翻译工作。从本书中文翻译的第二版到现今的第三版已有近九年的时间。在这九年里，发展认知神经科学的研究成果日新月异，正从蹒跚学步的幼童走向成熟。正如本书作者约翰逊教授自己在第三版序言中所述的那样，发展认知神经科学在这十三年里（从第一版始）无论在研究者的数量上还是发展的成果上都有了飞速的增长。

　　马克·约翰逊教授是婴儿脑发展研究领域的先驱者之一。他在1997年著述了第一版"发展认知神经科学"，为发展认知神经科学这一新兴学科的产生与发展奠定了基础。第三版的《发展认知神经科学》与第二版的相似，依然着眼于心理发展的不同领域，如视觉、注意、客体与数字概念、社会知觉、语言与记忆等方面，但补充了许多新的研究进展及前沿的研究领域。在这一版中，作者仍然以发展心理学中"自然与使然"这个基本问题贯穿始终，根据最新的研究成果，从成熟、技能学习及交互式特异化这三种观点诠释脑发育及功能发展与心理发展之间的关系。正由于此，在这一中文翻译版中我们把书名改为《从自然到使然——心理成熟背后的脑机制》，以更清楚地凸显发展认知神经科学这一学科所涉及的研究主题与思想。

　　作为一种导论，作者选择的内容着重于儿童发展过程中一些重要的事件。因此，该书有助于从事发展心理学研究的学者与学生从交叉学科与跨领域发展的角度重新审视认知发展与脑机制问题。

　　最后，再次感谢约翰逊教授给了我们这个机会来介绍国外发展认知神经科学领域的最新进展，特别感谢北京师范大学出版社引进了这本书，感谢关雪菁等编辑在本译作出版中付出的努力。参加本书翻译的主要人员如下：第一章、第二章、第十一章至第十三章，徐芬；第三章、第四章与第五章，严璘璘；第六章、第八章与第九章，汤玉龙；第七章与第十章，马凤玲。徐芬对全书的译稿进行了统校，并最后定稿。限于译者水平与经验，对于翻译中可能存在不足，请读者批评与指正。

徐 芬　谨识
2016 年 10 月

图书在版编目(CIP)数据

从自然到使然：心理成熟背后的脑机制：第 3 版/（英）约翰逊，（英）哈恩著；徐芬等译 . －北京：北京师范大学出版社，2017.4（2018.6重印）

（心理学前沿译丛）

ISBN 978-7-303-20548-6

Ⅰ. ①从… Ⅱ. ①约… ②哈…③徐… Ⅲ. 认知科学－研究 Ⅳ. ①B842.1

中国版本图书馆 CIP 数据核字(2016)第 104401 号

营 销 中 心 电 话　010-58805072　58807651
北师大出版社学术著作与大众读物分社　http：//xueda.bnup.com

CONG ZIRAN DAO SHIRAN

出版发行：北京师范大学出版社　www.bnup.com
　　　　　北京市海淀区新街口外大街 19 号
　　　　　邮政编码：100875
印　　刷：北京京师印务有限公司
经　　销：全国新华书店
开　　本：730 mm×980 mm　1/16
印　　张：20.25
插　　页：4
字　　数：301 千字
版　　次：2017 年 4 月第 1 版
印　　次：2018 年 6 月第 2 次印刷
定　　价：68.00 元

策划编辑：关雪菁　　　　　责任编辑：齐　琳　常慧青
美术编辑：王齐云　　　　　装帧设计：王齐云
责任校对：陈　民　　　　　责任印制：马　洁